Les statues des héros à Paris

Jacques LANFRANCHI

Les statues des héros à Paris

Les lumières dans la ville

L'HARMATTAN

5-7, rue de l'École-Polytechnique ; 75005 Paris

http://www.librairieharmattan.com
diffusion.harmattan@wanadoo.fr
harmattan1@wanadoo.fr

ISBN : 978-2-343-00961-2
EAN : 9782343009612

AVANT-PROPOS

Le 14 juillet 2005, Bertrand Delanoë, maire de Paris, et le maire de Washington inaugurent ensemble une statue à Thomas Jefferson, ancien Président des Etats-Unis. Le 4 avril 2009, une sculpture est installée à la mémoire du général Dumas. Le 20 novembre 2011, le maire de Paris préside la cérémonie d'inauguration d'un buste à Gaston Monnerville, ancien Président du Sénat. Le 20 mars 2013, il inaugure un buste à Habib Bourguiba, ancien Président de la République tunisienne.

Ces manifestations suffisent à démontrer que la mise en place publique d'un monument à la gloire d'un « grand homme » n'est pas un acte désuet à ranger dans les vieux tiroirs de l'Histoire.

Certes, l'âge d'or de ce type d'hommage est aujourd'hui révolu. Mais ces exemples montrent toutefois qu'il trouve encore sa raison d'être auprès des élus, et donc, peut-être, auprès du public.

En un peu plus de deux siècles 332 héros sont venus peupler rues, places, squares et jardins. Certains d'entre eux ont même eu le privilège de bénéficier de plusieurs monuments, ce qui porte le total à 364 sculptures.

Les choses ne se sont pas toujours déroulées avec facilité. Aux luttes directement politiques sont venues s'ajouter des querelles d'ordre esthétique, sans parler d'une réaction parfois violente vis-à-vis de l'idée même de cette sorte d'hommage.

De la Révolution à nos jours, chaque régime politique à voulu honorer ses célébrités, et celles-ci ont pu faire l'objet de la réprobation, quand ce n'était pas de la fureur, des opposants.

Avec l'avènement de la République, les statues prolifèrent. Les majorités politiques changent mais les hommes au pouvoir, de toutes tendances, se lancent dans la statuaire au Grand Homme. Cette propagande ouverte, militante, déclenche des conflits lorsque le choix des héros ne fait pas l'unanimité. Gauche et droite s'attaquent par personnages interposés. Chacun le sien. L'enjeu est de taille puisque chaque sculpture est censée délivrer un message.

Ces demi-dieux, incontestables ou contestés, instruisent sur plus de deux siècles d'histoire politique, sociale et culturelle de la France.

LES FORCES POLITIQUES AU CONSEIL MUNICIPAL DE PARIS

A partir de 1881, les radicaux sont majoritaires au conseil municipal. Cette prépondérance sera effective jusqu'aux élections de 1893, date qui voit leur majorité s'effriter et une montée en puissance de l'extrême gauche socialiste. Le scrutin de 1900 constitue une victoire pour les nationalistes et du même coup un échec pour les radicaux.

En 1904 et 1908, les radicaux sont vainqueurs d'une courte majorité et les socialistes font presque jeu égal en sièges.

Des divergences apparues depuis longtemps entre radicaux et socialistes, les premiers s'affirmant anti-collectivistes, aboutissent en 1909 à la démission du président socialiste du conseil municipal. Une fraction des radicaux se rallie à la droite. C'est la fin de la domination radicale seule, puis celle de l'alliance radicale et socialiste.

Les élections de 1912 consacrent la rupture entre radicaux et socialistes, ces derniers se présentant sous leur propre étiquette. La majorité de droite comprend alors 42 élus contre 38 à la gauche. Pendant près d'un siècle la droite sera majoritaire à Paris. La gauche reviendra au pouvoir en 2001.

L'ACTE DE NAISSANCE D'UNE STATUE

Les assemblées révolutionnaires, Assemblée constituante, Assemblée législative, Convention, décident souverainement de l'érection des statues. Bonaparte, Premier Consul, puis Napoléon 1er, feront à leur tour connaître leur volonté.

Par la suite, l'Ordonnance royale n° 898 du 10 juillet 1816, définit la doctrine de l'hommage public en son article 1er : *« A l'avenir, aucun don, aucun hommage, aucune récompense ne pourront être votés, offerts ou décernés, comme témoignages de la reconnaissance publique, par les conseils généraux, conseils municipaux, gardes nationales ou tout autre corps civil ou militaire, sans notre autorisation préalable »*.

De cette affirmation de la souveraineté royale en matière de récompense publique, les régimes postérieurs conserveront le principe. Sous la IIIe République, l'érection d'un monument commémoratif en place publique devra être sanctionnée par un décret présidentiel. Après 1945, on a substitué à l'autorisation du chef de l'Etat celle du chef du Gouvernement (président du Conseil), lequel recueille d'abord l'avis d'une Commission centrale des monuments commémoratifs qui relève du ministère de l'Intérieur.

En 1968, deux décrets précisent, d'une part que les projets d'érection des monuments commémoratifs sont approuvés par arrêté préfectoral, d'autre part qu'aucun hommage public ne peut être décerné sans autorisation préalable donnée par un arrêté identique.

Aujourd'hui, la délibération du conseil municipal sur l'implantation d'une statue est transmise au préfet, comme d'ailleurs les autres délibérations. Elle s'applique automatiquement s'il n'y a pas opposition de celui-ci.

A Paris, le choix des statues relève d'un Comité de l'art dans la ville créé en 2003. Présidé par l'adjoint au maire chargé de la Culture, il est composé d'élus (chaque groupe politique est représenté) et de personnalités qualifiées de l'art contemporain, de l'architecture et de l'urbanisme. Instance consultative, il donne son avis sur toute initiative visant à l'implantation d'une œuvre d'art dans l'espace public. Le choix définitif revient au Maire de Paris.

L'assemblée municipale n'est évidemment compétente que pour les monuments implantés sur un territoire appartenant à la Ville. S'agissant d'un terrain propriété de l'Etat, les édiles parisiens n'ont pas à intervenir[1].

[1] Par exemple, les jardins des Tuileries, du Palais-Royal ou les terrains situés dans le périmètre du Louvre.

LES STATUES ET LA POLITIQUE

DE LA BASTILLE A LOUIS XVIII (1789-1814)

LA RÉVOLUTION FRANÇAISE

L'Ancien Régime avait honoré plusieurs monarques : Henri IV (1613), Louis XIII (1629), Louis XIV à deux reprises (1679 et 1699), Louis XV (1763).

Le 14 août 1792, l'Assemblée Législative décide la suppression de ces monuments, symboles du despotisme et de l'arbitraire : *« L'Assemblé nationale, considérant que les principes sacrés de la Liberté et de l'Egalité ne permettent pas de laisser plus longtemps sous les yeux du peuple français les monuments élevés à l'orgueil, aux préjugés et à la tyrannie ; Considérant que le bronze de ces monuments, converti en canons, servira utilement à la défense de la Patrie, décrète :*

Article Premier. Toutes les statues, bas-reliefs et autres monuments en bronze, élevés sur les places publiques, seront enlevés par les soins des représentants des communes qui veilleront à leur conservation provisoire.

Article 2. Les représentants de la Commune de Paris feront sans délai convertir en bouches à feu tous les objets énumérés à l'article premier ».

Les quatre rois cités plus haut disparaissent de la voie publique, non sans quelque hésitation parfois. Henri IV a bénéficié un court moment d'un préjugé favorable comme le montre l'intervention de citoyens venus informer l'assemblée qu'ils ont renversé sa statue, non sans reconnaître les *« vertus »* du monarque, avant de conclure que la statue devait néanmoins tomber, car Henri IV n'était pas *« roi constitutionnel[2] ».* Il n'y aura, en revanche, aucun embarras pour les trois Louis abattus en 1792.

Dès 1790, d'ailleurs, le monument équestre à Louis XIV, place des Victoires, avait été amputé des quatre esclaves placés aux quatre coins du socle et qui, figurant enchaînés, symbolisaient les nations vaincues par le Roi Soleil. L'Assemblée Constituante avait jugé qu'un monument ne pouvait rappeler les idées d'esclavage et qu'on ne devait consacrer que des œuvres méritantes et utiles.

Il ne faudrait pas conclure que la Révolution française s'est bornée, en la matière, à une œuvre destructrice. Elle n'a pas statufié par manque de temps, mais la volonté y était.

---

[2] On notera que l'Assemblée constituante, par décret de 1791, avait réservé à Louis XVI le château de Pau et son parc « comme un hommage rendu par la nation à la mémoire de Henri IV ».

A **la Constituante**, le principe d'une statue à **Voltaire** est abordé.

La Convention décide d'élever une statue à **Rousseau**. Et quelques mois après le dépôt de Louis XIV, on élève sur le piédestal du monument une figure colossale de la Liberté. Autre mesure importante : la Convention décide que dorénavant les inscriptions des monuments publics seront écrites en langue française.

Le Directoire ne concrétisera pas ces intentions d'hommages publics. Tout au plus Boissy d'Anglas, élu du Conseil des Cinq-cents, plaidera-t-il pour **Voltaire.** Pour le reste, on se contentera d'enlever le socle de la statue de Louis XV abattue en 1792.

LE CONSULAT

Un arrêté du 19 fructidor an VIII (6 septembre 1800) prévoit la construction d'un monument à la gloire de **Desaix** et **Kléber** :

« Article Ier. Il sera élevé un monument à la mémoire des généraux Desaix et Kléber, morts le même jour, dans le même quart d'heure, l'un après la bataille de Marengo, l'autre en Afrique après la bataille d'Héliopolis, qui reconquit l'Egypte aux Français.

Article II. Le monument sera élevé au milieu de la place des Victoires. La première pierre en sera posée par le Premier Consul le 1er Vendémiaire prochain. Un orateur sera chargé de prononcer l'oraison de ces deux illustres citoyens ».

Tout est organisé et Lucien Bonaparte, ministre de l'Intérieur, a préparé la cérémonie d'inauguration, celle d'une maquette grandeur nature d'un monument « égyptien », inspiré du temple de Dendérah au nord de Louxor, qui évoque la part prise par chacun des deux généraux à la campagne d'Egypte.

Mais les critiques surgissent. On regrette les dimensions excessives du temple (14 mètres de long sur 9 mètres de large) mal adaptées à la place des Victoires. Certains auraient préféré une architecture grecque à l'architecture égyptienne. La maquette est démolie deux mois plus tard.

Un nouveau projet voit le jour : les deux héros sont dans un quadrige conduit par la Victoire. L'attelage en est formé par les quatre chevaux de Corinthe qui ont été ramenés de Venise en l'an VI. Une première variante est proposée pour compléter le monument : un bas-relief représentant le dieu Nil allongé à l'ombre d'un palmier et accompagné d'un sphinx et d'un crocodile. Autre suggestion : l'abandon du bas-relief au profit de deux statues égyptisantes : au dieu Nil avec ses deux accessoires, on ajouterait l'Egypte assise sur un trône, coiffée du némès et tenant dans la main gauche un sceptre surmonté d'une sorte d'ibis.

Mais le projet s'enlise ; on s'oriente vers deux monuments distincts, avant de s'en tenir à un seul pour Desaix. Toutefois, un arrêté des consuls du 21 vendémiaire an XI (13 octobre 1802) précise que sur le piédestal de Desaix seront placés des bas-reliefs relatifs à la conquête de la Haute-Egypte et à la victoire d'Héliopolis : Kléber n'est donc pas totalement oublié. La réalisation de la statue est cependant retardée à cause des exigences du sculpteur Dejoux qui a reçu commande du monument et qui veut une rémunération complémentaire.

Elle est inaugurée le 15 août 1810. Hélas ! Desaix est représenté dans le simple appareil des héros de l'Antiquité. Seul un baudrier cache son sexe, mais, loin de sauver l'honneur, l'accessoire ne fait qu'attirer l'attention sur ce que l'on veut escamoter. La critique se déchaîne à nouveau, les pétitions pleuvent : comment envisager des promenades dans le quartier avec femmes et enfants ? Les autorités, prétextant un défaut dans la réalisation du monument, le font entourer d'une sorte d'échafaudage pour le masquer. La statue sera déposée en 1815, puis fondue, et les bronzes seront utilisés pour le futur monument à Henri IV.

Un autre Desaix a eu plus de chance avec le lancement d'une souscription publique qui permet, en 1801, l'ouverture d'un concours pour un autre monument. Le sujet proposé : une fontaine publique destinée à rappeler les moments essentiels de la vie du héros, est sculptée par Fortin. Sont notamment représentés le Pô et le Nil, fleuves témoins des exploits du général en Italie et en Egypte. Inauguré en 1802, le monument sera démonté en 1875 lors de l'aménagement de la place Dauphine. En 1904, le conseil municipal en fera don à la ville de Riom, dans le Puy-de-Dôme (Desaix est né à Saint-Hilaire d'Ayat, village voisin), à condition que le don soit constaté par une plaque de marbre placée sur le monument.

Le 11 nivôse an X (31 décembre 1801), dans un rapport au conseil général du département de la Seine -faisant fonction de conseil municipal de la Ville de Paris-, l'architecte Quatremère de Quincy présente le mode et les moyens d'exécution d'un monument en l'honneur du Premier Consul, monument dont le principe est adopté. Reste à définir le genre de sculpture et son emplacement. Après avoir montré les avantages d'un arc de triomphe, sa solidité, sa résistance à l'action du temps, le rapporteur rappelle que la démolition du Grand Châtelet, forteresse qui défend l'accès nord de Paris (sur l'actuelle place du Châtelet), a été décidée. Il s'en trouve satisfait ; il s'agit en effet, pour lui, d'une construction barbare qui coupe la ville en deux. L'emplacement ainsi libéré sera un lieu tout trouvé pour le monument. En définitive, il est proposé d'y ériger un portique en l'honneur de Bonaparte. Le projet n'aboutira pas.

L'EMPIRE

Vivant Denon, directeur général des musées, conseille à l'Empereur d'élever un ouvrage destiné à célébrer la campagne victorieuse de 1805. La suggestion est retenue ; on érigera une colonne dédiée à la gloire des soldats français qui se sont illustrés à Austerlitz. Les bronzes seront fournis par les canons enlevés à l'ennemi. Le monument qui reproduit les proportions de la colonne Trajane[3], est dressé en 1805, place Vendôme. La colonne sera surmontée en 1810 d'une statue de **Napoléon Ier** œuvre de Chaudet. L'empereur est vêtu à l'antique, en tunique plissée, jambes nues. Sur l'amortissement qui porte la statue on lit : « Monument élevé à la gloire de la Grande Armée par Napoléon le Grand » ; sur la porte d'entrée qui commande l'accès à la plate-forme, on a indiqué que le bronze a été pris sur l'ennemi « dans la guerre d'Allemagne, terminée en trois mois sous son commandement ».

Il avait été envisagé, un temps, de placer une statue de Charlemagne en haut de la colonne. Mais jugée médiocre, la sculpture avait été restituée à Aix-la-Chapelle où elle se trouvait auparavant. Au message indirect, celui d'une filiation entre Napoléon Ier et Charlemagne empereur d'Occident, on préféra en définitive une généalogie plus parlante, moins discutable peut-être, se référant à un empereur romain.

---

[3] Erigée en l'honneur des victoires de l'empereur romain Trajan sur les Daces (Roumanie). Elle était couronnée de la statue en bronze de Trajan.

LA RESTAURATION (1814-1830)

Le 3 avril 1814, le Sénat et le Corps Législatif votent la déchéance de Napoléon Ier et de sa famille. L'empereur abdique le 6 avril[4]. Le 7 avril, la Préfecture de Police fait savoir que la statue de Napoléon sur la colonne Vendôme ne peut y rester, que la colonne est placée sous la sauvegarde du Tsar Alexandre 1er et qu'une statue de la Paix remplacera celle de l'Empereur. Le 8 avril, la statue est déboulonnée[5]. En fait il n'y aura pas de statue de la Paix mais un simple drapeau blanc placé au sommet de la colonne.

L'Ancien Régime est de retour, et les choses ne traînent pas. En avril 1814, toujours, une adresse rédigée par la Garde nationale de Paris demande l'érection d'une statue à **Henri IV**. Un comité s'est formé, présidé par le marquis Barbé-Marbois, pair de France[6].

Répétition générale : Louis XVIII pose la première pierre du monument en 1817, et le comte de Chabrol, préfet de la Seine, en annonce l'installation prochaine. Cette cérémonie officieuse demande quelques préparatifs. C'est que Louis XVIII, goutteux et obèse, se déplace malaisément. Or l'emplacement pour sceller la première pierre se trouve à 1,25 mètre du sol. On prévoit donc un plan incliné pour lui épargner la montée de marches.

Hommage attendu si l'on en juge par l'impatience de Lamartine. Dans son *Ode sur le rétablissement de la statue d'Henri IV*, le poète fait référence à la victoire d'Achille sur Hector et constate qu'un navigateur sur le Bosphore peut découvrir les tombeaux des défenseurs de la cité ; mais à Paris, regrette-t-il, rien !

« ... quand le vieillard sur les bords de la Seine
S'assied en soupirant, et tristement promène
Ses yeux accoutumés aux splendeurs de nos rois,
Il voit sortir de l'onde une cité superbe,
Et cherche en vain sous l'herbe
Une tombe, un débris, une ombre d'autrefois !
Quoi ! Ce peuple, dit-il, nouveau fils de la gloire,
N'a-t-il donc point d'aïeux au temple de Mémoire ? ».

---

[4] Il abdiquera une seconde fois le 22 juin 1815.
[5] Le bronze récupéré sera utilisé pour le nouvel Henri IV du Pont-Neuf.
[6] Ministre du Trésor et bon courtisan, il écrivait en janvier 1806 à Napoléon pour lui dire que la crise financière était surmontée grâce à la nouvelle du prochain retour de l'Empereur en France. Il fut l'un des rédacteurs de l'acte de déchéance de Napoléon 1er.

Le grand jour arrive, salué comme il se doit par le journal *le Moniteur*[7] : « *Par un rapprochement heureux, le jour de la fête du Roi est consacré à l'inauguration de la statue d'Henri IV* ». Et comme un bonheur n'arrive jamais seul, le journal informe ses lecteurs que, ce même jour, « *Il nous est doux d'annoncer que l'état certain de S. A. R. Mme la duchesse de Berry promet un nouveau rejetton* (sic) *à l'auguste dynastie des Bourbons*[8] ».

Lamartine aurait-il encouragé les rimeurs ? En tout cas, l'un d'entre eux[9] a jugé bon d'écrire une poésie sur le sujet, publiée par *le Moniteur*, et dont un extrait suffit à donner le ton :

« O Français ! Henri nous contemple !
A ses pieds unissons nos cœurs,
Jurons de suivre son exemple,
Et des discordes soyons vainqueurs ».

Un autre[10], toujours accueilli par le Moniteur, écrit :

« Louis dans ses projets marche sans s'arrêter.
Ce que Henri voulait il va l'exécuter.
Déjà, du peuple au trône uni sans violence,
Pesant les intérêts dans sa juste balance
Au gré de son génie actif et lumineux,
Du pacte social il resserre les nœuds ».

Ces vers de mirliton, pour serviles qu'ils soient, expriment pourtant une idée essentielle : Henri IV a œuvré pour la réconciliation des Français, ce que ne va pas manquer de faire Louis XVIII, après les intermèdes fâcheux des régimes précédents, celui de la Révolution française en premier, qui n'ont fait que diviser le peuple, semer la discorde. Ces temps sont révolus. Louis XVIII va unir la monarchie à la France, comme Henri IV l'avait fait. Le peuple est las des querelles et son désir d'union s'est manifesté dans sa participation massive à la souscription ouverte pour l'érection de la statue du « bon Henri ». Louis XVIII n'est donc pas un usurpateur, son pouvoir est d'autant plus légitime que, comme Henri IV, il appartient à la maison de Bourbon.

L'inauguration du monument se devait d'être grandiose. La statue quitte l'atelier du fondeur, situé dans le quartier du Roule, le 14 août 1818. Elle est placée sur un traîneau roulant tiré par dix-huit bœufs. En cours de route, des

[7] Journal officiel du gouvernement à partir de 1799.
[8] Le duc de Berry peut seul assurer la descendance des Bourbons et il n'a alors aucun enfant mâle.
[9] Mollevant, membre de l'Institut.
[10] Nommé Baour-Lormian.

chevaux relaient les bœufs. Un certain nombre de volontaires s'attellent avec les chevaux. Le monument est mis en place sur le Pont-Neuf le 19 août. En attendant l'inauguration fixée au 25 août, il est recouvert d'une housse de toile bleue à fleurs de lys.

Le 25 août, fête de la Saint-Louis, est donc un jour béni. Le matin, des services solennels ont été célébrés dans toutes les églises parisiennes. L'inauguration proprement dite a lieu l'après-midi, en présence de Louis XVIII, de sa famille, des ministres et des corps constitués. Le soir, les monuments sont illuminés. On a voulu associer le peuple à cette fête en préparant toutes sortes de divertissements : théâtre en plein air, orchestres de danse, jeux divers. Des distributions gratuites de pain et de victuailles sont même organisées[11].

Une ordonnance du 14 février 1816 enjoint l'installation d'une statue de **Louis XIV**. Ce sera chose faite le 25 août 1822, en l'absence de Louis XVIII toutefois. La cérémonie revêt surtout un caractère militaire, confirmé par l'un des bas-reliefs du socle - le passage du Rhin qui évoque les guerres victorieuses du monarque- et par un défilé de troupes avec salves d'artillerie. Les conseillers municipaux, marchant deux par deux, font à deux reprises le tour du monument en saluant l'effigie du souverain.

Sur la place Royale (l'actuelle place des Vosges) avait été installé un bassin octogonal de jets d'eau, à l'emplacement de la statue équestre de **Louis XIII** abattue en 1792. En 1816, on décide de replacer une nouvelle statue de ce roi à la place du bassin. Mais les choses traînent. On a, en effet, choisi de refaire la statue en marbre, ce qui nécessite un bloc énorme de 14x14x5m, que l'on fait venir de Carrare[12], avec toutes les difficultés d'acheminement que cela suppose. Commandé en 1818, le bloc n'arrivera en France, par eau, qu'à la fin novembre 1824. Le monument sera inauguré en 1829, dans une relative discrétion.

Voilà pour les réalisations. D'autres projets témoignent de la philosophie du nouveau régime.

Sous la pression de certains royalistes, Charles X décide d'élever un monument à Louis XVI, prend en ce sens une ordonnance le 27 avril 1826 et participe à une cérémonie pour la pose de la première pierre. Vêtu de violet, habit de deuil, il se rend de Notre-Dame à la place de la Concorde où fut exécuté le monarque, lieu prévu pour l'installation de la statue, accompagné des ministres et des corps constitués. Un autel a été installé. Sur le reposoir,

[11] Cette coutume provoquait des bagarres ; en 1828 le conseil municipal y mit fin et la remplaça par des distributions gratuites à domicile pour les indigents.
[12] Ville de Toscane, centre d'exploitation du marbre.

l'archevêque de Paris pose les reliques de la Passion du Christ sorties pour l'occasion de Notre-Dame, et on chante à trois reprises le verset de pénitence « *Parce Domine, parce populo tuo*[13] », devant une assistance agenouillée. La première pierre est ensuite bénite par l'archevêque.

Quelque temps auparavant, en octobre 1824, le conseil municipal avait voté le principe d'un monument à Louis XVIII, mort le mois précédent. Le roi devait être représenté assis sur son trône, en manteau royal, le front ceint d'une couronne de lauriers, la main droite appuyée sur la Charte[14], la main gauche tenant le sceptre.

Est prévu également un monument à Louis XV qui serait placé au rond-point des Champs-Elysées.

Ces trois Louis ne verront pas le jour. Mais les trois statues équestres rétablies – Henri IV, Louis XIV, Louis XIII- suffisent à faire comprendre le message transmis par la Restauration. C'est une condamnation sans appel des régimes antérieurs, Révolution et Ier Empire. S'agissant du régime impérial, l'utilisation des bronzes provenant de la fonte des monuments à Napoléon et à Desaix est révélatrice. Les statues des trois monarques doivent être un gage d'amour et de fidélité du peuple pour ses rois. Avec Henri IV surtout, on affirme par une propagande sentimentale que l'amour du peuple incarné par le bon roi Henri se retrouve chez Louis XVIII, son descendant.

Trois monuments commémoratifs de la remise en vigueur de l'Ancien Régime, trois monuments contre-révolutionnaires.

Les choses vont changer avec la Monarchie de Juillet.

[13] « Pardonne Seigneur, pardonne à ton peuple ».

[14] Promulguée le 4 juin 1814 et conservée après Waterloo.

D'UNE RÉVOLUTION A L'AUTRE
LA MONARCHIE DE JUILLET (1830-1848)

Dès l'avènement du nouveau régime deux décisions sont prises.

La première, c'est l'abandon du monument à Louis XV, ce que justifie le ministre de l'Intérieur auprès du sculpteur Cartellier: *« Les événements qui ont amené notre glorieuse régénération politique ne permettent pas d'achever la statue de Louis XV »*. Le projet pour Louis XVI est également délaissé. Au passage, on efface les inscriptions accompagnant la statue de Louis XIII, l'une rappelait que la statue avait été détruite pendant les troubles de la Révolution, l'autre que le monument avait été réédifié par Louis XVIII et Charles X, héritiers du trône et des vertus de Louis XIII.

La seconde c'est le rétablissement de **Napoléon Ier** sur la colonne Vendôme, par ordonnance du 8 avril 1831 prise sur l'initiative de Casimir-Périer, président du Conseil.

Le reniement du régime précédent est sans recours : il convient de reconstruire ce qui a été détruit.

Le choix de Napoléon Ier est évidemment pensé : la légende napoléonienne est toujours vivante chez le peuple, et il n'est pas inutile de rappeler la grandeur passée de la France.

L'inauguration à lieu le 28 juillet 1833, jour anniversaire des Trois Glorieuses. L'œuvre du sculpteur Seurre est ornée de guirlandes et de flammes aux trois couleurs. Exit le drapeau à fleurs de lys. Les rimeurs profitent de l'occasion[15] :

« C'est l'homme de l'armée, un soldat comme nous,
C'est du grand homme enfin la grandeur toute nue.
Que l'orgueil couronné n'en soit donc plus jaloux,
Et qu'il respecte sa statue ».

Calcul ? Sentiment sincère ? Louis-Philippe semble s'apercevoir de l'émotion qui étreint la foule, en particulier les anciens officiers de la Garde Impériale. Il fait un pas en avant, se découvre, s'incline et crie : « Vive l'Empereur ! ».

Toutefois, et on ne s'en étonnera pas, Napoléon Ier n'a pas été représenté en empereur (romain ou autre). Aucun costume du sacre qui personnifierait cette dignité. Il est figuré en tenue de colonel des chasseurs de la Garde et sa redingote bien connue ne peut guerre choquer la dynastie orléaniste au pouvoir. La sculpture de Seurre, c'est le Napoléon populaire avec son chapeau de castor, dont la forme et la pose lui sont personnelles, et ses

[15] Rimeur anonyme.

bottes. On a affaire à un Napoléon peut-être plus « vrai », plus proche des gens, mais qui présente surtout l'avantage de ne pas faire d'ombre à Louis-Philippe.

On s'attardera un instant sur les statues de **Philippe-Auguste** et de **Saint-Louis**.

En 1778, Ledoux avait édifié avenue du Trône deux pavillons destinés aux logements des commis de barrières pour la perception de l'octroi. A côté de ces pavillons furent élevées, en 1788, deux colonnes de vingt-cinq mètres de haut. Soucieux, peut-être, de satisfaire les légitimistes, Louis-Philippe a souhaité rendre hommage aux Capétiens en surmontant ces colonnes avec les effigies de Philippe-Auguste et Saint-Louis, ce qui fut décidé par une délibération du conseil municipal en 1841.

Les deux souverains ont la tête ceinte de la couronne royale, mais ils sont juchés à une telle hauteur que le promeneur a peu de chance de s'en apercevoir. S'il y a hommage rendu, il ne peut guère toucher le public.

Quatre prélats - **Bossuet, Fénelon, Fléchier, Massillon**- font leur apparition en 1844 sur la fontaine de la place Saint-Sulpice, œuvre de Visconti. Leurs statues sont placées dans des niches surmontées de leurs armes épiscopales. Il n'y a pas d'inauguration officielle les concernant.

Autre fontaine d'un genre différent puisqu'il s'agit d'honorer le zoologiste **Cuvier**. Il est symbolisé par une femme assise, la Science, et installé en 1841, sans cérémonie particulière.

En 1842, on place dans la cour de l'Imprimerie nationale une réplique de la statue de **Gutenberg** érigée à Strasbourg en 1840, dont les bas-reliefs mettent en évidence les progrès accomplis par l'humanité grâce à l'imprimerie.

On constate déjà la nouveauté à travers ces deux derniers hommages qui préfigurent ce que seront plus tard de nombreux honneurs rendus.

L'acte le plus important est l'érection d'une statue à **Molière.**

L'idée n'était pas nouvelle puisque sous la Restauration, le journal *Le Constitutionnel* avait lancé une souscription à ce sujet, sans résultat.

En 1838, une circonstance imprévue redonna vie au projet. Une maison venait d'être abattue rue Richelieu, en face de celle où Molière était mort. Sur cet emplacement devenu libre, il avait été décidé de placer une fontaine que l'on surmonterait d'une statue de nymphe. Un sociétaire de la Comédie-Française, Régnier, demanda alors au préfet de la Seine que Molière remplace la nymphe et qu'une souscription nationale soit ouverte. En même temps, le Théâtre-Français donnait une représentation extraordinaire pour le financement du monument. La somme recueillie, très insuffisante pour une telle entreprise, allait être complétée par d'importants crédits alloués par la Ville de Paris et les Chambres.

Le monument est inauguré en 1844. En tête du cortège, qui part de la Comédie-Française, se trouve la musique de la 2e légion de la Garde Nationale, suivie du corps municipal, des membres de l'Institut et des cinq Académies[16], de la société des artistes dramatiques représentée par le baron Taylor[17], de celle des auteurs dramatiques, de la société des Gens de Lettres, des sociétaires du Théâtre-Français représentés par Samson. Tous prennent place sur une estrade circulaire. La cérémonie se termine par le couronnement de la statue : le préfet de la Seine ceint de lauriers le front de Molière. Il a auparavant déposé dans le monument une boîte contenant la médaille frappée à l'occasion de l'inauguration et un volume des œuvres de l'écrivain. Le cortège revient ensuite à la Comédie-Française.

Manifestation d'envergure si l'on en juge par la qualité et le nombre des participants. Mais aussi, et surtout peut-être, par les discours prononcés.

Le comte Rambuteau, préfet de la Seine, après avoir rappelé les épisodes qui ont conduit à l'installation de la statue, termine par un hommage indirect à Louis XIV et, sans détour, à Louis-Philippe : *« La France de Juillet a su payer la dette du passé »* et *« un successeur de Louis XIV a contribué à honorer la mémoire de celui qui trouva dans le grand roi un si ferme appui et une constante bienveillance ».*

Etienne, au nom de l'Académie française, après avoir dénoncé les idées préconçues qui sévissaient au temps de Molière, parle du *« préjugé plus puissant alors que la royauté absolue »* et il enchaîne dans le droit fil de l'intervention du préfet de la Seine : *« Et ce n'est pas un des traits les moins caractéristiques de notre époque que la statue du grand homme qui démasqua Tartuffe s'élève non loin de la statue du grand roi qui l'a protégé ».*

Samson, sociétaire du « Français » est plus virulent. Il rappelle les conditions de l'inhumation nocturne et clandestine de Molière : *« Pas un hymne pieux, pas un temple pour la cendre de ce juste, sur laquelle l'anathème était lancé, au nom du Dieu qui pardonne, par des hommes qui n'ont jamais pardonné ».* Propos qui s'inscrivent dans le contexte de l'époque : le nouvel article 6 de la Charte révisée n'affirme plus que la religion catholique, apostolique et romaine est la religion d'Etat. Ces hommes qui n'ont jamais pardonné (si tant est qu'il y eût quoi que ce soit à pardonner), ce sont les protagonistes de la Cabale des dévots[18], furieux de la

---

[16] Académie Française, Beaux-arts, Inscriptions et Belles Lettres, Sciences, Sciences morales et politiques.

[17] Il sera statufié par la 3e République.

[18] La Compagnie du Saint-Sacrement, société secrète qui s'était donnée pour but de réformer les mœurs, organisa une cabale contre la pièce.

représentation de *Tartuffe*, archevêque de Paris en tête, qui obtint du roi l'interdiction de jouer la pièce en public[19].

Une lecture rapide pourrait conduire à conclure que la Monarchie de Juillet s'est inscrite dans une sorte de tradition restrictive en matière de statuaire aux Grands Hommes. La statue de deux rois, une fontaine agrémentée de quatre dignitaires ecclésiastiques conforteraient cette idée.

Cependant, la nouveauté est réelle.

On notera d'abord, que Philippe-Auguste et Louis IX, tout monarques qu'ils soient, n'ont pas bénéficié d'une statue équestre, symbole pourtant de l'autorité royale.

Ensuite, qu'avec Cuvier et Gutenberg, la Science et la Technique sont honorées, deux éléments indissociables du progrès de l'humanité, même si Cuvier fut adversaire déclaré de la théorie de l'évolution.

Qu'un écrivain, enfin, doublé d'un comédien, vilipendé par l'Eglise, mérite une statue et une spectaculaire cérémonie d'inauguration présidée par un représentant éminent du pouvoir politique, voilà qui n'est pas banal.

L'innovation est résumée d'une phrase prononcée par l'académicien Etienne : *« Jadis elle* [la France] *ne décernait ses suprêmes honneurs qu'aux rois qui avaient libéré ses armes ; aujourd'hui elle a des couronnes pour toutes les gloires ».*

Avec 1830, c'est un peu la renaissance de l'esprit de 1789. Louis-Philippe a accepté d'être « le roi citoyen ». La tradition du monument civique en forme de commémoration historique est recréée. Les Grands Hommes vont occuper la place publique.

---

19 L'archevêque avait pris une ordonnance le 11 août 1667 contre cette « comédie très dangereuse».

D'UNE RÉVOLUTION A L'AUTRE (SUITE)
DEUXIÈME RÉPUBLIQUE ET SECOND EMPIRE (1848-1870)

Du 24 février 1848 au 2 décembre 1851, le temps était trop court pour permettre à la Deuxième République d'installer des monuments. Un décret du 18 mars 1848 prescrit néanmoins que soit érigée une statue au maréchal Ney.

Sous le Second Empire, treize statues sont mises en place (contre dix sous le régime précédent) ; la tendance constatée sous la Monarchie de Juillet se confirme.

Sont représentées : la médecine avec **Bichat**, les sciences naturelles avec **Daubenton**, la pharmacie et la chimie avec **Parmentier** et **Vauquelin**. **Pascal** complète ce volet scientifique, mais on a aussi voulu honorer le penseur comme le prouvent les accessoires (stylet et manuscrit) qui l'accompagnent. Les arts sont présents en la personne du peintre **Eustache Le Sueur**. La philanthropie fait son apparition avec **Valentin Haüy**, bienfaiteur des aveugles.

Tous ces personnages sont indiscutables. Les travaux scientifiques de Bichat sur la notion de tissu, de Daubenton[20] sur l'acclimatation en France des mérinos espagnols, de Parmentier sur la pomme de terre, de Vauquelin découvreur du chrome, ne peuvent guère soulever d'opposition politique. La remarque vaut évidemment pour Pascal, Haüy ou Le Sueur dans des registres différents.

Mais voilà que **Napoléon Ier** réapparaît.

A l'image de Louis XVIII se légitimant à travers Henri IV, Napoléon III se considère comme l'héritier direct de Napoléon Ier. Un sénatus-consulte de 1852 rétablit la dignité impériale et désigne Louis Napoléon Bonaparte comme empereur des Français sous le nom de Napoléon III. Il utilise ainsi la légende napoléonienne, il a recours au mythe napoléonien, ce qui lui a si bien réussi lors des élections de 1848. La succession est régulière ; pour bien en pénétrer l'opinion, rien de mieux qu'une manifestation dynastique. Ce sera le rétablissement de Napoléon Ier sur la colonne Vendôme, sous sa forme primitive, celle d'un empereur romain. Napoléon III n'avait pas manqué d'affirmer qu'il ne faisait que respecter la volonté de son oncle. On

---

[20] En 1864 le chroniqueur de *L'Illustration* estime justifiée une statue à Daubenton car « il a le premier indiqué d'une manière certaine les différences qui distinguent l'homme de l'orang-outang ».

efface la représentation du Petit Caporal, jugée sans grandeur[21]. *Le Moniteur* annonce l'installation d'une *« effigie du fondateur de la Dynastie napoléonienne, rétablie dans les conditions conformes à la tradition... ».* Dénouement heureux pour Napoléon Ier, car il avait connu des déboires.

En 1850 des propriétaires du square Sainte-Hélène, actuel square Vintimille, avaient décidé de lui élever une statue et s'étaient adressés au jeune sculpteur Mathieu Meusnier. Celui-ci avait baptisé son monument en marbre « Napoléon Prométhée » pour faire un parallèle entre les deux héros qui avaient tour à tour connu le triomphe et l'amertume. On prête d'ailleurs à Napoléon Ier des propos qu'il aurait tenus à Sainte-Hélène : *« Nouveau Prométhée, le léopard d'Angleterre me ronge les foies sur mon rocher ».* Meusnier avait représenté l'empereur coiffé d'une couronne de chêne et de laurier, flattant de sa main un aigle. Tout cela ne prêtait pas à conséquence, malheureusement l'artiste avait représenté son héros habillé pour tout vêtement d'une feuille de vigne. Après Desaix, Napoléon Ier : c'en était trop ! Barbouillée de peinture par les opposants, la statue fut rapidement retirée.

D'autres figures viennent compléter la légende napoléonienne.

Le 8 août 1850, est installée la statue de **Dominique Larrey.** Nous somme encore sous le régime de la Deuxième République présidée par Louis-Napoléon Bonaparte, lequel ne va pas tarder à rétablir l'Empire à son profit.

En attendant, il est bon d'entretenir les vieux souvenirs, et le baron Larrey, dont le monument fait l'objet d'une souscription nationale, y contribue. Il est représenté dans un manteau rejeté en arrière sous lequel on distingue l'uniforme de chirurgien de la Grande Armée. Larrey fut présent aux côtés de Napoléon Ier jusqu'à Waterloo, et c'est pour cela qu'il tient à la main le testament de l'empereur où il est écrit : *« Larrey, l'homme le plus vertueux que j'ai connu ».*

Trois ans plus tard, le maréchal **Ney** est honoré. Le sculpteur Rude, choisi pour la réalisation, propose de représenter Ney au moment où il va être fusillé, tête nue, la main gauche écartant sa houppelande et l'index pointant vers le cœur comme pour indiquer aux soldats où ils doivent viser. Napoléon III exprime son désaccord : il veut non une victime mais un vainqueur. Ney sera donc figuré dans l'attitude du commandement, le sabre au poing, foulant un sol de débris et de mitraille. Il a le bras levé dans le geste qui lui était habituel et que l'on appelait « le bras de Ney ».

---

[21] C'était aussi l'avis des sculpteurs, très critiques à l'égard du pantalon et des bottes de l'oncle et qui jugeaient difficile de conserver ces accessoires.

L'inauguration est grandiose.

Des détachements pris dans chacun des corps de l'armée de Paris encadrent la place où s'élève le monument. Une estrade richement décorée accueille les ministres, les grands corps de l'Etat, les officiers supérieurs et deux tribunes sont réservées aux membres de la famille (ses fils Michel et Edgar, aide de camp de l'Empereur). Napoléon III est en uniforme de général de division.

Les discours sont à la mesure de la grandeur du héros et du message que l'on veut délivrer.

Le maréchal de Saint-Arnaud, ministre de la Guerre, déclare d'emblée qu'il s'agit d'*« un grand acte de réparation nationale »*. Il ajoute que Ney est tombé *« victime des discordes civiles »*. Il poursuit : *« Vainement des voix éloquentes avaient entrepris l'œuvre de réhabilitation légale du maréchal Ney : on ne refait pas l'histoire avec des arrêts de justice (...) Tenons le pour réhabilité par un des arrêts tels que le rend celui qui détruit et relève les empires, et se réserve à son heure, par d'éclatants retours, de fixer sur les évènements et sur les hommes le jugement de la postérité »*. Allusion au décret du gouvernement provisoire de 1848 qui trouve ainsi son exécution. Les louanges s'adressent donc à celui qui était alors Prince-Président et à l'empereur d'aujourd'hui.

Dupin, avocat de Ney, après avoir dénoncé les violations répétées du droit au moment du procès, après avoir regretté *« les funestes résultats des discordes civiles à toutes les époques et sous tous les régimes»*, dit son honneur d'*« assister au grand acte de réparation »* que constitue l'érection de la statue de Ney. Car, ajoute-t-il, Ney *« c'était le drapeau tricolore immolé au drapeau blanc ! C'était le guerrier que la réaction a sacrifié »*.

L'hommage à Ney constitue un blâme direct à l'encontre de la monarchie de Louis XVIII.

Saint-Arnaud et Dupin mettent par ailleurs en avant les qualités militaires et les sentiments patriotiques du héros, sentiments étrangers à la monarchie qui n'a pas hésité à faire fusiller Ney en présence de l'ennemi occupant notre territoire.

Autre héros napoléonien : Eugène de Beauharnais dit le **Prince Eugène**.

Fils du vicomte Alexandre de Beauharnais et de Joséphine, épouse de Bonaparte, il prit une part active aux guerres de l'Empire.

La statue avait été commandée par Napoléon III pour orner le percement du boulevard du Prince Eugène (aujourd'hui boulevard Voltaire) dont les travaux avaient commencé en 1857. L'empereur en avait inauguré un modèle en 1862. Chef apprécié pour sa bravoure et son humanité en faveur des soldats blessés, c'est surtout pour sa fidélité à Napoléon Ier qu'il est héroïsé. Dans un courrier adressé au tsar Alexandre en 1814, en réponse à une lettre par laquelle on lui proposait une couronne à la condition d'abandonner la cause de l'empereur désormais perdue, le prince Eugène avait écrit qu'il se souvenait uniquement des bienfaits de Napoléon Ier, qu'il lui devait tout son rang et qu'il le servirait tant qu'il vivrait. Le héros est représenté, comme il se doit, en costume de général d'Empire ; il froisse d'une main la lettre du tsar.

Beauharnais encore, avec l'impératrice **Joséphine**. Le conseil municipal avait commandé une statue en marbre pour la Martinique, son pays d'origine. Il décide d'en faire installer une réplique pour Paris (sur l'actuelle avenue Foch). Nous sommes ici dans un cas limite : peut-on parler de légende napoléonienne à propos d'une impératrice répudiée ?

Un hommage direct, enfin, de la Ville de Paris à celui qui défendit la capitale en 1814, car le maréchal **Moncey** fit preuve d'un grand courage à la barrière de Clichy[22]. En 1863, un crédit est voté ; l'année suivante un concours est ouvert. Hommage très municipal donc. Cependant on n'oublie pas d'écrire sur le socle que le monument a été érigé sous le règne de Napoléon III.

La pédagogie véhiculée par le Second Empire est donc claire : rendre hommage à Napoléon Ier par le biais de maréchaux d'Empire pour faire vivre la légende napoléonienne et assurer le régime en place.

Par ailleurs, se confirme la tendance à édifier des statues à des hommes qui ne sont plus hors du commun comme les rois et les saints. Ces héros ne doivent leur glorification ni à l'héritage familial, ni à la loi ecclésiastique. Ce sont des hommes « ordinaires », et s'ils sont « grands », c'est uniquement par leur mérite personnel.

La IIIe République va donner de l'ampleur à cette nouvelle statuaire.

---

[22] Avant la construction du mur des Fermiers généraux en 1784, on entrait dans Paris par des barrières où était perçu l'octroi. La barrière de Clichy se trouvait à l'extrémité de la rue de Courcelles.

LA IIIE RÉPUBLIQUE (1870-1914)

Le coup d'envoi de ce qui va être la haute époque de la statuaire au Grand Homme en place publique est donné dès septembre 1870.

Le Gouvernement de la Défense Nationale renverse la statue du Prince Eugène[23] et installe **Voltaire** à sa place, manière d'exalter l'esprit républicain. Il s'agit d'une réplique en bronze de la statue en marbre de Houdon du Théâtre-Français. Endommagée sous la Commune, elle sera placée dans le square Monge en 1872.

L'idée d'un monument à Voltaire n'était pas nouvelle. On a vu que sous la Révolution, l'Assemblée constituante en avait eu l'intention. En 1867, le journal *Le Siècle* - de tendance gauche républicaine – avait déclenché la polémique en lançant une souscription pour un monument au philosophe. Il écrivait dans ses colonnes : *« Afin de conserver à l'hommage rendu au promoteur de la révolution française un caractère tout démocratique, le Siècle ne recevra pas de souscription au-dessus de cinquante centimes »*. Il fut poursuivi en justice par les autorités.

Par ailleurs, on n'en avait pas fini avec Napoléon Ier. Le peintre Courbet avait adressé aux membres du gouvernement de la Défense Nationale une proposition d'abattre la colonne Vendôme. Le Journal Officiel du 16 mai 1871 - nous sommes sous la Commune- publie cet avis : *« La démolition de la colonne Vendôme aura lieu aujourd'hui à deux heures après midi »*.

Mais faire tomber une colonne de cette dimension n'était pas aisé. Le treuil utilisé pour l'opération cassa, tuant l'un des hommes qui le manœuvrait. Un nouveau treuil fut utilisé et la colonne tomba sur le lit de fumier qui lui avait été préparé. Le drapeau rouge fut arboré sur le piédestal demeuré intact.

Une députation se rendit à l'Hôtel de Ville après la chute du monument, et un des délégués prononça un bref discours : *« Le peuple est patient mais sa vengeance n'en est que plus terrible le jour où elle éclate »*.

Plus tard, Courbet, jugé responsable de cette démolition, fut condamné à payer la restauration de la colonne.

L'histoire de la statue de Napoléon Ier est une véritable saga dont on peut rappeler les dates :

1810 - érection d'une statue sur la colonne Vendôme (Napoléon est en empereur romain)

1814 - abattage de cette statue

1833 - installation d'une nouvelle statue (Napoléon est en Petit Caporal)

---

[23] Il trouvera place dans le jardin situé devant les Invalides.

1863 - une nouvelle statue remplace le Petit Caporal (Napoléon est à nouveau en empereur romain)

1871 - la colonne Vendôme est renversée avec la statue

1873 - l'Assemblée Nationale vote le rétablissement de la colonne avec la statue

1875 - la statue, restaurée, est replacée en haut de la colonne.

Les malheurs de Napoléon ne s'arrêtent pas là. Le Petit Caporal avait été transféré au rond-point de Courbevoie. En 1870, au moment du siège de Paris par les Alliés, le gouvernement de la Défense Nationale avait fait enlever la statue pour la placer dans la cour des Invalides. Le transfert s'était fait par bateau, mais le poids du monument avait déséquilibré l'embarcation, et la statue, décapitée par le choc, était tombée dans la Seine. Récupérée, réparée, on l'avait reléguée au dépôt des marbres de la Ville de Paris, avant de l'installer définitivement aux Invalides en 1911.

Pour être moins violentes que l'épisode de la colonne Vendôme sous la Commune, les érections de statues ne se déroulèrent pas toujours dans le calme, loin s'en faut.

Tout commence avec la Révolution française. Il est naturel d'honorer ceux qui l'ont préparée, mais aussi ceux qui en ont été les acteurs directs, ceux qui l'ont continuée, ceux qui ont établi un régime définitif, la République.

Les précurseurs de la Révolution française

Par leurs écrits, ils ont ébranlé le vieil édifice d'Ancien Régime : Diderot, Voltaire, Rousseau recevront leur statue, comme Beaumarchais un peu plus tard.

Dès 1875, plusieurs conseillers municipaux avaient fait savoir : *« Il est temps que la France consacre aux amis du peuple ces monuments réservés autrefois aux hasards de la naissance ou des combats ».* Plus question de se limiter aux rois ou aux chefs de guerre (qui sont parfois les mêmes, d'ailleurs).

Le comité du centenaire de **Diderot**, présidé par le libre penseur André Lefèvre[24], justifie sa demande d'une statue au philosophe en affirmant qu'il consacra sa vie à la propagation des idées de liberté.

En 1884, le radical Mathé, président du conseil municipal, inaugure une maquette en plâtre du futur monument et décrit Diderot comme le *« plus glorieux précurseur de la Révolution française ».*

---

[24] Archiviste-paléographe de profession, il a notamment publié *Religions et mythologies comparées* et *La renaissance du matérialisme*.

En 1886, nouvelle inauguration, celle du monument définitif cette fois, et Hovelacque, radical qui a succédé à Mathé comme président de l'assemblée municipale, baptise Diderot l' *« Apôtre des temps modernes »*.

On citera seulement pour mémoire l'autre Diderot, celui du square d'Anvers, acheté directement par la Ville de Paris et qui n'a pas donné lieu à inauguration.

En 1879, le conseil municipal ouvre un concours pour l'érection d'une statue à **Voltaire**, place Voltaire, sur le piédestal vacant de celle du Prince Eugène (enlevée, on l'a vu, en 1870). Or la même demande d'utiliser ce piédestal est formulée par un comité en faveur de Ledru-Rollin. Sur intervention du préfet de la Seine, le conseil revient sur sa décision et accorde le socle à Ledru-Rollin. Il donne suite, peu après, à la pétition d'un comité du centenaire de la mort de Voltaire dont la statue, érigée quai Malaquais, est inaugurée en 1885.

Michelin, président radical du conseil municipal, après avoir rappelé le combat de Voltaire pour la vérité, ajoute que la France de la Révolution, épuisée par l'Empire *« dut subir la rentrée odieuse des Bourbons »*, mais que les idées semées par le philosophe sont impérissables. Il demande que son cœur soit placé au Panthéon : *« la meilleure partie de Voltaire reprendra ainsi possession de la place d'honneur que lui avait décernée l'Assemblée Nationale[25] »*.

Il aura fallu du temps pour que **Rousseau** ait sont monument.

Le 21 septembre 1790, l'Assemblée Constituante prend un décret portant qu'il lui sera érigé une statue : *« Il sera élevé à l'auteur d'Emile et du Contrat Social une statue portant cette inscription : La Nation française libre à Jean-Jacques Rousseau »*.

Le 9 mai 1792, le comité d'Instruction publique de l'Assemblée Législative s'est réuni pour prendre connaissance d'une lettre de Jean-Marie Roland, ministre de l'Intérieur, demandant à l'Assemblée d'ordonner que les modèles de la statue lui soient offerts par M. Houdon, afin qu'elle puisse choisir celui qui lui paraîtra le plus convenable. Deux commissions sont nommées pour examiner la requête de Roland et établir un rapport. L'affaire n'aura pas de suite.

Le 24 avril 1794, le Comité de Salut Public prend divers arrêtés concernant les Arts et parmi ceux-ci, un projet de statue à Rousseau : *« Le Comité de Salut Public, en exécution du décret de l'Assemblée Constituante, qui décerne une statue de bronze à Jean-Jacques Rousseau, appelle tous les artistes de la République à concourir pour ce monument, qui sera placé dans les Champs Elysées »*.

---

[25] Les cendres de Voltaire avaient été transférées au Panthéon le 11 juillet 1791.

Le 6 novembre 1794, la Convention reprend la décret de 1790 de la Constituante.

Le 29 novembre 1794, une loi demande l'exécution d'œuvres d'art en l'honneur de la Révolution, parmi lesquelles un monument à Rousseau. Vingt-cinq esquisses sont proposées ; le projet du sculpteur Moitte est retenu. Un des membres du jury intervient pour faire l'éloge du philosophe, *« bienfaiteur de l'humanité », « précurseur de la Révolution », « apôtre de la liberté », « l'homme dont les Français sentent le besoin de multiplier l'image, pour la substituer aux viles représentations que la raison vient d'abattre »*. Le projet demeurera en sommeil.

Le 20 octobre 1798, sous le Consulat, le Corps Législatif arrête qu'on élèvera une statue à Rousseau dans le jardin des Tuileries.

Et puis, plus rien... jusqu'en 1879 où le conseiller municipal Hamel dépose une proposition pour un monument à Rousseau, considérant qu'il est du devoir de la République d'honorer dignement la mémoire des précurseurs de la Révolution. Argument complémentaire : dans la mesure où l'on veut ériger une statue à Voltaire, il est juste qu'on en élève une à Rousseau *« afin de réunir dans la même apothéose les deux grands hommes qui, après leur mort, ont été victimes de la même proscription de la part de la réaction »*.

Une subvention est votée en 1883, un emplacement désigné en 1887.

L'inauguration l'année du centenaire de la Révolution a lieu en présence d'Edouard Lockroy, ministre de l'Instruction publique et des Beaux-arts. Darlot, président radical du conseil municipal, dit l'hommage justifié de la reconnaissance nationale à l'égard de Rousseau qui a ébranlé la monarchie.

Beaumarchais est lui aussi présenté comme un initiateur de la Révolution. Cependant les louanges s'accompagnent d'une certaine réserve due à son activité de marchand d'armes et de spéculateur.

Le secrétaire socialiste du conseil municipal inaugure le monument en faisant allusion à l'existence tourmentée de Beaumarchais et avoue : *« A l'étudier de près, scrupuleusement, on se sent envahi par un trouble profond »*. Il ajoute souhaiter que l'on dise la vérité sur ceux que l'on statufie, sinon ce serait *« se rendre coupable d'un manquement grave, inexcusable, vis-à-vis des générations présentes et futures, pour l'éducation morale desquelles tels monuments sont érigés »*. Diable ! Mais de quoi et de qui s'agit-il ? a-t-on envie de demander. La suite n'est guère plus rassurante : *« ... pour ne pas risquer d'être écrasé, il faut passer dans le camp de ceux qui dominent, de ceux qui écrasent... »*. On peut supposer qu'il s'agit d'une allusion à l'engagement de Beaumarchais pour l'indépendance des Etats-Unis et au commerce d'armes qui en a résulté, commerce qui présentait le double caractère d'une opération patriotique et financière. Labusquière s'en sort comme il peut en terminant son discours : la statue ne s'adresse *« ni à l'anobli, ni au financier, ni à l'agent des missions secrètes mais au glorieux enfant de Paris, père de Figaro, écrivain de haute lignée, solidaire d'un peuple luttant pour son indépendance nationale ».*

Hervieu, conseiller du quartier, rend hommage, à sa façon, à l'écrivain. Beaumarchais s'est enrichi facilement et rapidement ? Il balaie le reproche : *« Mais que nous importent quelques ombres! ».*

Beaumarchais constitue un cas unique. Car si nos héros n'ont pas toujours fait l'unanimité au conseil municipal, loin s'en faut, c'est la seule fois qu'au cours d'une inauguration la critique semble faire jeu égal avec la louange. Habituellement, on est plutôt habitué aux discours thuriféraires. Les représentants du gouvernement (secrétaires généraux de la préfecture de la Seine et de la préfecture de Police) ne prendront pas la parole. La musique du 79e régiment d'infanterie jouera néanmoins *La Marseillaise.*

Les acteurs de la Révolution française

Si l'on excepte Marat, cas particulier dont il sera question plus loin, ces acteurs se réduisent à deux noms : Danton et Desmoulins.

Au conseil municipal de juillet 1891, la droite n'est pas d'accord pour honorer Danton : le conseiller Alpy proteste contre l'hommage rendu à *« l'auteur de la loi des suspects, des massacres de septembre et du tribunal révolutionnaire ! ».*

Deux élus lui répondent. Le conseiller Lampué : *« Puisque vous protestez contre Danton, l'année prochaine nous vous donnerons Marat ».* Le conseiller Villain : *« Nous serions heureux d'avoir à nouveau Danton si les circonstances qui l'ont fait agir se reproduisaient ».*

Danton convient à la gauche parisienne, à la symbolique républicaine, laïque et patriote.

La cérémonie d'inauguration de la statue est menée par Charles Floquet, président de la Chambre des députés. Y assistent Levraud, président radical du conseil municipal, les préfets de la Seine et de Police, le président de la Société positiviste de Paris.

Levraud se lance dans un discours de réhabilitation en faveur de celui qu'il nomme le *« grand calomnié »*, victime des mensonges *« des royalistes, des traîtres et des jaloux»*, en particulier La Fayette et Mme Roland. Le premier est considéré comme un ambitieux mesquin dont la haine envers Danton s'explique par le fait que celui-ci a refusé le vote d'une loi martiale qui aurait permis de tirer sur la foule. Haine aussi de la part de la seconde, égérie de son mari et des chefs girondins[26].

Quant à Laffitte, il reconnait volontiers que Danton est responsable des massacres de septembre. Mais, ajoute-t-il, il faut *« sortir de ce vague*

---

[26] Jean-Marie Roland de la Platière, ministre de l'Intérieur dans le cabinet girondin (mars 1792) a voté contre la mort du roi. Il s'est suicidé après l'exécution de sa femme.

sentimentalisme qui abêtit ». Ces massacres sont sans doute *« déplorables »*, cependant *« la violence et le sang couvrent tout le parcours de la route de l'humanité »* Il y aurait ainsi une réalité historique qu'il faut accepter : *« laissons donc les bucoliques... »*.

Le même Laffitte avait auparavant remercié le conseil municipal *« de l'originalité à la fois spirituelle et élevée, avec laquelle il a appelé à participer à cette inauguration les positivistes et leur chef, des gens qui ne sont ni catalogués, ni estampillés. Cela n'est point vulgaire »*. Voilà en tout cas un homme d'action, Danton, honoré par les exécuteurs testamentaires d'Auguste Comte, un pur théoricien.

Camille Desmoulins voit d'abord l'inauguration d'un modèle en plâtre de sa statue pour commémorer le centenaire de son appel du 12 juillet 1789. A la nouvelle du renvoi de Necker, il avait harangué la foule au Palais-Royal, assimilant ce renvoi à une véritable Saint-Barthélemy des patriotes et appelant à recourir aux armes. Pour les républicains il incarne la jeunesse enthousiaste, l'étincelle qui a mis le feu à la vieille société.

On citera pour mémoire **Bailly,** non que le personnage ne soit pas important : premier à prêter le Serment du Jeu de Paume, il fut aussi, nommé le 15 juillet 1789, le premier maire de Paris. Mais sa statue n'était pas destinée à la place publique[27], et son installation se fit sans cérémonie dans le jardin du Luxembourg.

Les continuateurs de la Révolution française

Ce sont d'abord les quarante-huitards : Ledru-Rollin, Lamartine, Louis Blanc, Arago, membres du Gouvernement provisoire issu des journées de 1848 ; Raspail, l'un des premiers à proclamer la République.

Ledru-Rollin est l'organisateur du suffrage universel, transformation politique fondamentale, rappelle le conseiller radical Cadet qui voit dans l'érection de sa statue *« une œuvre vraiment nationale»*. Il est le témoignage de la fidélité aux principes républicains.

Lamartine cumule les qualités : il est honoré comme poète, orateur, philosophe et homme politique. C'est ce qu'exprime Donnat, autre radical, qui représente le conseil municipal à l'inauguration du monument : *« toutes les cordes de la lyre doivent vibrer en son honneur »*. Son propos est d'ailleurs nuancé lorsqu'il met en évidence la pondération du héros comme ministre des Affaires étrangères : *« chez lui la raison modérait les élans du cœur »*, façon de dire qu'il repoussait les thèses socialistes, dangereuses car, par elles, *« on passionne le peuple pour l'impossible »*, ajoute Donnat qui

[27] Elle était prévue pour le Palais-Bourbon.

prend comme un exemple à ne pas suivre l'intervention de l'Etat dans les rapports de l'ouvrier et du patron.

Louis Blanc est, lui, un théoricien socialiste. Mesureur, président radical du conseil municipal, met en avant son désir d'amélioration sociale, son appel à la lutte des travailleurs pour entreprendre une véritable réorganisation du Travail.

Arago, comme Lamartine, ne doit pas sa notoriété au fait politique. C'est un savant, membre de l'Institut, qui jouit à ce titre d'un réel prestige. Poincaré, ministre de l'Instruction publique, relève que dès 1840 il défendit le principe de suffrage universel et qu'en obtenant l'abolition de l'esclavage dans les possessions françaises il a servi l'idéal démocratique et républicain.

Raspail, n'a pas été membre du gouvernement provisoire de 1848, mais au conseil municipal on précise qu'il a été l'un des promoteurs du suffrage universel, avant même Ledru-Rollin.

Les continuateurs de la Révolution française, ce sont aussi les grands noms de la III^{e}République, ceux qui ont occupé les fonctions de chef du gouvernement : Gambetta, Jules Simon, Floquet, Ferry, Waldeck-Rousseau.

Spuller[28], président du comité d'érection du monument à **Gambetta**, déclare que celui-ci a senti et gardé *« le souffle des grands jours de la Révolution »*. Il a relié la nouvelle à l'ancienne France en continuant *« la lignée glorieuse de Louis XI, de Henri IV, de Richelieu, de Danton »*. Comme quoi tous les monarques ne sont pas à rejeter. Le Royer, président du Sénat, insiste sur le caractère légaliste de son action face à Mac-Mahon en 1877 : ni violence, ni atteinte aux lois.

Charles Floquet reçoit les mêmes honneurs quelque vingt ans plus tard. Là encore la présence des hauts dignitaires du régime atteste de l'importance accordée au personnage : Fallières, Président de la République ; Brisson, président de la Chambre ; Dubost, président du Sénat ; des ministres, le préfet de la Seine, le préfet de Police. Il est vrai que le palmarès du héros est impressionnant : président du Conseil des ministres, de la Chambre, préfet de la Seine,... Pour le socialiste Viet, maire du 11e arrondissement, Floquet fut à l'avant-garde des idées de justice, de liberté, de progrès. Adolphe Chérioux, président radical du conseil municipal, retient que, le 4 septembre

---

[28] Spuller Eugène (1835-1896), second de Gambetta avec lequel il quitta Paris en ballon en 1870. Sous-secrétaire d'Etat à la présidence du Conseil et plusieurs fois ministre.

1870, il a substitué l'écharpe tricolore à l'écharpe rouge arborée par Etienne Arago, maire de Paris[29].

Le Président de la République est encore là pour **Waldeck-Rousseau**, inauguré par Aristide Briand, président du Conseil, qui rappelle le passé quarante-huitard du héros, insiste sur son œuvre législative avec les lois sur les associations et les retraites et se félicite de la clairvoyance de Gambetta qui choisit Waldeck-Rousseau comme ministre de l'Intérieur : l'union de Gambetta et de Waldeck-Rousseau *« c'est l'annonce de la voie nouvelle dans laquelle la République après tant de combats, allait enfin s'engager ».*

Au conseil municipal, la droite avait d'abord ironisé devant la demande de souscription pour le monument, par la voix du conseiller Oudin : *« Est-ce une manifestation contre M. Combes? ».* Allusion au fait que Waldeck-Rousseau s'était élevé en 1904 contre le projet de la loi préparé par Combes, alors président du Conseil, qui interdisait l'enseignement à tout congréganiste. Le conseiller Barillier ne votera jamais une statue à Waldeck-Rousseau car il a traduit les chefs nationalistes devant la Haute Cour. Il dresse un portrait peu flatteur du héros : *« homme à courtes vues et à conscience élastique, profondément sceptique et ambitieux »*, avant de lui attribuer le qualificatif de *« malfaiteur public».*

Le débat s'était poursuivi avec un échange entre la droite et le conseiller socialiste Colly.

<u>Extrait du procès-verbal de la séance du 25 novembre 1904</u>

« M. Colly. - Si nous ne mettions pas un peu d'énergie à défendre la République, une nouvelle Haute Cour serait nécessaire (bruit)

M. Gaston Mery. - Vive la liberté !

M. Colly. - Une Haute Cour un peu plus rigoureuse que la première (exclamations)

M. Heppenheimer .- Nous sommes toujours vainqueurs et vous êtes là. Si vous étiez vainqueurs, il y a longtemps que vous nous auriez mis en prison »

(Le conseiller Mery ayant déclaré que les souscriptions publiques étaient ouvertes pour défendre les libertés, est interrompu).

« M. Colly. - Ne parlez pas de liberté, vous, l'homme aux chemises soufrées (rires)

M. Gaston Mery. - Je ne suis pas l'homme des chemises soufrées, et celles que je porte sortent de chez un bon faiseur du quartier que je représente (rires)

M. Colly. - Vous criez à la persécution des bonnes sœurs, alors qu'il n'y a pas eu une goutte de sang versé, une seule sœur réduite à la misère (exclamations)

[29] Ce qui rappelle l'épisode du 25 février 1848 avec Lamartine.

M. Gaston Mery. - On a jeté des vieillards de 95 ans sur le pavé

M. Colly. - Et les millions d'orphelins du peuple exploités, martyrisés par l'odieux régime du Bon Pasteur ? Vous êtes des farceurs, des ignorants ou des gens de mauvaise foi ».

Encore et toujours la présence du Président de la République pour **Jules Ferry**, et toujours Aristide Briand pour mêler dans un même hommage Ferry, Waldeck-Rousseau et Gambetta, érigés, d'ailleurs, dans des endroits proches les uns des autres.

Plus insolite, la statue de **Jules Simon** qui s'opposa à la politique anticléricale de Ferry en se prononçant en faveur des congrégations enseignantes. Le conseil municipal, à majorité radicale et socialiste, avait pourtant donné son accord en 1898. C'est que le comité d'érection avait à sa tête le président du Sénat.

Il eut été intéressant d'écouter les discours de la gauche municipale à cette occasion. Mais la droite ayant remporté les élections de 1900, c'est un des siens, Deville qui prend la parole. Il rappelle la devise de Jules Simon : *« Dieu, patrie, liberté »*. Il ajoute qu'il *« eut peu d'illusions sur les hommes de la Deuxième République »*, qu'*« il fut courtois et bienveillant avec tous, même avec Louis-Napoléon »* et qu'il montra que la république *« pourrait permettre à notre pays de rétablir à l'intérieur la sécurité des capitaux et du travail »*. La tonalité est nouvelle.

D'autres hommages sont aussi l'occasion de glorifier la Révolution française.

Philippe Pinel a aboli les méthodes thérapeutiques brutales utilisées sur les aliénés. Son œuvre a pu être menée à bien parce que ce médecin était *« un esprit profondément émancipé, intimement mêlé au grand mouvement philosophique du 18e siècle »* et parce que la Révolution est arrivée *« avec son cortège d'idées réformatrices et humanitaires »*, nous dit le vice-président du conseil municipal.

Quant à **Ludovic Trarieux**, dreyfusard, défenseur de Zola, fondateur de la Ligue des Droits de l'Homme, sa voix *« parlait le langage sublime de nos grands ancêtres de 1789 »,* déclare le secrétaire général de la préfecture de la Seine.

Précurseurs, acteurs, continuateurs de la Révolution Française, tous ont amené à un heureux résultat : l'instauration du régime républicain.

L'aboutissement de la Révolution française : la République

Unanimité à gauche pour célébrer la République, conséquence directe de la Révolution.

D'autres héros que ceux déjà nommés ont leur effigie parce qu'ils ont été les défenseurs infatigables du nouveau régime, même s'ils n'ont pas occupé de hautes fonctions politiques. Il serait trop long de les citer ici, mais nous les retrouverons au détour de leurs actions, celles d'hommes de progrès.

La République, c'est la liberté fondée sur le suffrage universel, c'est la conduite du pays au grand jour, pour le bien commun. Liberté de s'exprimer, de critiquer, de s'opposer comme il est normal *« dans les républiques où le pouvoir est assis, non sur le silence, mais sur la discussion ; où les conspirateurs, au lieu de comploter dans l'ombre, se faisant au ciel des parlements, prennent, en quelque sorte, un caractère officiel ».* Ainsi s'exprime Aristide Briand devant la statue de Jules Ferry. Le président du Conseil n'hésite pas à recourir à la métaphore pour répondre aux ignorants qui s'en tiennent aux apparences pour critiquer la République : *« Ils ne savent que montrer le crépitement que produit le foyer parlementaire à travers le haut-fourneau de la tribune et les fumées souvent épaisses, qui, avant de se perdre dehors, obscurcissent les couloirs ».* Dubost, président du Sénat, est plus direct devant la même statue, lorsqu'il définit les qualités du bon homme politique : *« Homme de parti, il doit se soumettre au verdict sommaire du suffrage universel [...] Homme de gouvernement, il doit tenir son esprit ferme dans les échecs et son âme toujours préparée aux ostracismes du peuple égaré ».* Etrange discours sur la liberté politique, même si Dubost veut réhabiliter Ferry qui a subi, dit-il, des attaques injustes venues de tous bords.

Mesureur, président du conseil municipal, avait déjà conclu en 1887 devant la statue de Louis Blanc : *« Notre démocratie, qui pressent le triomphe définitif de la révolution, n'a pas assez de marbre et de bronze pour réveiller et replacer dans ses rangs ces hommes disparus, combattants du Droit, qui, pendant de longs siècles ont donné leur génie, leur liberté et leur sang pour l'affranchissement du peuple ».*

La défense du parlementarisme, l'affirmation de la suprématie du pouvoir législatif entraînent naturellement la condamnation du pouvoir personnel. Cela va sans dire s'agissant d'un régime monarchique ou impérial, mais il faut demeurer constamment vigilant car le régime républicain peut être mis en danger même par ceux qui s'en réclament. Si le général Boulanger[30] a pu séduire par quelques mesures spectaculaires et par une attitude agressive à

[30] Ministre de la Guerre dans le cabinet Freycinet (1886).

l'encontre de l'Allemagne, on ne saurait pour autant réviser le régime parlementaire, comme il le demande, sous le fallacieux prétexte de sauver la patrie.

Devant la statue de Rousseau, le radical Darlot cite des extraits du *Contrat Social* : *« Si donc le peuple promet simplement d'obéir, il se dissout par cet acte ; il perd sa qualité de peuple... »*, pour montrer l'actualité du texte. Nous sommes en février 1889 ; quelques jours auparavant, Boulanger a été triomphalement élu à Paris. Aussi Darlot lance-t-il un appel : *« Notre grande cité parisienne, qui fut toujours le berceau de la République, se ressaisira... ».*

Floquet[31], inaugurant le monument à Gambetta, affirme l'indivisibilité de la nation, l'alliance étroite de l'armée et du peuple, tandis que le préfet de la Seine se plaît à rappeler que le peuple est souverain, que la France se gouverne elle-même et que son armée est une armée nationale.

Lamartine a mérité une statue, certes, mais le général Boulanger inquiète tellement que Goblet, ministre de l'Instruction publique, tout en reconnaissant les grandes qualités du *« poète-politique »*, regrette qu'il se soit prononcé pour l'élection du Président de la République au suffrage universel, par une *« erreur funeste ».*

Le Second Empire fait évidemment l'objet d'attaques virulentes, et l'on met en avant les victimes du régime de Napoléon III ; les exilés : Louis Blanc, Victor Hugo, Gabriel de Mortillet, Raspail, le sculpteur Dalou, auteur de la statue d'Alphand,... ; les condamnés : Jules Simon suspendu pour avoir refusé de prêter serment à l'Empire, un certificat de bonne conduite qui peut faire passer sa « modération » républicaine déjà signalée.

Certains héros sont glorifiés non sans réticences compte tenu de leur attitude face au régime napoléonien, et il faut toute l'éloquence de leurs défenseurs pour faire taire les protestations.

Béranger est du nombre, et Spuller, président du comité d'érection, reconnaît que le Second Empire a organisé des funérailles nationales pour le chansonnier – ce qui n'est pas bon signe- mais se hâte d'ajouter : *« A cette pompe de commande, la population parisienne refusa de s'associer ».* Le radical Michelin, président du conseil municipal, admet que Béranger *« a eu le tort de chanter Bonaparte, mais il croyait naïvement, en poète qu'il était, que la dictature de cet homme était le salut de la République ».* Circonstances atténuantes pour Michelin, cette erreur fut partagée par toute

[31] Le 12 juillet 1888, veille de l'inauguration du monument à Gambetta, Floquet, lors de la séance à la Chambre, avait accusé Boulanger d'être « passé des sacristies dans les antichambres des princes ». Dans le duel qui s'ensuivit Boulanger fut blessé au cou.

une génération, et Béranger s'est racheté par sa franche opposition aux Bourbons.

L'engagement du chansonnier ne tourmente pas seulement les politiques. Audebrand, représentant la Société des Gens de Lettres, justifie l'engouement de Béranger pour Bonaparte par le fait qu'il n'a vu en lui que le soldat de la Révolution. Et, complète-t-il, *« dans les 30000 vers qu'il a publiés, il ne l'a* [Bonaparte] *nommé qu'une fois et non comme empereur mais seulement comme général ».* Ce qui prouve au moins qu'Audebrand connaît son Béranger sur le bout du doigt.

Le Verrier n'échappe pas à la critique. Astronome reconnu[32], il a contre lui son élection à l'Assemblée Législative en 1849 parmi les conservateurs et sa nomination au Sénat en 1852, où il a appuyé les mesures antilibérales et cléricales. Un certains nombre de républicains le considère comme inféodé aux intérêts de l'autel et de la dynastie napoléonienne. Aussi lorsque le comité de souscription, composé de membres de l'Académie des Sciences, demande que son monument soit placé sur la voie publique, le conseil municipal refuse car il entend d'abord réserver l'honneur de la place publique à Arago. Le Verrier devra se contenter de la cour de l'Observatoire. Il est vrai que ses fonctions de député en 1849, puis de sénateur en 1852, ne plaidaient pas en sa faveur.

On n'a pas de mots assez forts pour vanter les mérites des opposants à Napoléon III. Floquet pour Gambetta : *« En face de la tyrannie impériale, il fut irréconciliable ».* Dubost pour Ferry : *« Il avait mené contre le Second Empire le vif et bon combat de la parole et de la plume ».*

Le Second Empire ne gêne évidemment pas le conseiller bonapartiste Quentin-Bauchart qui dépose une proposition tendant à ériger une statue au baron Haussmann. Les discussions commencent en 1904. Le conseiller socialiste Landrin parle des *« tripotages financiers du baron »*, lui reproche d'avoir cédé les grands services de Paris à des compagnies financières qui exploitent la population, et fait un sort aux grands travaux d'embellissement de la capitale dont certains avaient un but stratégique : *« On a ouvert le boulevard Voltaire pour permettre aux troupes et aux canons de Vincennes de commander la place de la République »* afin de briser la résistance *« toujours à craindre des quartiers ouvriers ».* Le radical André Lefèvre juge la mémoire d'Haussmann assez glorifiée *« par son nom donné à un de nos boulevards et par la moitié d'un gros chapitre de notre dette ».*

Les débats reprennent en 1905.

---

[32] Il a découvert la planète Neptune.

Extrait de la séance du conseil municipal du 7 avril 1905

(Le conseiller rapporteur Lampué est radical ; Chassaigne Goyon siège avec les conservateurs ; Berthaut, Heppenheimer et Fribourg siègent à l'extrême gauche).

« M. Lampué, rapporteur.- au nom de la 4ᵉ Commission.- Messieurs, voici les observations que j'ai à vous présenter sur la proposition de M. Quentin-Bauchart tendant à élever une statue au baron Haussmann. Si notre collègue avait sérieusement cru cette chose possible : la glorification d'un impérialiste sous un régime républicain, s'il l'avait cru sérieusement faisable, n'aurait-il pas dû faire sa proposition au temps où la coalition des partis monarchiques et cléricaux étaient en majorité à l'Hôtel-de-Ville ; il n'en fit rien, sachant que même cette majorité nationaliste n'aurait jamais osé infliger à la population parisienne la glorification de l'homme néfaste qui ruina les finances de la ville de Paris et obéra nos budgets d'une dette de deux milliards. (Très bien !)

Ce qu'il n'a pas osé proposer à une assemblée réactionnaire, M. Quentin-Bauchart a la singulière idée de le proposer à une majorité républicaine.

Si nous laissions faire, il nous demanderait peut-être encore de glorifier : les Saint-Arnaud, les Morny, les Persigny, les Fleury, les Maupas, les Baroche, Les Rouher, les Waleswska (rires), toute cette horde de conspirateurs et de cambrioleurs bonapartistes qui firent massacrer le peuple en 1851 et assassinèrent la République. (très bien !) Ne faudrait-il pas aussi élever un monument à Bazaine, qui personnifierait la fidélité et l'honneur impérial ! à Le Bœuf[33] *qui personnifierait le génie organisateur de nos désastres et de notre ruine ?*

Pour couper court à toutes ces fantaisies de glorifications impériales, je vous demande, Messieurs, de repousser la proposition de M. Quentin-Bauchart.

M. Quentin-Bauchart. - Je vous demande la permission, comme c'est mon droit, de répondre très brièvement à notre collègue. Au surplus, cela me sera facile, je n'aurai qu'à rappeler les considérants de ma proposition.

Le Conseil,

Considérant, en dehors de toute pensée politique, que le baron Haussmann fut le créateur véritable du Paris contemporain ;

Que les transformations heureuses accomplies sous son habile administration, en même temps qu'elles assuraient pendant de longues

[33] Le Bœuf ou Lebeuf (1809-1888), maréchal de France, ministre de la Guerre en janvier 1870, major général de l'armée pendant la guerre franco-allemande. Son optimisme confinant à la fanfaronnade lui valut d'être relevé de ses fonctions après les premières défaites de la France.

années du travail à toute une population ouvrière, apportaient dans les différents quartiers de la capitale la lumière et la santé ;

Que les grands travaux de viabilité exécutés depuis trente-quatre ans ne furent que la continuation de son œuvre et du plan élaboré sous sa direction ;

Qu'il s'attacha non seulement à doter les quartiers riches de merveilleuses promenades, lesquelles attirent chaque année les étrangers et sont la fortune de Paris, mais aussi à créer dans un esprit éminemment démocratique, au milieu d'arrondissements habités par des ouvriers et les déshérités de la vie, des parcs admirables comme les Buttes-Chaumont ou Montsouris ;

Que si le bois de Boulogne devint, grâce à lui, le centre du monde élégant, le bois de Vincennes fut également embelli dans l'intérêt de la classe laborieuse ;

Que ce colossal travail mené à bien n'a jamais été sérieusement discuté ;

Que le nom d'Haussmann fut donné de son vivant à l'un des grands boulevards de Paris, lequel le porte encore ;

Considérant en outre :

Que la statue d'Alphand fut érigée quelques années à peine après sa mort et qu'il ne fut que le lieutenant du Grand-Préfet, lequel était son maître et son ami,

Délibère :

Une statue du Baron Haussmann sera érigée par les soins de la municipalité sur une des places de Paris.

M. Quentin-Bauchart. - Tout d'abord, je ne m'abaisserai pas à discuter le rapport qui vous est soumis, rapport dont les termes blessants pour mes convictions politiques, tout aussi respectables que d'autres n'est-il pas vrai, n'apportent aucun argument à ses dires.

Je me contenterai de renvoyer notre collègue aux mémoires du baron Haussmann, qui se trouve dans notre bibliothèque et qu'il a négligé sans doute de consulter. Il y aurait trouvé la justification complète de la gestion financière de celui que beaucoup appellent encore le Grand préfet.

Quand on fait un rapport sérieux comme celui-ci, il est bon de s'entourer de tous les documents et de ne pas se contenter d'un seul son de cloche.

De plus M. Lampué semble rééditer contre le baron Hausmann une calomnie dont ont fait justice depuis longtemps les gens impartiaux.

Le baron Haussmann, qui a remué tant de millions, est mort pauvre, au cinquième étage d'une maison de la rue Boissy-d'Anglas. On ne pourra peut-être pas en dire autant de beaucoup de grands personnages du régime de toutes les vertus, sous lequel nous avons le bonheur de vivre.

Mais pour parler cette fois sérieusement, qu'il me soit permis d'ajouter qu'entre les arguments que j'ai apportés avec ma proposition et les fantaisies de notre collègue, atteint d'une crise aigüe de napoléophobie, l'histoire, l'histoire impartiale, jugera !

M. Le Président. - La parole est à M. Chassaigne Goyon.

M. Berthaut. - C'est l'arrière garde qui donne !

M. Quentin-Bauchart. - Mais ce n'est pas encore la vieille garde.

M. Chassaigne Goyon. - Notre collègue M. Lampué est, à son ordinaire, l'homme le plus doux, le plus conciliant et le plus paisible qui soit au monde. Mais si d'aventure...

M. Lampué, rapporteur. - « In cauda venenum ». (rires)

M. Navarre. - Il faut l'envoyer à l'hôpital du Midi. (nouveaux rires)

M. Chassaigne Goyon. - Mais si on se permet devant lui l'allusion, même la plus légère, à l'Empire avec lequel il était brouillé bien avant Wagram, son œil s'allume et lance des éclairs, ses cheveux se dressent, sa barbe se hérisse, sa taille grandit et prend une attitude provocante, agressive : l'agneau s'est changé en lion !

M. Berthaut. - On voit bien que la proposition de M. Quentin-Bauchart est une plaisanterie.

M. Chassaigne Goyon. - Si d'aventure un Napoléon paraissait devant lui dans un de ces moments - là, je ne voudrais certes pas être à sa place.

M. Lampué, rapporteur.- Vous avez raison.

M. Chassaigne Goyon. - Il passerait un bien mauvais quart d'heure.

Notre collègue a employé les loisirs de sa laborieuse existence à collectionner tout ce qui a été publié de plus acerbe, de plus virulent, je pourrais ajouter de plus injuste, mais je ne veux désobliger personne, contre ce régime qui, à bien des égards, je me plais à le reconnaître, diffère du régime actuel.

La proposition de mon ami M. Quentin-Bauchart, si raisonnable et qui n'est que la réparation d'une injustice, devait produire sur M. Lampué l'effet d'une étoffe rouge sur un taureau.

M. Lampué, rapporteur. - C'est parce que j'ai habité l'Espagne.

M. Chassaigne Goyon. - Il a foncé cuirasse au dos, casque en tête, dague au poing, sur le suppôt du tyran et nous a servi un petit plat à sa façon, qui n'est que la sélection et la quintessence de tous les vieux clichés amoureusement recueillis et consciencieusement classés par lui. Les mânes de l'immortel M. Prudhomme ont dû tressaillir d'aise sur les bords du Styx en l'entendant tout à l'heure lire son rapport.

Mon ami Quentin - Bauchart disait que notre collègue Lampué devait être fort en colère quand il l'écrivait. Je n'en suis pas si sûr que cela.

La bonapartophobie ou la napoléophobie, comme l'appelait tout à l'heure M. Quentin-Bauchart, s'atténue avec l'âge comme toutes les autres passions ; elle est d'ailleurs déjà un peu passée de mode.

Je suis persuadé que M. Lampué, chez qui l'homme politique se double d'un méridional du bon coin, à l'esprit caustique, amoureux du paradoxe, de la boutade, de la blague, disons le mot, de la fumisterie, a dû bien rire dans sa barbe blanche quand il traçait ces lignes enflammées en pensant à la tête que ferait Quentin - Bauchart lorsqu'il en entendrait la lecture.(rires.)

M. Lampué a voulu dérider le Conseil, et il a réussi. Il ne se froissera pas, j'en suis sûr, de nous voir rire et nous gaudir avec lui de cette bonne farce, de cette plaisanterie qui rompt si heureusement le sérieux, la monotonie et l'aridité de nos discussions habituelles. Nous ne pouvons que le remercier d'avoir bien voulu nous gratifier de ce petit intermède. (rires.) – Très bien ! Très bien !

M. Lampué, rapporteur. - Les deux bonapartistes du Conseil se sont réunis pour tourner en plaisanterie le rapport que j'ai soumis au Conseil. La plaisanterie ne me déplaît pas, mais je déclare qu'en rédigeant mon rapport j'ai exprimé les sentiments que j'éprouve depuis que j'ai l'âge de raison.

J'ai vécu sous le régime maudit de L'Empire et j'en ai conservé la haine.

M. Alpy. - Gardez l'épithète pour le régime d'aujourd'hui. (bruit)

M. Fribourg. - C'est un ex-fonctionnaire de la République qui défend l'Empire !

M. Heppenheimer. - Les opinions de M. Alpy s'abritent derrière la restriction mentale.

M. Lampué, rapporteur. - La proposition de M. Quentin-Bauchart était purement et simplement une manifestation politique. C'est à ce titre que je vous demande de la repousser - non avec dédain ni avec mépris (ce sont, je crois, les expressions dont il s'est servi)...

M. Quentin-Bauchart. - Je n'ai pas employé ces expressions.

M. Lampué, rapporteur. - ... mais comme il convient ».

La proposition de Quentin-Bauchart sera repoussée. Il reviendra à la charge en 1910, sans plus de succès.

Le Coup d'Etat du 2 décembre met évidemment la droite en difficulté : il est bien difficile de justifier un tel acte. Et lorsqu'en 1902 le moment est venu d'inaugurer un monument à **Victor Hugo**, la droite, majoritaire au conseil municipal depuis 1900, prend la parole par la voix de son président Dausset qui définit ainsi Hugo : *« C'est le poète de l'humanité qui doit retenir notre admiration ». « Il est l'homme d'aucun groupe, le prêtre d'aucune chapelle ».* Rien sur son engagement politique, rien sur *Histoire d'un crime*[34], par exemple.

La statue de **Baudin**, victime du Coup d'Etat, est l'occasion d'une passe d'armes entre la gauche et la droite.

La droite nationaliste a remporté les élections municipales de 1900.

La gauche avait proposé en juin 1901 l'attribution d'une subvention pour le comité du monument au député Alphonse Baudin, tué sur une barricade le 3 décembre 1851. La droite, majoritaire au conseil, n'avait pas fait

[34] Récit, par Hugo, du Coup d'Etat du 2 décembre 1851.

opposition, à l'exception du bonapartiste Quentin-Bauchart. Cependant les choses vont s'envenimer.

Car la gauche gouvernementale (Waldeck-Rousseau est président du Conseil) voit d'un mauvais œil la statue de Baudin inaugurée par la droite, conduite par Dausset. Lequel Dausset avait d'ailleurs été révoqué de son emploi de professeur au collège Stanislas pour ses activités nationalistes.

L'inauguration de la statue, prévue le 8 décembre 1901, a été reportée au 22 décembre, pour faire coïncider cette installation avec une fête organisée par la mairie du XIIe arrondissement[35] et à laquelle assistera le Président de la République. Le maire du XIIe invite le conseil municipal à la fête. Dausset répond qu'il sera présent et que pour la circonstance – la statue de Baudin- il prendra la parole. Nouveau courrier du maire : le 22 décembre ne concerne pas l'inauguration de la statue mais la célébration de la mort de Baudin, et il n'y aura que trois prises de parole, celles du président du Sénat, du président de la Chambre et du président du Conseil.

A l'assemblée municipale, la droite n'est évidemment pas dupe de ce tour de passe-passe et lors de la séance du 9 décembre 1901, le débat s'engage :

Le conseiller Opportun (gauche) : *« Permettez-moi de reprendre l'affaire par le commencement et pour que vous entendiez deux sons, de vous faire entendre une seconde cloche ! »*.

Le conseiller Piault (droite) : *« N'est-elle pas un peu fêlée ? »*

Le conseiller Froment-Meurice (droite) : *« Ce n'est pas une cloche, c'est un triangle[36] »*.

Le conseiller Opportun donne alors la vraie raison : le comité d'érection ne veut pas d'un président de conseil municipal qui a supprimé ou réduit les subventions à différents organismes : *la Ligue Française de l'enseignement, l'Union de la jeunesse républicaine, l'Orphelinat maçonnique, la Société pour l'instruction élémentaire, le Cercle populaire des amis de l'enseignement laïque, la société de propagation des principes de la Révolution française* et diverses Chambres syndicales ouvrières. Dausset qui de surcroît est *« partisan des congrégations »* dit Opportun, ne peut représenter l'assemblée municipale.

La journée du 22 décembre 1901

Le conseil municipal, réuni le matin, a décidé que quatre élus (de droite) seront présents à l'inauguration. Non sans réticence de la part de certains conseillers amis. Henri Galli affirme que personne ne voudra se trouver aux côtés du Gouvernement : *« Il n'y aura là que M. Waldeck-Rousseau et M. Fallières. C'est un châtiment que M. Baudin n'avait pas mérité »*. Et il ajoute : *« Si la République était menacée ce n'est pas dans les rangs du*

[35] Le 12e arrondissement a échappé au raz-de-marée nationaliste de mai 1900.

[36] Le « triangle » fait allusion à un symbole de la franc-maçonnerie.

ministère et de ses fonctionnaires qui inaugureront le monument Baudin au milieu des policiers que l'on rencontrerait des hommes assez résolus pour faire ce qu'a fait Baudin, pour sacrifier leur vie au salut de l'Etat ». Après ce couplet anti-gouvernemental, le royaliste Lambelin propose une statue à Monseigneur Affre[37], également *« victime de nos discordes civiles ».*

Dausset met en évidence l'atteinte aux prérogatives et aux droits de Paris, puisque le gouvernement a décidé d'organiser à son bénéfice une fête pour un monument exécuté aux frais de la Ville et qui doit trouver place sur le sol communal.

Les quatre élus désignés (dont Dausset) quittent l'Hôtel de Ville, acclamés par les nationalistes, puis s'assoient à leur place réservée à la tribune où les autorités gouvernementale s'installent à leur tour.

Après les discours officiels, Dausset commence une allocution pour prendre possession du monument. Il est interrompu par des cris hostiles, tandis que des manifestants qui ont escaladé les barrières de protection le menacent. Il est rapidement poussé vers sa voiture.

Place de la Bastille, c'est l'effervescence. Face aux conseillers nationalistes et aux membres de la Ligue des Patriotes, les sympathisants socialistes, églantine rouge à la boutonnière, crient : *« A bas Dausset ! A bas la calotte ! Vive la Sociale ! »* et chantent *« Déroulède à Charenton don daine »*, l'Internationale et la Carmagnole.

Les gardes à cheval chargent sur la place, insensibles aux cris de *« Vive l'armée ! »* lancés par les nationalistes.

Entre temps, Dausset et ses collègues sont rentrés à l'Hôtel de Ville où la séance du conseil municipal reprend. Le conseiller nationaliste Dubuc dit qu'à son retour il a été molesté par un agent de police, mais qu'il ne s'abaissera à interpeller ni le préfet de la Seine, ni le préfet de Police *« qui sont au service d'un gouvernement de bandits ».* Ce à quoi le préfet de la Seine, de Selves, répond : *« Je couvre complètement mes agents et je ne permettrai pas que les responsabilités se déplacent ».*

Les discours d'inauguration autour de Baudin

Pour Fallières, président du Sénat, devant l'image d'un glorieux serviteur de l'Etat tel que Baudin *« les divisions de parti s'effacent ».* Affirmation largement démentie ce jour par les faits !

Deschanel, président de la Chambre, insiste sur les dangers que sont l'anarchie et le pouvoir personnel, car la République perd alors de sa souveraineté : il faut *« garder haut notre idéal républicain et patriotique contre les deux périls qui toujours menacent les démocraties et qui naissent l'un de l'autre, la démagogie et le césarisme ».* Waldeck – Rousseau, président du Conseil, analyse les causes de l'échec de 1848 : espoirs déçus, divisions des républicains, journées de Juin contre l'insurrection ouvrière, loi

---

37 Archevêque de Paris tué lors des journées de Juin 1848.

électorale du 31 mai : *« Ce fut le 31 mai qui assura le succès du 2 décembre*[38] *»*.

Honneur à la Révolution française à travers ses précurseurs, ses acteurs, ses continuateurs ; affirmation de la République, régime définitif. Le Second Empire, régime récent et dont certains élus peuvent avoir souffert, est en ligne de mire.

D'autres thèmes, d'autres préoccupations apparaissent dans le culte consacré aux héros : le patriotisme, la science, l'éducation, le progrès économique et social, la bienfaisance, l'Eglise et la religion.

Le patriotisme

Il est naturellement incarné par des hommes politiques. **Danton** est du nombre qui a sauvé la France par son audace, son talent d'organisateur. Pour Darlot, président radical du conseil municipal, il fut l'un des premier a avoir le sentiment de l'unité de la patrie française ; sans lui le territoire était envahi. Laffitte, président de la Société positiviste de Paris, compare le révolutionnaire à Louis XI et Richelieu. La cérémonie d'inauguration de la statue se termine avec la lecture d'un poème dit par un sociétaire de la Comédie-Française[39]. Le début fait référence à une voix criant *« Halte-là ! »* à l'ennemi et se poursuit ainsi :

« Car la voix disait Espérance !
Si la patrie est en danger
Vous saurez braver la souffrance
Et marcherez à l'étranger !
Allez mes hardis Volontaires,
Gueux sacrés, nobles prolétaires,
Saint troupeau du peuple sorti,
Allez, vous êtes invincibles,
Vous êtes les soldats terribles :
La Marseillaise a retenti !
O France, la voix t'appelle
Dans cette minute immortelle
Et qui domine le canon.
Ecoute-là, France chérie,
Celle qui rugit et qui crie,
Ecoute-là, car c'est Danton! ».

---

[38] La loi du 31 mai 1850 épurait le suffrage universel en introduisant des exigences de domicile et de non condamnation, y compris pour des délits politiques.
[39] Albert Lambert fils. Le poème est d'un avocat nommé Peltier.

La défaite de 1870, le traité de Francfort et ses conséquences, sont évidemment au premier plan.

Gambetta a défendu le sol envahi, il a organisé la résistance à l'ennemi et le radical Spuller, président du comité du monument, peut déclarer qu'il a espéré reprendre *« notre bien sacré, nos chères et toujours aimées provinces d'Alsace et de Lorraine »*. Une fois de plus la cérémonie se clôt avec un poème, de Sully Prudhomme cette fois, déclamé par la voix retentissante de Mounet-Sully[40] et où il est question de la France :

« Quand son vainqueur armé d'une haine savante,
Lui fit toucher le sol du front,
Sa foi dans la justice a rebondi vivante
Avec des ailes qui croîtront! » .

Ce ne sera pas la seule fois que l'Allemagne est montrée du doigt.

Nos chères provinces sont évoquées avec **Scheurer-Kestner,** par Clemenceau, président du Conseil, qui passe en revue les grands noms d'une sorte de chevalerie de guerre liant indissolublement la France et l'Alsace : Kellermann, Westermann, Ihler, Eblé, Ney… et beaucoup d'autres : *« quarante généraux, tout un peuple aux champs de bataille!»* .

Maurice-Faure, ministre de l'Instruction publique et des Beaux-arts, se lamente parce que **Jules Ferry** ne pourra se reposer en face de la ligne bleue des Vosges sans que son dernier sommeil soit troublé par *« la plainte des vaincus[41] »*.

L'une des raisons qui fait adopter **Charlemagne** par un conseil municipal divisé sur la question, est que sa statue a été fondue en France et que la seule autre usine capable de mener à bien la réalisation d'un monument de cette importance est allemande. Le fondeur Charles Rochet utilise cet argument pour convaincre la Ville de Paris : *« L'idée de cette statue a été conçue pour enlever aux Allemands cette grande figure historique qu'ils voulaient nous voler »*, alors, interroge-t-il : *« la statue doit elle disparaître à la grande satisfaction de nos ennemis ? »*. Il sera entendu.

La Fayette et Washington ont peu à voir avec les provinces perdues. Néanmoins le radical Bompard ne peut s'empêcher de relever que le sculpteur Bartholdi, est *« un fils de la malheureuse Alsace »*.

Les militaires incarnent aussi évidemment l'idée de patrie.

Le sergent **Bobillot** et **Francis Garnier** sont tous deux morts au Tonkin. Le premier s'était emparé d'Hanoï puis était tombé dans une embuscade en

---

[40] Mounet-Sully (1841-1916), acteur qui interpréta à la Comédie-Française les grands rôles du répertoire.

[41] Ferry est né à Saint-Dié.

1873 ; le second fut tué au moment de l'évacuation de la ville de Lang-Sôn en 1885. Devant la statue de Garnier, le ministre des Colonies justifie sans état d'âme l'action de la France en Indochine, action *« qui ouvre un champ indéfini à l'activité de nos industries, qui promet à la métropole les plus fructueux échanges de productions et de trafics, qui nous met aux portes du plus grand marché du monde »*. D'ailleurs, ajoute-t-il, notre conquête constitue *« une récompense à notre longue patience »*, une *« réparation à nos longs sacrifices »*. Le conseiller radical Achille présente les choses quelque peu différemment : Garnier *« était de la race des grands voyageurs, qui se donnent pour mission d'introduire dans les pays lointains les généreuses initiatives et les nobles idées qui constituent les qualités essentielles de notre caractère national »* et qui *« alla porter dans les lointaines contrées le renom chevaleresque de notre nation »*.

S'agissant de Bobillot, le préfet Poubelle fait part de son sentiment de fierté patriotique et voit dans le siège de Tuyen-Quan *« un épisode glorieux de la conquête du Tonkin*[42] *»*.

Les discours justifient du même coup la politique coloniale de Jules Ferry qui a laissé à la France la Tunisie, le Tonkin, le Congo, Madagascar et qui nous a restitué *« l'empire colonial perdu ou abandonné par Louis XV et Napoléon Ier »*, déclare Dubost en 1910 devant le monument à l'auteur des lois scolaires ; il ajoute : *« Soldats, explorateurs, colons, ingénieurs et savants avaient, ont encore en France lointaine à ensemencer de la civilisation maternelle »*. Intérêt économique et mission civilisatrice font ainsi bon ménage.

Les scientifiques ont aussi joué un rôle de premier plan. Leurs recherches, leurs travaux ont eu des conséquences heureuses pour le pays. Les inventions de **Chappe** furent, en temps de guerre, un moyen de relier les armées entre elles et d'être en contact avec le pouvoir central. Le télégraphe aérien a, en effet, suivi nos soldats, dans toutes leurs expéditions : en Russie en 1812, en Algérie en 1830, en Crimée en 1852. Chappe a bien mérité de la patrie.

L'ingénieur **Flachat** n'a pas oublié durant le siège de Paris, en 1870, de faire son devoir de Français, rappelle un conseiller municipal.

Devant le monument à **Pasteur**, le président de l'Académie des Sciences juge que l'homme de science doit avoir la préoccupation de tout ce qui peut faire la gloire de sa patrie.

Si les travaux de **Chevreul** n'ont pas trouvé d'application directe pour le bien de la patrie, le conseiller Pugliesi - Conti rappelle opportunément les protestations du chimiste auprès des autorités allemandes à la suite de la chute d'un obus dans les locaux du muséum en 1870 : *« Tandis que*

[42] Le sergent Bobillot y trouva néanmoins la mort.

l'artillerie française du général Vaillant avait jadis bombardé Rome[43] *sans qu'aucun projectile vint atteindre des monuments de la Ville éternelle, l'artillerie allemande couvrait de ses obus le Muséum d'histoire naturelle».* Il ajoute : *« Malgré ses 86 ans, Chevreul ne voulut pas quitter Paris et supporta les cruelles privations du siège avec une vaillance exemplaire ».* Il conclut : *« Dans la poitrine du savant battait donc un cœur de patriote ».*

Les écrivains ont également chanté la patrie française et l'attente de la revanche pour récupérer l'Alsace-Lorraine.

Le préfet Poubelle cite un extrait du poème de **Béranger**, *« Adieu »*, devant la statue de celui-ci :

« France, je meurs, je meurs ; tout me l'annonce.
Mère adorée, adieu ! Que ton saint nom
Soit le dernier que ma bouche prononce
Aucun Français t'aima-t-il plus ? Oh ! non ».

Alphonse Daudet est loué par le préfet de Selves (1902) : *« Daudet avait l'âme bien française, il était patriote, non pas à la manière des héros tarasconnais, mais dans le plus vrai sens du mot »*, et il *« avait gardé présent et toujours amer le souvenir de nos tristesses et de nos humiliations ».*

Même registre avec **Alexandre Dumas**. Edmond About, président de la Société des Gens de Lettres, estime que *« sa gloire littéraire est surtout, avant tout, une gloire patriotique ».* Le jour de l'inauguration du monument, des poésies de circonstance sont distribuées, tandis qu'au théâtre de la Gaîté on joue un *« A propos »* en un acte[44] qui met en scène la France et le comédien. Celui-ci déclare :

« Mais, hélas ! il fallut céder devant le nombre !
Du moins tu disparus avant la date sombre[45]
Où, dompté par la faim, l'héroïque Paris
S'ouvrit à ces Teutons qui ne l'avaient pas pris ! ».

Tandis que la comédienne Sarah Bernhardt récite une poésie de Jean Richepin au théâtre de la Porte Saint-Martin. La haine, vivace :

« ... Murit aux fentes d'un cercueil ;
Mais en attendant que s'éclaire
L'aurore de notre colère,
A notre gloire séculaire,
Nous illuminons notre orgueil! ... » .

---

[43] Allusion à la guerre contre l'Autriche en 1859.
[44] D'un auteur nommé Charles Raymond.
[45] Alexandre Dumas est mort le 5 décembre 1870 ; Paris a capitulé le 28 janvier 1871.

Façon de préparer la revanche en cultivant le souvenir de nos Grands Hommes.

Les artistes suscitent des commentaires convergents.

Les peintres d'abord. **Alphonse de Neuville** *« a glorifié avec tant de génie les efforts héroïques de nos malheureux soldats »*, nous dit le conseiller radical Bompard, qui poursuit : son œuvre *« comble d'émotion quiconque porte en lui un cœur français parce qu'elle est consacrée à la grandeur et aux angoisses de la Patrie ! »*. Il n'hésite d'ailleurs pas à employer l'expression *« nos glorieuses défaites »* pour qualifier la déroute de 1870. Et encore et toujours nos provinces perdues. Bompard souligne combien il est remarquable que les Alsaciens aient participé à la souscription ouverte pour le monument : *« Malgré les gendarmes prussiens, le paysan annexé a mis sa signature et ouvert sa bourse! »*. De son côté, Larroumet, directeur des Beaux-arts, justifie la statue : *« la haute distinction accordée à un peintre de la gloire nationale sauvait l'honneur de l'humiliation »*.

Avec **Denis Raffet**, on met aussi en avant sa passion pour la gloire de la France, le fait qu'il a exalté l'art français et l'armée française. Comme Béranger, il a chanté l'épopée des guerres de la Révolution et de l'Empire en mettant en scène l'acteur principal : le soldat. Le sculpteur Gérôme, président du comité de souscription, définit Raffet comme un patriote ardent. Le texte appelant à la souscription était une louange sans retenue puisque Raffet était présenté comme le *« peintre de l'armée qui a immortalisé nos triomphes et glorifié nos défaites »*.

Nicolas Charlet statufié après Raffet, c'est curieusement le maître honoré après son élève. Nous sommes dans la même tonalité, avec la mise en scène des grognards de la Grande Armée et l'évocation des épisodes glorieux de l'épopée impériale. Le conseiller radical Girou ne s'y trompe pas : l'œuvre et la nature de Charlet sont empreintes de fierté patriotique. Il est vrai que le peintre avait, en son temps, pris parti contre l'attitude de la France dans la question d'Orient, et Girou peut conclure : *« A cette heure et à propos de cette question d'Orient, n'est-il pas beaucoup de Français qui pensent comme Charlet*[46] *? »*. Le parallèle est évidemment discutable, mais il est vrai qu'au début des années 1890 les relations franco - allemandes semblent quelque peu s'améliorer, même si la question d'Alsace-Lorraine n'a pas disparu.

Même antienne avec **Meissonier** et ses scènes de batailles qui lui valurent d'être comblé d'honneur par Napoléon III. Poincaré, ministre de

[46] En 1840, le conflit entre le Pacha d'Egypte et le Sultan de l'empire ottoman aboutit à un traité signé par l'Angleterre, l'Autriche et la Prusse. La France, exclue, semble prête à la guerre mais Louis-Philippe préfère œuvrer pour la paix. Cette décision fut impopulaire.

l'Instruction publique, le voit comme un artiste très français qui a su cultiver nos vertus nationales.

Plus tard, en 1909, le discours devant le monument au sculpteur **Gérôme** demeure le même. Dujardin-Beaumetz, sous-secrétaire d'Etat aux Beaux-arts, parle de l'Aigle, une représentation de l'artiste *« qui, déchiré par les balles, lutte désespérément, atteste son culte pieux pour la France et sa foi dans les destinées de la patrie ».* C'est que Gérôme *« était de ceux qui pensent que les artistes servent leur pays par la renommée qu'ils lui donnent ; il importait également que leur art fixât le souvenir des faits glorieux de l'histoire nationale. C'est ainsi qu'il voulait affirmer la gloire des soldats de Waterloo ».*

Quant à **Delacroix**, entre autres qualités, *« il était aussi un patriote »,* déclare Léon Bourgeois, ministre de l'Instruction publique.

Ecrivains et peintres se taillent donc la part du lion dans le registre patriotique.

Un compositeur, **Benjamin Godard,** complète le tableau. Il a laissé un opéra, *La Vivandière*[47]: *« Le bonnet de police sur l'oreille, la cocarde tricolore hardiment plantée, elle va vers la bataille ou vers l'amour avec la belle humeur gauloise »*, nous dit Dujardin-Beaumetz.

Le cas est rare, mais des étrangers peuvent être honorés lorsqu'ils ont épousé la cause de la France. Ainsi **Garibaldi** (1907) qui prit part à la guerre de 1870 à nos côtés, car il savait qu'aucun pays n'a autant agi et souffert que le notre, résume le président du conseil municipal.

Le général **Alexandre Davy Dumas** aurait pu rejoindre nos « patriotes ». Le père de l'auteur des *Trois mousquetaires* s'était illustré pendant la Révolution, puis avait été disgracié par Bonaparte, Premier Consul, du fait de ses opinions républicaines. Un comité s'était constitué en 1896 pour lui élever un monument, mais des difficultés avaient surgi. Un premier projet du sculpteur, objet de critiques, avait été remplacé par un second, mais les fonds recueillis par le comité étaient insuffisants pour couvrir la dépense. La statue finissait par être installée, après que des erreurs de dates sur son socle eurent été corrigées. Il n'y eut pas d'inauguration officielle. En 1913, Poulbot[48] et ses amis organisaient une inauguration burlesque, en bras de chemise et en salopette bleue. Les choses en restèrent là.

Un sort à part doit être fait à **Jeanne d'Arc**. Cas unique pour la période qui nous occupe, elle a reçu trois statues.

---

47 Femme autorisée à suivre les troupes pour leur vendre nourriture et boisson.

48 Poulbot Francisque (1879-1946), dessinateur français, créateur du gosse montmartrois auquel il a donné son nom.

La première, de Frémiet (1874), est une commande de l'Etat ; la deuxième, de Chatrousse (1891), a été achetée par la Ville de Paris ; la troisième, de Dubois (1900), fut offerte à la Ville de Paris par le ministre de l'Instruction publique.

Le personnage de Jeanne d'Arc est évidemment d'une dimension particulière. Toutefois, il y a deux Jeanne d'Arc : la Jeanne laïcisée et la Jeanne religieuse, de même qu'il y a deux France : celle des républicains laïques et celle des monarchistes catholiques. Si l'élan patriotique, la défense du territoire, sont des thèmes qui recueillent l'assentiment général, les républicains accusent la droite royaliste et cléricale de « récupérer » l'héroïne à son profit. Est-ce pour cette raison, la crainte de désordres ou de violences, qu'il n'y aura pas d'inauguration officielle pour ces trois statues ? Celle de 1874 fut escamotée. La date ne s'y prêtait peut-être pas dans une France dont le territoire venait à peine d'être libéré. L'installation eut lieu en février, sans solennité. Déroulède et Coppée présents, le ton monta avec les républicains qui s'étaient déplacés, aussi la police donna-t-elle rapidement l'ordre de dispersion. Celle de 1891 a été installée sans cérémonie, comme celle de 1900 appelée la *« statue errante »* : placée d'abord dans la Cour Carrée du Louvre, elle fut remisée un temps à l'Ecole des Beaux-arts avant d'être fixée définitivement place Saint-Augustin[49].

Le patriotisme ne fait pas toujours l'unanimité : des échanges un peu vifs ont lieu en 1888 au conseil municipal lorsqu'il est question de faire participer des bataillons scolaires[50] à l'inauguration des statues de Gambetta et du sergent Bobillot.

A droite, on est contre cette participation, contraire, dit-on, à la loi qui préside à l'enseignement national et qui prescrit la neutralité : *« Ne mêlez pas nos enfants à la politique »*, tonne le conseiller Binder. Son collègue Reties, loin d'être défavorable à la création de bataillons scolaires, craint que l'on ne prenne l'habitude de faire défiler les enfants à chaque inauguration de statue : *« On ne doit leur apprendre à manier les armes que pour en faire des soldats et pas à tout propos des figurants de mascarades »*. A gauche, on rétorque qu'il s'agit de cérémonies patriotiques et non politiques et qu'il est du droit et du devoir du conseil municipal d'associer les enfants de la Ville de Paris à ces manifestations. D'ailleurs, précise le radical Richard à propos du monument à Gambetta : *« La présence de M. Floquet et de M. de Freycinet[51] est une garantie qu'aucune parole ne serait pas inspirée uniquement par le plus pur patriotisme devant les enfants qui seront un jour des citoyens libres »*. Toutefois, pour répondre à la préoccupation de certains

[49] C'est une réplique de la statue inaugurée en 1896 à Reims.

[50] Dans les cours des écoles il existait des bataillons scolaires qui faisaient l'exercice avec des fusils en bois.

[51] Floquet est alors président du Conseil et Freycinet ministre de la Guerre.

conseillers soucieux de la fatigue que de telles cérémonies pourraient causer à ces enfants, il est décidé que seuls les bataillons des écoles supérieures (Turgot, Lavoisier, Jean-Baptiste Say) assisteront aux inaugurations.

Par ailleurs, on ne trouve pas assez de mots pour magnifier la France, parfois dans un vocabulaire qui aujourd'hui soulèverait la réprobation. L'exaltation du sentiment national se manifeste par une préférence aveugle et exclusive, comme une forme outrancière du patriotisme.

Gabriel Vicaire, poète du terroir bressan, est le *« Chantre de la petite patrie »*, dit le conseiller de droite César Caire en 1902, ajoutant aussitôt qu'il a aussi aimé *« la grande Patrie que nous chérissons par-dessus tout»*. Jusque là, nous sommes encore dans le patriotisme habituel. Mais le registre est différent lorsque ce même Caire décrit notre poète : *« Cœur ardent et fort, le sang qui coule en lui est un sang bien gaulois »*, et son pays de Bresse comme une terre *« où les rudes gars aux bons yeux bleus chantent si gentiment encore les vieux noëls d'autrefois »*.

Le préfet Poubelle avait adopté la même tonalité en qualifiant **La Fontaine** de *« fabuliste gaulois »* (1891), tandis que quelques années plus tard, Poincaré, ministre de l'Instruction publique voyait dans l'écrivain **Henry Murger** *« un Gaulois de bonne race »*. Déjà, en 1879, au conseil municipal, Viollet-le-Duc avait émis des réserves quant à l'installation d'une statue de **Charlemagne**, arguant que celui-ci n'était *« ni un Parisien, ni même un Gaulois »*.

La France est donc l'héritière de la Gaule. Pour un peu, on irait jusqu'à faire un parallèle entre Alésia et la défaite de 1870 malgré les presque vingt siècles qui séparent les deux évènements. La résistance de la Gaule, c'est la résistance de 1871. On doit s'inspirer de la vaillance et du patriotisme de Vercingétorix. La France de la fin du XIXe siècle est la continuité de la Gaule. Vercingétorix s'est dressé contre l'envahisseur romain, la France doit faire la même chose vis-à-vis de l'envahisseur allemand pour récupérer les provinces d'Alsace-Lorraine.

Le chauvinisme cocardier trouve à s'exprimer lorsqu'il s'agit de la langue française. *« On peut en parler d'autres, on n'aime que celle-là ! »*, décide le président du comité pour la statue de **Vicaire**. De son côté, le secrétaire du conseil municipal loue **Corneille** pour avoir parlé la langue la plus belle qui soit.

Cependant, on n'en reste pas à des déclarations et déclamations. En certains cas, le vocabulaire utilisé va beaucoup plus loin.

Ainsi Paul Escudier, président du conseil municipal, voit en **Balzac** (1902) un prodigieux auteur *« de vraie race française »*. Jules Claretie, administrateur général de la Comédie-Française, applaudit l'écrivain cévenol **Ferdinand Fabre** qui apporta à la France *« le sang de sa race ».*

Parfois, pourtant, on ne se limite pas à la race gauloise. Charlemagne personnifie les races latines, tout comme Garibaldi qui incarne la fraternité de ces races, juge le président du conseil municipal, le radical André Lefèvre.

N'y aurait-il pas alors comme une contradiction : d'une part se réclamer d'une filiation d'avec le gaulois Vercingétorix pour justifier la « Revanche » contre l'envahisseur allemand, d'autre part faire référence à la latinité, la filiation s'établissant alors avec les Romains, envahisseurs de la Gaule ?

La race, le sang, autant de mots qui, pour affirmer la primauté des valeurs « nationales », n'en contiennent pas moins une connotation voisine de la xénophobie.

Le pas est franchi avec la statue de **Théophile Roussel**. Celui-ci avait fait voter, dès 1874, une loi sur la protection des enfants du premier âge, puis en 1889 une loi sur la protection des enfants moralement abandonnés et maltraités. Le préfet de Selves peut alors s'autoriser à déclarer : *« la Patrie française doit à Théophile Roussel des milliers et des milliers d'enfants ».* Jusque là, rien à dire. Il poursuit : *« A ce moment du développement de notre race, il n'est pas de service plus marqué, de bienfait plus grand, plus digne d'être publiquement célébré, que la conservation de tant d'existences si précieuses au progrès industriel, à la grandeur morale et à la défense du pays ».*

On ne discutera pas le bien-fondé d'une telle affirmation. Une population en hausse constitue une garantie pour la richesse d'un pays et bien sûr, pour sa force militaire. René Viviani, ministre du Travail, prend moins de précautions oratoires. L'action de Roussel a eu des conséquences bénéfiques : *« la famille française fortifiée et épurée, des milliers d'êtres restitués enfin à la patrie, à la race, à l'humanité ».* Ces propos sont liés à l'inquiétude née de la situation démographique. Le taux de reproduction de la population a, en effet, chuté au début du XXe siècle, et la baisse de la natalité a été compensée par l'immigration. Ce que de Selves déplore d'autant plus que la dénatalité a été *« aggravée par l'infiltration lente, mais sûre, de l'influence étrangère ».* Le vocabulaire est éloquent : développement de la race, infiltration, épuration, autant d'expressions qui fleurent la xénophobie[52].

C'est l'air du temps. En 1903, à propos d'un projet de monument, l'éditorialiste du *Journal de la République Française*, organe républicain comme son nom l'indique, admet qu'il faut bien installer de temps en temps

[52] On rappellera que Viviani n'est pas un nationaliste de droite mais un socialiste attentif au sort des ouvriers et qui, comme ministre du Travail, est à l'origine de mesures progressistes.

des statues, ne serait-ce que pour faire travailler les sculpteurs, mais il ajoute : *« Le mal, en l'affaire, c'est qu'il s'agit d'une statue de Cervantès qui serait due au ciseau d'un sculpteur espagnol ».*

Une exception notable dans cette xénophobie ambiante. En 1886, à l'occasion de l'inauguration de la statue de Diderot, le philosophe allemand Büchner déclare que le nom du héros est *« supérieur aux différences et aux misérables rivalités nationales ».* Il ose affirmer que l'on peut admirer chez Diderot *« les qualités germaniques et les qualités françaises ».* Il conclut qu'il ne faut plus de luttes entre les nations mais un combat commun de tous les hommes *« contre les calamités sociales, contre le vice et contre la faim ».*

Des qualités germaniques chez Diderot ? En ces temps, ne serait-on pas au bord du blasphème ?...

On pourrait s'étonner, alors que tout régime impérial est vilipendé, qu'il s'agisse de Napoléon Ier ou de Napoléon III, de voir développé le culte du bonapartisme. Comment rendre hommage aux victimes du Coup d'Etat du 2 décembre 1851, parler de « césarisme » à propos d'un tel régime, et en même temps, exalter les campagnes militaires ?

A cela, deux raisons au moins. C'est d'abord l'affirmation selon laquelle l'armée est celle de la République. Le préfet de la Seine le rappelle devant la statue d'**Etienne Marcel** : l'armée de la France *« est une armée nationale ».* Elle n'est donc pas au service de tel ou tel individu : message en direction des velléités du général Boulanger. C'est ensuite, on la vu, la glorification du passé à travers les prouesses militaires de nos soldats. Magnifier la légende napoléonienne c'est élever l'image de la France qui lutte. Faire jouer en permanence la fibre patriotique, c'est garder le fer au chaud, c'est graver dans les esprits l'idée de la récupération de l'Alsace-Lorraine, inscrite dans le futur inéluctable.

Toutefois, la volonté de célébrer le culte bonapartiste a ses limites.

Le 10 mars 1874, le préfet de la Seine reçoit une pétition des habitants du 11e arrondissement demandant le rétablissement de la statue du prince Eugène *« renversée et proscrite par les hommes du 4 septembre en présence de l'ennemi victorieux ».* Les pétitionnaires justifient leur demande : *« En replaçant sous les yeux de la population l'effigie d'un brave qui fit le coup de feu comme un simple soldat, un guerrier vaillant et incorruptible, l'édilité parisienne accomplira un grand acte de justice et de patriotisme. Elle montrerait qu'on doit honorer sans exception de parti, tous les enfants de la France qui se montrèrent digne d'elle, surent la défendre et l'honorer ».* Ces mêmes pétitionnaires demandent aussi que l'on débaptise le boulevard

Voltaire pour lui rendre le nom de « Prince Eugène ». Bien que les républicains soient minoritaires au sein de l'Assemblée nationale[53], le préfet demeure prudent. Il n'est pas sûr que la majorité monarchiste de l'Assemblée verrait les choses d'un bon œil. Avant de soumettre la pétition au ministre de l'Intérieur, il interroge le maire du 11ᵉarrondissement : *« Quelle est la situation sociale et l'influence des signataires ? Dans quelle proportion représentent-ils les idées et les intérêts de l'arrondissement ? Leur pétition est-elle un acte spontané ou l'œuvre de quelques personnes seulement qui ont obtenu des signatures de complaisance ? Enfin, comment l'opinion publique, dans le 11ᵉ arrondissement, accepterait-elle le rétablissement de la statue? »* .

Quelques mois plus tard le commandant de l'Hôtel des Invalides recevra une dépêche l'avertissant que le préfet de la Seine vient d'offrir à son établissement la statue du prince Eugène et que le ministre de la Guerre a accepté le don.

Les serviteurs de la science

Les républicains veulent promouvoir les idéaux des Lumières et du Progrès. Mais il n'y a pas de progrès possible sans la science, application de la raison. La science efface l'ignorance et l'intolérance. Elle ouvre à l'homme la maîtrise du monde. Elle permet le progrès matériel, intellectuel, moral. La culture scientifique peut seule guérir de cette maladie qu'est la croyance au surnaturel.

Honneur à **Condorcet** dont la vie est *« une réfutation péremptoire de ceux qui pensent que la morale est inséparable de la théologie et que l'homme ne peut-être maintenu dans la voie du bien que par l'appât grossier d'espérances chimériques »*, nous dit le positiviste Emile Corra. Honneur à **Arago**, malgré l'opposition des socialistes, on le verra. Poincaré, ministre de l'Instruction publique énumère longuement les travaux du savant, vante ses qualités pédagogiques et ajoute que personne, plus que lui, *« n'eut l'art difficile d'interroger les entrailles de la nature et de chercher la simplicité des lois directrices »*. Honneur à **Lavoisier**, *« confiant dans la puissance de la science »*, rappelle Champoudry, président radical du conseil municipal, tandis que son collègue Navarre devant la statue de **Charcot**, précise que *« les exploits étranges des convulsionnaires »* du cimetière Saint- Médard n'étaient en réalité que de l'hystérie[54]. **Lamarck** *« n'hésita*

[53] Le cabinet Cissey poursuit d'ailleurs la politique antirépublicaine de son prédécesseur Broglie.

[54] Le janséniste Pâris s'était opposé à la bulle Unigenitus du pape Clément XI, en 1713, qui condamnait la doctrine janséniste. Enterré dans le cimetière Saint-Médard, dans le 5ᵉ arrondissement, son tombeau fut le lieu de scènes d'hystérie collectives accompagnées de « miracles ». En 1732, une ordonnance royale ordonna la fermeture du cimetière.

pas a attaquer de front les préjugés et les croyances de l'époque » et *« déchira le voile obscur derrière lequel l'Erreur luttait contre la Vérité »* (Paul Fleurot, secrétaire du conseil municipal reçoit alors un tonnerre d'applaudissements). Un bémol, peut-être, en direction de certains scientifiques, lorsque Doumergue, ministre de l'Instruction publique, rappelle que Lamarck n'a pas été suivi par ceux qui *« furent troublés de son audace sacrilège ».* Allusion à l'opposition que le savant rencontra notamment de la part de Cuvier, partisan de la théorie du fixisme, alors que l'évolutionnisme mettait en cause la tradition chrétienne sur l'origine du monde.

La doctrine de l'évolution a entamé la méthode des « a priori », celle des théologiens et des philosophes, déclare Edmond Perrier, directeur du Muséum d'histoire naturelle, devant la statue de **Chevreul**, lequel qualifiait sa méthode de « a posteriori », affirmant par là que seul l'esprit de doute pouvait engendrer un progrès intellectuel.

Auguste Comte se devait d'être statufié. C'est chose faite en 1902, et Waldeck-Rousseau, président du Conseil, a pu écrire au comité d'érection : *« J'admire en Auguste Comte un de ces esprits supérieurs aux préjugés, tout pénétré des lumières de pure raison ».* La cérémonie d'inauguration est présidée par le général André, ministre de la Guerre, qui résume : *« aujourd'hui en face de la Sorbonne sont célébrées la science et la philosophie scientifique »*, tandis que Keufer, président de la Société positiviste, met en avant le caractère profondément humain du positivisme, *« régime scientifique qui vient remplacer les conceptions théologiques par une notion plus positive des droits de l'homme ».*

Une fois n'est pas coutume, on érige un monument à un militaire non pour ses prouesses guerrières mais pour services rendus à la science. Le colonel **Flatters** a, en effet, dirigé les expéditions en Algérie en vue de la construction du transsaharien. Tué par les Touaregs, il n'est pas mort au combat, ce qui soulève quelques réticences au conseil municipal. Elles seront levées parce que Flatters a donné sa vie pour le savoir et, qu'à ce titre, il mérite un hommage spécial.

Les honneurs rendus à des non scientifiques autorisent aussi à parler de l'esprit scientifique. Ainsi **Voltaire**, qui *« a nettoyé le cerveau humain des chimères, des épouvantes, des hallucinations qui le hantaient»*, estime le radical Yves Guyot. Quant à Paul Escudier, président du conseil municipal, sa qualité d'élu de droite ne l'empêche pas devant la statue de **Balzac** de dépeindre l'écrivain comme un homme de son temps où *« les chimères les plus absurdes, les aventures les plus extravagantes, les idées les plus folles répondaient au goût des contemporains, à leur passion pour le merveilleux ».*

Ainsi, la science ne procède que par des résultats objectivement prouvables, qui ne s'imposent pas par des recours extérieurs. Elle repose sur la force de l'évidence et de l'expérience. C'est un instrument de combat pour la liberté de l'esprit. Autrement dit, l'esprit scientifique est la condition de la liberté.

Le combat contre l'irrationnel, les idées toutes faites, les préjugés, s'accompagnent de témoignages de reconnaissance envers d'autres personnages.

Les sciences « pures »

Les médecins dominent. **Pinel** qui abolit les méthodes thérapeutiques brutales imposées aux aliénés. Avant lui, nous dit le radical Robinet, tout était confondu dans les services hospitaliers : *« le vice, le crime, le malheur, les infirmités, les maladies les plus dégoûtantes et les plus disparates »* ; Pinel *« esprit profondément émancipé »* a changé tout cela. Et Poubelle, préfet de la Seine, renchérit : Pinel a cessé *« de traiter l'aliéné comme une bête féroce que l'on renonçait à guérir »*. **Broca** remercié pour ses travaux sur la localisation des centres cérébraux de la parole. **Auguste Métivier**, dévoué aux habitants de son quartier du 20e arrondissement comme **Emile Dubois** dans le 14e. **Tarnier**, obstétricien, qui a fait diminuer la mortalité des femmes accouchées et des nouveau-nés : *« En passant devant cette œuvre d'art pour gagner leur lit d'hôpital, les pauvres mères de demain pourront jeter un regard de gratitude sur l'image de leur grand ami »*, déclare le vice-président du conseil municipal. **Bouchut**, inventeur du tubage du larynx qu'il préconisa pour le traitement de la diphtérie afin d'éviter la trachéotomie. **Ricord** et ses travaux sur les maladies vénériennes. **Péan** (1909), qui mit au point divers instruments chirurgicaux et auquel de Selves, préfet de la Seine, rend un hommage sans réserve : la tendance de l'époque consiste à dresser des statues mais celle-ci est parfaitement méritée, dit-il.

Les chimistes, parfois les biologistes, ont également la part belle. **Boussingault**, fondateur de la chimie agricole. **Pelletier** et **Caventou**, découvreurs de la quinine, bienfaiteurs de la colonisation : *« Cette découverte atteint son maximum d'importance aujourd'hui que l'expansion européenne s'étend sur tous les continents et que l'Afrique devient la conquête de la civilisation*[55]*»* (Lepelletier, secrétaire du conseil municipal). **Raspail,** précurseur de la théorie cellulaire (et homme de 1848). **Pasteur**, pour lequel Mascart, président de l'Académie des Sciences, loue *« la*

---

[55] On avait déjà remarqué que l'écorce de quinquina renfermait des propriétés fébrifuges. Racine écrivait à Boileau, à propos d'un ami commun : « j'espère qu'il sera tout à fait rétabli puisqu'il ne prend plus de quinquina que pour son plaisir ». La Fontaine avait dédié un poème intitulé « Quinquina » à la duchesse de Bouillon et lui conseillait : « Le quinquina s'offre à vous, usez de ses trésors ».

sagacité d'un esprit à la fois hardi et circonspect ». Un point commun d'avec Boussingault : les bienfaits apportés au monde paysan.

Les physiologistes **Claude Bernard** et **Paul Bert,** son élève. Le premier découvrit la fonction glycogénique du foie et expliqua le processus du diabète. Le second à prolongé les travaux sur l'anesthésie du dentiste américain **Horace Wells**, avec lequel il partage son monument.

Les naturalistes **Lamarck** et **Buffon** ont les honneurs du Jardin des Plantes. Lamarck, dont on a déjà parlé, a proclamé que les êtres vivants sont l'œuvre graduelle de la nature, qu'elle a pu modifier suivant le temps et les lieux. Buffon, bien que croyant en la génération spontanée, a admis, dans certaines limites, les possibilités d'une évolution des espèces. Selon Paul Fleurot, secrétaire du conseil municipal, Lamarck serait à la fois disciple de Buffon et précurseur de Darwin.

Trois savants enfin. L'astronome **Le Verrier** scientifique authentique malgré les réserves formulées à son encontre, on l'a vu : découvreur de la planète Neptune et créateur d'un réseau de télégraphie météorologique internationale. L'archéologue **Gabriel de Mortillet** donna une chronologie de l'âge de pierre et supposa l'existence d'êtres intermédiaires entre le singe et l'homme : l'idée sous-jacente de progrès indéfini ne pouvait que convenir aux républicains. L'égyptologue **Champollion**, découvreur du système graphique auquel correspondent les hiéroglyphes.

Les sciences appliquées

Six ingénieurs les représentent. **Chappe**, inventeur du télégraphe aérien et dont on a dit les applications en temps de guerre. En temps de paix, ses travaux présentent une utilité générale : météorologie, agriculture, navigation… **Flachat**, ami du banquier Pereire, véritable créateur des chemins de fer en France avec la première ligne Paris- Saint-Germain-en-Laye, celle de Paris-Auteuil aussi, avec la construction également de nombreux ponts métalliques. Après les chemins de fer, l'automobile : **Levassor** a mis au point, avec Panhard, la première voiture à essence qui effectua la traversée de Paris en 1891[56]. **Serpollet**, inventeur de la chaudière à vaporisation instantanée, améliora son moteur à vapeur face à la concurrence du moteur à essence. Pour le président du conseil municipal, il est le *« symbole de l'un des plus puissants efforts du génie humain pour asservir la nature rebelle ».* **Georges Mulot**, qui dirigea le forage du puits artésien de Grenelle[57], bénéficie d'un médaillon sur une fontaine accueillant

---

[56] En 1895, Levassor remporta la course Paris-Bordeaux à la moyenne de 24,469 Km/h.

[57] Les travaux de percement du puits, commencés en 1833, aboutirent en 1841 avec le jaillissement de l'eau. Mulot fut fait Chevalier de la Légion d'Honneur ; le conseil municipal lui accorda une rente viagère.

le médecin **Bouchut,** déjà nommé, **Valentin Haüy** qui possède aussi une statue érigée en 1861 et la peintre **Rosa Bonheur**. Ces trois derniers personnages doivent leur présence sur la fontaine à la proximité de rues qui portent leurs noms.

Hommes de science donc, aux compétences incontestées. Mais hommes tout court par les qualités humaines qui les habitent.

Progrès social, modestie, bienfaisance

On insiste sur l'œuvre humanitaire de **Pinel**, la pitié qu'il a manifestée à l'égard des malades. Au conseil municipal on le présente comme un bienfaiteur de l'humanité au même titre que l'abbé de l'Epée[58] et Haüy : ce que ceux-ci ont fait pour les sourds-muets et les aveugles, Pinel l'a fait pour les aliénés.

Raspail est un exemple du désintéressement car, pour s'adonner à l'étude, *« il a renoncé à tous les plaisirs de la jeunesse »*, et pour continuer ses recherches *« il a refusé les situations les plus brillantes »*, nous dit Jacques, président du conseil général de la Seine.

Désintéressement encore avec **Métivier**, médecin des pauvres de son quartier. Avec **Théophraste Renaudot**, journaliste - il créa la Gazette de France, ancêtre de la presse - mais aussi médecin. Il a vu dans la médecine une œuvre de soulagement et d'humanité : c'est dans ce but qu'il a fondé les *« Consultations charitables »* où les pauvres étaient soignés gratuitement. Le préfet Poubelle résume sa vie d'une phrase : *« Né riche bourgeois, il n'a souci que des pauvres gens ; médecin, il ne rêve que consultations gratuites »*.

La bienfaisance n'est pas le fait des seuls scientifiques. Les hommes politiques ont aussi œuvré en ce sens. **Ernest Rousselle**, fondateur d'un dispensaire dans le 13e arrondissement, s'est penché sur le sort des enfants abandonnés. **Théophile Roussel**, s'est préoccupé du devenir de ces mêmes enfants par une loi prévoyant de les soustraire à des parents indignes, et par deux textes sur la protection des enfants de premier âge et sur l'assistance médicale gratuite. Ces lois, dit Dubost, président du Sénat, font appel au concours des hommes de bonne volonté et aux cœurs charitables. **Louis Blanc**, à la fois théoricien et homme d'action, est décrit par Lockroy, ministre du Commerce et de l'Industrie, comme l'avocat des pauvres. Ses titres de gloire énumérés au conseil municipal (auteur de *L'Histoire de Dix ans*, membre du gouvernement provisoire de 1848, député en 1871) lui vaudront une participation de la Ville à la souscription ouverte pour sa statue.

---

[58] L'abbé de l'Epée réalisa un système de communication pour les sourds-muets.

Le socialiste Paul Brousse justifie l'hommage rendu au chef d'entreprise **Jean Leclaire** : *« La ville de Paris ne marchande jamais sa bienveillance aux hommes de cœur qui employèrent leur vie à l'amélioration du sort de ceux qui travaillent ».* Ce patron d'une entreprise de peinture a voulu préserver la santé de ses ouvriers en remplaçant le blanc de céruse[59] par le blanc de zinc. Il a également appliqué le système de la participation des ouvriers et employés aux bénéfices de l'entreprise, relève Paul Brousse dans un compliment en demi - teinte : son atelier, *« pour n'être pas, à mon sens, la forme sociale de l'avenir, est déjà une forme républicaine substituée à l'ancienne forme patronale et monarchique de l'entreprise ».* Discours mesuré qui correspond à la doctrine réformiste des broussistes : un changement social sans révolution. On trouve chez **Alphand** la même attention portée aux déshérités. Lucipia, président radical du conseil municipal, insiste sur l'embellissement de la capitale par celui qui fut directeur des travaux de Paris, dont les pelouses, les allées ombragés ont été tracées *« pour le repos et l'agrément des humbles et des pauvres ».* L'architecte **Dejean**, inquiet semble-t-il de la consommation d'alcool à Paris, a légué de l'argent à la Ville pour l'édification de douze fontaines *« dans un sentiment d'humanité et pour encourager la tempérance »*, a-t-il précisé. L'une de ces fontaines lui sera attribuée. Le baron **Taylor** occupa des fonctions importantes sous la Restauration (Commissaire royal près du Théâtre-Français), la Monarchie de Juillet (Inspecteur des Beaux-arts), le Second Empire (membre du Sénat).Mais Viviani, ministre du Travail, tient à préciser qu'il fut, non un courtisan, mais un artiste, et que l'art *« a le droit de demander la protection de l'Etat »*, en échange des émotions qu'il procure aux générations. Surtout, Taylor a contribué à la création de sociétés d'aide aux artistes.

Philanthropie avec **Marguerite Boucicaut** (co-fondatrice du Bon Marché avec son mari Aristide) et son amie **Clara de Hirsch**, épouse du fondateur de la Banque des Pays-Bas, toutes deux à l'origine d'une œuvre hospitalière, l'hôpital Boucicaut[60].

Progrès politique, progrès social, philanthropie, on ne sait dans quelle catégorie ranger **Maria Deraismes**. En 1870, elle était ambulancière. Astier, vice-président du conseil municipal, la décrit comme *« secourable aux blessés, accueillante aux vaincus ».* Mais c'est sa lutte pour l'émancipation de la femme qui retient l'attention : lui ouvrir l'accès des professions jusque là réservées aux hommes, lui donner les moyens de défendre ses intérêts et de sauvegarder ses droits. Astier constate que des progrès ont été réalisés puisque les femmes ont accès aux grandes administrations, à l'enseignement,

---

[59] L'emploi de la céruse, poison violent, est aujourd'hui interdit.
[60] L'hôpital est inauguré en 1897.

qu'elles fréquentent les facultés, et il ajoute : *« demain vous les verrez avocats, sûrement, ingénieurs, architectes, qui sait? ».*

Paul Brousse est encore présent. Elu du quartier des Epinettes dans le 17e arrondissement, il avait inauguré, on l'a vu, le monument à Leclaire. Devant la statue de Maria Deraismes, il juge inévitable l'émancipation totale de la femme que l'on ne peut plus cantonner dans son rôle d'épouse ou de mère. Cependant, et c'est là le point de vue partagé par la quasi-totalité de la gauche républicaine, il faut avancer prudemment. Pour aider les femmes à atteindre l'égalité avec les hommes, il faut leur *« confier l'électorat local pour les élever ensuite, bien préparées, à l'exercice du droit politique ».* La crainte des républicains : des femmes lancées brutalement dans la vie politique voteront à droite. D'ailleurs, dit Paul Brousse, on a connu un suffrage universel masculin inorganisé qui a amené des majorités *« impériales et réactionnaires ».* Et de s'en prendre aux irresponsables qui refusent tout affranchissement progressif aux femmes et qui prennent ainsi le risque de les jeter dans l'arène politique : *« Voilà à quel péril féminin nous exposent les résistances aveugles du mâle antiféministe ».*

Les conseillers socialistes interviennent à l'inauguration de la statue de **Fourier**. L'organisation sociétaire qu'il envisage, qui a pour centre le phalanstère et qui doit aboutir à l'harmonie universelle, sa foi dans l'amélioration matérielle et morale de l'humanité, sa générosité, lui valent l'hommage appuyé de Veber, conseiller du 9e arrondissement : *« c'est un des plus grands précurseurs du socialisme moderne » opposé au desséchant principe du « chacun pour soi ».* Il est le *« poète de la compatissance universelle ».* En fait, conclut Veber, ce que propose Fourier : organiser le travail pour donner satisfaction aux aspirations des hommes, c'est le programme des recherches socialistes.

Une installation insolite, presque une fausse note, celle de **Frédéric Le Play**. Partisan d'un catholicisme social conservateur, il voulait réformer la société en restaurant l'autorité des patrons, des propriétaires et des pères de famille. Ses idées empreintes de paternalisme sont évidemment opposées à celles de Fourier. Son passé de sénateur du Second Empire ne plaidait guère en sa faveur. Sa statue est inaugurée par René Bérenger[61], sénateur lui aussi, dans le Jardin du Luxembourg, endroit affecté au Sénat. Eugène Rostand[62], président du comité d'érection, peut rappeler que la modération a toujours guidé la vie de Le Play, il reste que la Ville de Paris n'a pas été présente dans cette affaire.

---

61 Il s'était illustré en 1893 lorsque de jeunes personnes dénudées avaient fait partie du cortège du bal des Quat'z-Arts ; Bérenger avait porté plainte au nom de la Société centrale de protection contre la licence des rues. A cette occasion un monôme anti-bérengiste avait été organisé au Quartier Latin.
62 Père d'Edmond Rostand.

Etablir la République, fortifier la patrie, affirmer le rôle essentiel de la science, tout cela ne peut se réaliser que grâce à un enseignement qui enracine le régime et libère les consciences de l'instruction théologique, tout en assurant la promotion sociale.

L'École

On notera d'abord que **Condorcet** a été honoré en tant que scientifique et non pour son projet de réforme de l'Instruction publique. L'aspect universel de la morale qui devait être enseignée dans les écoles, morale séparée des principes de toute religion, convenait certes aux républicains. Cependant le caractère non obligatoire de l'école primaire, qui correspondait à l'idée de « liberté » des révolutionnaires, était en contradiction avec les lois de Jules Ferry. Le projet, déposé le 20 avril 1792, date de la déclaration de guerre contre « le roi de Bohême et de Hongrie », ne fut évidemment pas discuté.

Avec **Eugène Manuel**, on est dans le double registre de l'homme politique et de l'universitaire. Il a enseigné la rhétorique et écrit un livre de lecture pour les écoles. En 1870, il fut chef de cabinet du ministre de l'Instruction publique, Jules Simon, puis ministre des Travaux publics dans le gouvernement de Freycinet en 1886-1887. On l'a tout autant louangé pour l'intérêt qu'il a porté aux ouvriers que pour son œuvre scolaire.

Autre homme du sérail, **Octave Gréard**, directeur de l'enseignement primaire du département de la Seine et à ce titre réalisateur d'une organisation cohérente de cet enseignement dès 1868. Il a préconisé le système « concentrique » dans lequel les matières sont reprises et approfondies chaque année, système qui sera appliqué par la suite. Le président du conseil municipal Chausse, peut alors déclarer qu'un enseignement suranné céda la place à des méthodes pédagogiques rationnelles, et de Selves, préfet de la Seine, insister sur l'amour de Gréard pour l'enfance.

Pour **Jean Macé**, ancien instituteur d'Alsace, fondateur de la Ligue française de l'enseignement[63], Grébauval, socialiste indépendant[64] et président de l'assemblée municipale, peut rappeler que la République revendique l'enseignement populaire comme son meilleur titre de gloire. Tout n'est pas allé sans contestation parmi les élus. L'attribution, en 1898, d'une somme de 30.000 francs pour l'exécution du monument, soulève la colère de la droite. Celle du conseiller Lambelin : *« 30.000 francs pour la glorification de la franc-maçonnerie, c'est abusif ! »*. Celle du conseiller Alpy : *« Il faudrait alors souscrire pour 50.000 francs ou 100.000 francs au monument à élever au général Bourbaki[65] ! Et encore la proportion ne serait*

[63] Elle avait notamment pour but le développement des bibliothèques et des cours d'adultes.

[64] Il a rompu avec les socialistes au moment de l'affaire Dreyfus.

[65] Bourbaki Charles (1816-1897), général français pendant la guerre de 1870. Battu part les Prussiens, il dut se retirer sur la frontière suisse et tenta alors de se suicider.

pas exactement observée ! » De son côté, le bonapartiste Quentin-Bauchart cède à sa vieille obsession : *« Je comprendrais une telle subvention s'il s'agissait d'élever un monument à Haussmann ».*

Et **Jules Ferry**. Grâce à la législation scolaire, on a remis entre les mains des citoyens l'instrument décisif de leur affranchissement, car la laïcité, la gratuité et l'obligation permettent l'égalité politique, véritable caractéristique d'un Etat démocratique. Les discours devant sa statue mettent l'accent sur cette œuvre essentielle, témoin Maurice-Faure, ministre de l'Instruction publique, qui y voit *« le plus sûr garant de son immortalité ».* Ils font aussi allusion aux difficultés rencontrées par Ferry, principalement pour sa politique coloniale. Dubost, président du Sénat, parle du *« calomnié »*, et Briand, président du Conseil, justifie la politique du héros qui lui valut *« le déchaînement de toutes les oppositions coalisées »* y compris donc l'opposition d'une partie de la gauche, mais devant lesquelles Ferry tint bon dans sa *« volonté de réalisation précautionneuse ».* C'est la justification de la politique des ministères opportunistes entre 1879 et 1885.

Si la présence d'écoliers à l'inauguration des monuments est souhaitable, puisque nos Grands Hommes sont autant d'exemples à montrer à la jeunesse - mais on a vu les réticences à propos des bataillons scolaires -, il faut néanmoins tenir compte du calendrier. Ainsi, lorsqu'un conseiller propose que soit accordé un jour de congé aux élèves des écoles municipales le samedi 16 juillet 1904 (à l'époque les vacances commençaient le 1er août) afin qu'ils assistent à l'installation de la statue de Pasteur, le directeur de l'enseignement primaire de la Seine fait part de sa désapprobation. Les enfants auront, en effet, déjà eu congé les 14 et 15 juillet et il ne lui semble pas opportun de les laisser un jour de plus dans la rue. Il sera partiellement entendu : seules les classes d'enseignement primaire supérieur[66] auront congé.

La place de la science et le rôle des scientifiques dans la société ont amené, on l'a vu, des prises de position nettes contre l'irrationnel et contre les conceptions théologiques. La question de la laïcité de l'Etat est posée et du même coup la place qui doit être assignée à l'Eglise.

L'Église et la religion

Bernard Palissy a été emprisonné pour avoir refusé d'abjurer sa foi protestante. Pourtant le discours à son sujet n'est guère offensif s'agissant de la religion catholique. Il n'en est pas de même avec la statue d'un autre

[66] Couronnement de l'enseignement primaire, il est sanctionné par le brevet élémentaire et le brevet primaire supérieur qui ouvrent l'accès aux carrières commerciales, industrielles et administratives.

protestant, **Coligny,** tué lors de la Saint-Barthélemy. Le vice-président du conseil municipal fustige les auteurs de cet *« abominable assassinat »*. Et *« aujourd'hui encore les descendants de ceux qui ont conspiré sa mort n'ont pas assez d'injures et d'outrages mensongers à prodiguer à cette noble victime de la liberté de conscience »*. Il ajoute qu'il ne faut pas oublier le 24 août 1572, nuit de la Saint-Barthélemy, œuvre des adversaires de la liberté de penser, ne pas oublier non plus que dans les écoles *« on enseignait aux enfants que Coligny avait été frappé justement comme traître à son roi et à son pays! »*. Voilà donc mise en cause l'intolérance de l'Eglise et son action sur de jeunes cerveaux malléables.

Le ton est aussi âpre devant la statue de **Voltaire**. Le conseiller radical Guyot développe l'idée que pour l'Eglise, Voltaire demeure un blasphémateur, car il a manqué de respect aux dogmes établis, aux fictions religieuses et il précise : *« Les aimables adversaires, qui prétendent parler au nom de Jésus, oublient de regarder l'image consacrée par la religion dont ils se réclament ; son fondateur ne rayonne pas sur son trône ; il est hideusement cloué à une potence. Les furieux qui montrent le poing représentent la tradition des conservateurs respectueux qui ont condamné Jésus pour cause d'impiété, à cette mort cruelle et ignominieuse »*.

Même tonalité s'agissant de **Diderot** dont on inaugure une maquette en plâtre en 1884. Tony Révillon, député de la Seine, cite le philosophe *« désormais, au lieu de relever du prêtre, tu relèveras de ta conscience »*, pour conclure que Diderot hait la tyrannie, le surnaturel, la théologie. Le monument définitif est installé en 1886, et Hovelacque, président du conseil municipal, prend la parole pour dire que le XIXe siècle a repris à son compte l'enseignement philosophique et politique de Diderot résumé en quatre mots : ni Dieu, ni maître. Le libre penseur André Lefèvre, président du comité d'érection, rappelle que le philosophe, élevé chez les jésuites, a été fort heureusement *« tiré de leurs griffes de velours par son père »*. Il poursuit en se félicitant que la Bastille monarchique ait croulé mais ajoute que *« l'autre tient encore, suprême refuge des réactions conjurées »* et que *« bientôt, si l'on n'y prend garde, elle projettera sur Paris, l'ombre de ses clochers »*.

L'écrivain, **Ferdinand Fabre** aurait été traumatisé par un évènement survenu dans son enfance. Sa mère l'avait emmené voir une cousine visitandine[67] et, par attachement familial, il avait voulu l'embrasser : *« elle s'écarta simplement, mince, froide et dure »* raconte d'Ardenne de Tizac, membre du cabinet du ministre de l'Instruction publique, qui conclut que ce geste de refus avait mis fin à sa vocation religieuse première et devait le poursuivre toute sa vie.

Tarnier est un bienfaiteur de la femme et de l'enfant, et le radical Mesureur, alors directeur de l'Assistance publique de Paris, en profite pour

---

[67] Les visitandines, ordre de religieuses contemplatives cloîtrées, fondé en 1618.

glisser dans son discours que *« les maternités appartiennent sans conteste à l'infirmière laïque »*. Avec **Maria Deraismes**, le conseiller Astier s'en prend à *« l'ancien préjugé, entretenu par les religions, qui faisait de la compagne de l'homme un être inférieur, incapable de s'élever au-dessus des préoccupations domestiques »*.

Quant à **Jules Ferry**, sa législation laïque *« a soustrait aux puissances théologiques l'enseignement officiel »*.

A droite, quand l'occasion se présente, on ne manque pas de faire entendre une voix discordante.

L'inauguration du monument à **Francois Coppée** (1910) est présidée par Déroulède. On devine que la gauche n'a qu'un penchant modéré pour cet antidreyfusard et catholique militant. Le vocabulaire des discours est insistant. Le conseiller Mithouard, qui représente le conseil municipal, met en avant la popularité du poète auprès des gens du quartier qui aimaient en lui *« celui qui sait parler des saintes choses, du berceau de l'enfant, des cheveux blancs de l'aïeule, de la bonne souffrance, de Dieu... »* Relayé par Jean Aicard, de l'Académie française, qui définit Coppée comme *« héroïquement chrétien »*, puis par Déroulède qui le voit en *« chrétien et patriote »*.

Toutes ces déclarations allusives ou mordantes, pour importantes qu'elles soient, demeurent noyées dans des discours ayant trait à des statues dont les héros ne se rattachent qu'indirectement à l'Eglise.

D'une autre dimension sont les monuments dédiés par la gauche républicaine laïque à Etienne Dolet et au chevalier de La Barre.

Les monuments de combat : l'offensive de la gauche

Dès 1881, le conseil municipal décide d'ouvrir un concours pour l'érection d'une statue d'**Etienne Dolet** tombé victime de l'intolérance religieuse. En 1885, une cinquantaine de conseillers dépose un projet de résolution : *« Il y a lieu d'exprimer sur le piédestal de la statue d'Etienne Dolet la revanche des idées modernes contre le fanatisme »*. Devant le monument, les discours sont combatifs. Chautemps, président du conseil municipal, déclare que l'art de l'imprimeur est un *« art dangereux pour la foi catholique »* et que François Ier est *« devenu l'humble esclave de l'Eglise, qui ne lui permettait d'autre société que celle de sa maîtresse et qui représentait la persécution des hérétiques et l'anéantissement de la littérature comme le moyen de racheter les péchés de sa vie[68] »*. Fernand Rabier, député du Loiret et délégué du groupe de la libre pensée d'Orléans,

---

[68] La maîtresse de François 1er est Anne de Pisseleu, duchesse d'Etampes. Après l'affaire des placards (1534), les protestants furent victimes de persécutions.

dresse le tableau de la Renaissance, *« retour du printemps après un long engourdissement d'hiver »*. Après ce jugement sans ambiguïté sur le Moyen Age, période obscurantiste, Rabier poursuit : ce mouvement de l'esprit humain *« inquiète et irrite les prêtres du vieux dogme de servitude et d'immobilité. Ils sentent que l'humanité qu'ils avaient tenue en laisse, va leur échapper »*. Donc le règne de la liberté commence, ce que l'Eglise ne peut supporter. Et, conclut Rabier, le monument rappellera *« la victime des haines religieuses, de la superstition et de la bigoterie »*. Autre libre penseur, Bourneville, député de la Seine, renchérit en résumant la vie de Dolet par trois expressions : bien penser, bien vivre, bien mourir, pour préciser qu'il a bien vécu, car son existence a été toute de travail *« contrairement à celle des moines qui fatiguent la terre de leur masse inerte et ne font rien »*. Le supplice de Dolet n'est d'ailleurs pas le seul exemple de persécution. Celle de la secte des Vaudois par François Ier en est une autre : *« C'est le bon vieux temps qui fait l'admiration et l'envie des prêtres, des moines, des religieuses qui pullulent encore aujourd'hui, cent ans après la Révolution française ! »*.

Si le principe d'élever un monument à Etienne Dolet ne souleva pas d'objection au conseil municipal de la part de la droite, il n'en fut pas de même s'agissant du chevalier de **La Barre**.

L'affaire commence en 1904 à l'assemblée municipale par une question du conseiller Le Grandais[69] au préfet de la Seine. D'entrée, il donne le ton : *« Je m'attaque à la plus grande puissance du monde, la seule puissance réactionnaire qui ait surnagé après l'empire et la royauté [...] C'est à la puissance cléricale que je m'attaque »*. Il s'agit de terrains qui s'étendent devant la façade du Sacré-Cœur et que la Ville de Paris semble avoir abandonnés au bénéfice de l'Archevêché. Le conseiller demande qu'ils soient évacués, véritable *« opération de salubrité publique »*, dit-il. En fait, l'Archevêché a été légalement autorisé à occuper ces terrains pour le chantier de construction du Sacré-Cœur : *« Pendant 28 ans et sans rétribution »*, s'insurge un autre conseiller qui ajoute : *« Si semblable concession avait été faite à une loge maçonnique, nous aurions entendu des protestations ! »* . En définitive l'Archevêché est prêt à libérer les lieux. Ce qui ne calme pas la colère de la gauche qui voit dans la basilique *« une monstruosité et une injure à la raison[70] »* et son remplacement indispensable par une statue de la Liberté. Au conseil municipal le débat est houleux.

[69] Le Grandais Anatole (1838-1906) combattit avec les communards pendant le siège de 1870, puis se réfugia en Suisse. Rentré en France après l'amnistie il fut élu en 1895, battu en 1900, réélu en 1904.
[70] La basilique est alors en cours d'achèvement.

Extrait du procès-verbal de la séance du 21 septembre 1904

A côté du nom des intervenants, il est indiqué (d) ou (g) selon que les conseillers se situent à droite ou à gauche sur l'échiquier politique. Le débat se déroule sur fond de l'affaire des fiches rédigées à l'intention du général André, ministre de la Guerre du gouvernement Combes. Ces fiches avaient pour objet de renseigner le ministre sur les opinions politiques et religieuses des officiers et d'en tirer les conséquences pour leur avancement. Vadecard, dont il est question, était le Secrétaire général du Grand Orient de France chargé de rédiger les fiches. Quand à Syveton, membre de la Ligue de la Patrie française, il gifla le général André. Les termes de « délateur » ou « délation » utilisés à plusieurs reprises font référence à cette affaire.

« Le Conseil

Délibère :

Article premier. - Une statue colossale de la « Liberté » sera placée au sommet de la colline de Montmartre, devant la partie antérieure du parvis de l'église du Sacré-Cœur sur le terrain appartenant à la ville de Paris.

Art. 2. - Cette statue faisant face à Paris et le dominant rappellera par ses proportions celle que l'Amérique a érigée au devant de son port le plus important, comme le symbole impérissable d'un Etat républicain et démocratique.

M. Gaston Mery (d). - Ce qu'il vous faut c'est la franc-mouchardise de la maçonnerie. (Bruit)

M. Heppenheimer (g). - Ne parlez pas de cela ! Vous avez 36.000 officines de mouchards en France. (Le bruit continue)

M. Gaston Mery (d). - Vous avez beau dire, Vadecard est bien à vous.

M. Colly (g). - Malheureusement, la statue de la Liberté ne fut pas érigée.

M. Froment-Meurice (d). - Puisque vous avez détruit la liberté !

M. Heni Galli (d). - Ce qu'il faudrait mettre sur la butte Montmartre, c'est une statue de Basile Combes. (Protestations, tumulte)

M. Colly. - Il est intéressant et consolant de constater qu'au moment où le Gouvernement d'alors volait la Ville d'une partie de son domaine au mépris de toute équité, il s'est trouvé un conseiller municipal pour protester contre de tels procédés. (Très bien !)

La liberté, vous ne la voulez que pour vous seuls, voilà comment vous entendez la liberté de votre côté. (Bruit)

M. Gaston Mery. - Et vous, vous ne l'accordez qu'aux délateurs ! (Bruits prolongés)

M. Colly. - Comment ! Mais vous savez bien, Messieurs, que le parti antirépublicain, que tous les cléricaux ont toujours joué le rôle de mouchards... (Exclamations) N'ont-ils pas organisé la confession contre la société laïque, et vous voulez invoquer la liberté !

M. Gaston Mery. - Vous n'avez plus le droit de parler de liberté : vous l'avez confisquée au profit d'une secte.

M. J. Weber (g). - Pardon! Nous sommes pour la liberté et nous le crierons toujours parce que c'est la vérité.

Une voix. - Et les délateurs ? (Bruit)

M. Colly .- Vous avez été les délateurs de tous les temps ; les cléricaux ont toujours été les mouchards de la société laïque... Il ne vous appartient pas de nous traiter de délateurs ni de mouchards.

M. Eugène Billard (d). - Et Vadecard ? (Bruit)

M. J. Weber (g). - Ce ne sont pas des délations, ce sont des preuves de surveillance. (Le bruit continue)

M. Colly. - Nous nous défendons et nous continuerons à défendre la République et les républicains.

M. Billard. - Vous n'approuvez pas les délateurs.

M. J. Weber. - Vous achetez les voleurs.

M. Arthur Rozier (g). - C'est votre parti M. Billard, qui achète les mouchards et les entretient chez vos adversaires.

M. Colly.- Vous avez élevé la délation à la hauteur d'une institution !

M. Duval-Arnould (d). - L'opinion publique est bien fixée à cet égard !

M.J. Weber. - L'opinion républicaine manifeste en effet son opinion bien souvent, et chaque fois elle prouve qu'elle méprise profondément votre parti ! (Bruit)

M. Berthaut (g). - Nous n'avons pas de confessionnaux pour recueillir les délations !

M. Mery. - Mais vous avez les loges !

M. Billard . - Je ne comprends pas que vous ayez l'illogisme d'approuver aujourd'hui les procédés que dans un mouvement qui vous honorait vous avez flétris il y a quelques jours. Vous ne sauriez oublier en effet la flétrissure contre les procédés de délation que vous votiez avec nous il y a huit jours. (Bruit)

Il est impossible d'entendre ces approbations d'actes qui soulèvent les protestations de la conscience publique sans protester au nom des droits aujourd'hui cyniquement violés par les francs-maçons, qui, du fond des loges, sont les maîtres incontestés des destinées des citoyens.

M. Brenot (g). - Mon cher collègue, vous devez avoir tort, car vous me paraissez bien en colère !

M. Colly. - Me prenez-vous pour un cabotin comme vous ? (Bruit)

M. Billard.- Répétez, je vous prie, ce que vous venez de dire.

M. Colly. - Vous prétendez que je ne prends pas au sérieux les paroles que je prononce, je vous réponds que je ne suis pas un cabotin comme vous. (Bruit)

M. Billard. - Je ne saurais vous permettre de juger de mes sentiments. J'ajoute et confirme que je ne comprends pas qu'après avoir récemment voté contre la délation vous la défendiez aujourd'hui. (Tumulte)

M. J. Weber. - Vous ne trouverez pas de Syveton ici.

M. Billard. - Je ne soufflèterai personne. Il me suffit de mon mépris pour les procédés maçonniques dont vous vous faites les approbateurs. (Bruit violent)

M. Heppenheimer. - Nous sommes de taille à nous défendre et nous n'avons pas 67 ans.

M. Colly. - On met toujours en avant les grands mots de loyauté, de bienséance, d'honneur, mais je comprends que nos adversaires regrettent de nous voir rejeter le rôle de dupes que nous avons joué trop longtemps.

Du jour où nous nous défendons et où nous prenons des mesures énergiques pour déjouer vos louches combinaisons, alors vous poussez des cris.

M. Mery. - Vous êtes loyal, M. Colly, vous ne pouvez approuver la délation ; vous vous dégoûterez un jour et vous sortirez du milieu qui la pratique couramment. (Bruit)

M. Alpy (d). - Vous croyez M. Colly maçon (Rires), c'est une erreur, il n'est pas maçon.

M. Berthaut (g).- La « Libre parole » dénonce quelqu'un tous les jours.

M. Colly. - Vous appelez délation les quelques mesures très sages et nécessaires que nous avons du prendre contre vos funestes menées pour défendre la République et la liberté. (Le bruit continue)

M. Mery. - Vous avez avec vous le Gouvernement et vous n'osez pas combattre à visage découvert !

M. Colly. - Nous avons assez longtemps joué le rôle de dupes ; nous en avons assez ».

Après cet échange, le conseiller Le Grandais dépose un projet de délibération tendant à récupérer les terrains occupés par l'Archevêché et à installer une statue du chevalier de La Barre. Le débat reprend.

Extrait du procès-verbal de la séance du 21 novembre 1904

« M. Mery. - Il faut élever un monument aux officiers mouchardés.

M. Le Grandais. - Autrement dit, gardez votre Sacré-Cœur, puisque le régime parlementaire ne nous permet pas encore d'abroger la loi spoliatrice de 1873 et qu'il faudra sans doute une Révolution vengeresse pour faire du Sacré-Cœur un conservatoire des arts-et-métiers, un observatoire ou quelque chose dans le même genre. Mais en face de l'inscription « Au Sacré-Cœur de Jésus, la France repentante » nous élèverons la statue au chevalier de La Barre, ce malheureux enfant de dix-neuf ans supplicié par des prêtres pour ne pas avoir salué la procession.

M. Mery. - Et tous ceux que vous avez guillotinés ?

M. Le Grandais . - Nous mettrons sur le monument : « Au chevalier de La Barre, la libre-pensée et la France reconnaissantes ». (Très bien ! Très bien !)

M. d'Andigné (d) . - La proposition de notre collègue Le Grandais a pu paraître intéressante, d'autant que présentée par lui elle devait certainement obtenir l'oreille du Conseil.

Mais je connais assez votre respect pour les souvenirs historiques pour me permettre de vous rappeler de quelle manière le chevalier de La Barre était jugé par Voltaire, qui, je le crois, ne doit pas, lui, supporter le reproche de cléricalisme.

Le chevalier de La Barre, qui menait joyeuse vie... (Exclamations)

Une voix. - Ce n'est pas suffisant pour le brûler.

M. Hepppenheimer. - Il y a un grand nombre de falsifications des œuvres de Voltaire !...(Bruit)...J'ai l'édition du Siècle chez moi et j'affirme avoir lu dans ses œuvres une protestation indignée contre les tortures infligées à ce malheureux enfant.

M. Mery. - Vous confondez avec Calas !

M. Heppenheimer. - Avez-vous la prétention d'approuver ces tortures ? (Marques d'approbation dans les tribunes)

M. Ambroise Rendu (d).- Je demande au président de faire sortir des tribunes le public qui manifeste.

M. Colly. - Laissez donc le public des tribunes tranquille.

M. Heppenheimer. - C'est au nom de la liberté que vous demandez l'expulsion du public, M. Amboise Rendu ?

Il ne vous manque qu'une soutane !

M. Mery. - Prenez celle de Combes !

M. d'Andigné. - Je m'en rapporte d'avance au jugement de mon collègue M. Heppenheimer et nous pourrions vérifier ensemble.

M. Colly. - Je me méfie. Vous dénaturez aisément Voltaire comme les autres documents qui vous gênent, vous êtes le parti des faux. (Bruit)

M. d'Andigné. - Je ne puis répondre à M. Colly, l'accusation d'emploi de faux ne saurait m'atteindre. Je respecte trop cette assemblée. Voltaire dit donc : « Il fut dénoncé pour ne pas avoir salué une procession ».

M.J. Weber. - C'était son droit et c'est ce que nous faisons, nous ne saluons pas non plus les processions.

M. d'Andigné. - Je ne discute pas votre droit, j'estime qu'il vous appartient ; mais je ne crains pas de dire que j'exerce mon droit en les saluant chaque fois que j'en trouve l'occasion. Je reprends :

Le chevalier de La Barre, qui menait joyeuse vie et dont le procès mentionne de tristes vices contre la morale, fut dénoncé pour avoir brisé une croix placée sur le pont Neuf d'Abbeville. Il fut d'abord condamné à être supplicié, à avoir les mains brûlées, etc.

Rassurez-vous, Messieurs, ce n'est pas un tribunal religieux qui le condamna. L'évêque d'Amiens, de la Motte d'Orléans, s'était contenté de lancer un monitoire portant anathème contre les auteurs de bris de la croix ; ce sont les magistrats civils qui donnèrent ce triste exemple d'intolérance. Ce furent eux, et eux seuls, qui instruisirent le procès sur une plainte déposée par la sénéchaussée d'Abbeville.

Messieurs, est-ce que vous voudriez faire ici le procès de la magistrature ?

M. Rozier. - Oh ! Elle est presque tout entière cléricale et réactionnaire. (Bruit.

M. d'Andigné. - Si vous voulez faire le procès de la magistrature, je suis prêt à vous suivre sur ce terrain, et il y aurait fort à faire.

M. Colly. - A cette époque, on aurait brûlé l'amie de M. Gaston Mery (Bruit)

M. Mery. - Il vaut mieux aller rue de Paradis chez Melle Couesdon que de revenir de l'île du Diable avec Dreyfus. (Bruit violent)

Les Jacobins, vos ancêtres, ont guillotiné des femmes, des vieillards ; vous aujourd'hui, vous les proscrivez (Tumulte)

M. Arthur Rozier. - Je ferai remarquer à M. Gaston Mery que, sans les Jacobins, il ne serait pas ici. Moins que quiconque, M. Gaston Mery à le droit d'injurier la Révolution, qui a créé le droit du peuple, le droit au suffrage. Sans les Jacobins, Monsieur Gaston Mery, vous seriez sans doute à piocher la terre dans un obscur village, comme moi-même, au lieu de siéger ici. (Bruit. – Très Bien !)

M. Gaston Mery.- Nous honorons nos ancêtres qui ont fait la Révolution de 1789, nous réprouvons les odieux excès des Jacobins de 1793. (Bruit prolongé)

M. d'Andigné. - Je regrette que l'observation de M. Rozier ne porte pas sur le chevalier de La Barre, car son supplice remonte à 1766, tandis que la Révolution, si je ne me trompe, date de 1789.

Je reprends : A ce moment, le Parlement de Paris jugea que la peine été trop sévère et décida que le chevalier serait guillotiné.

M. Alpy. - Décapité.

M. d'Andigné. - C'est juste... avant d'être brûlé.

M. Colly. - Braves gens ! Quelle douceur !

M. d'Andigné. - Le fond de cette histoire...

M. Heppenheimer. - Le fond de cette histoire c'est que vous voudriez bien nous en faire autant.

M. d'Andigné. - Les miens n'ont jamais guillotiné, mon cher collègue, ils ont sacrifié leur vie à leur croyance, à leur pays.

Le fond de cette histoire, dis-je, Voltaire nous le fait connaître : Un vieux magistrat d'Abbeville, éconduit par l'abbesse de Villancourt, qui était parente du chevalier, s'en vengea en le faisant condamner.

M. Fribourg. - Jolies mœurs !

M. d'Andigné. - Et Voltaire, parlant du moine qui accompagnait le chevalier de La Barre au supplice nous dit : « Le bonhomme pleurait et le chevalier le consolait ! »

M. Colly. - Le bonhomme pleurait des larmes de crocodile.

M. d'Andigné. - J'ai cité Voltaire ; je l'oppose à votre appréciation personnelle.

Je le répète, votre protestation ne peut s'adresser qu'à la magistrature et non à l'Eglise, qui n'intervint que dans la personne du dominicain qui pleurait en accompagnant La Barre au supplice.

Avez-vous donc ici, Messieurs, l'intention de rendre un public hommage aux congrégations dispersées par M. Combes dans la personne du brave dominicain cité ? Avez-vous l'intention d'infliger un blâme à la magistrature civile ? Voulez-vous rendre hommage à l'immoralité ?

M. Le Grandais. - Vous avez entendu le roman, voici la vérité :

« Le 1er juillet 1766, au fond d'un cachot d'Abbeville, s'accomplissait, au nom du Sacré-Cœur et de notre Sainte Mère l'Eglise, une de ces atroces infamies en quoi se complaisent la haine sauvage et l'immonde lâcheté des prêtes, des évêques, des moines, des papes,... ».

Le Grandais décrit ensuite longuement le supplice du chevalier. Les échanges continuent.

<u>Extrait du procès-verbal de la séance du 21 novembre 1904 (suite)</u>

« M. le Président. - La parole est à M. Alpy

M. Fribourg. - Nous allons entendre la parole sacrée !

M. Alpy. - Messieurs, il convient dès l'abord, de faire deux parts dans les diverses paroles qui viennent d'être proposées à cette tribune à l'occasion de la question posée par M. Le Grandais.

D'un côté, je place ce que j'appellerai les hors –d'œuvre : les invectives violentes, les récriminations rétrospectives et même les blasphèmes que nous avons entendus...

M. Rozier. - Vous vous confesserez, on n'y verra plus rien.

M. Alpy. - Tout cela est sans importance pour la solution de la difficulté soulevée par notre collègue et ne mérite qu'une brève réponse.

Cette réponse sera une simple, mais énergique protestation contre l'intolérance dont quelques orateurs ont fait preuve, une fois de plus, à l'égard de certaines idées religieuses qu'ils ne partagent pas, que leur mentalité ne leur permet pas de comprendre, mais qu'ils devraient respecter au nom même de cette liberté de penser dont ils se prétendent les champions.

M. Rozier. - M. Veuillot l'avait déjà dit.

M. Alpy. - Car la liberté de penser comprend, vous devez l'admettre, la liberté de croire, que nous professons, aussi bien que la liberté de nier, dont vous vous réclamez en toute occasion. (Assentiment)

M. Fribourg. - Mais vous n'accordez pas aux autres la liberté de nier.

M. Alpy. - Vous ne pouvez pas prétendre cela, aujourd'hui que l'on en abuse si audacieusement.

Cela dit, je m'abstiendrai soigneusement de suivre les orateurs qui se sont succédé à la tribune dans leurs digressions plus ou moins préméditées, et spécialement dans l'étrange évocation qu'ils ont cru devoir faire de documents et de débats anciens, qui nous sont étrangers et qui sont, de plus, un peu surannés puisqu'ils datent de 1880. Je ne discuterai pas non plus la proposition tout à fait accessoire que M. Le Grandais à jointe à sa demande primitive, et qui n'est pas autre chose qu'une vaine et théâtrale manifestation. Je veux parler de l'étrange projet d'ériger, en face de l'entrée de la basilique du Sacré-Cœur une statue du Chevalier de La Barre, laquelle serait, il faut le reconnaître, fort mal placée.

A ce propos, je me suis demandé ce que pouvait signifier, dans l'esprit de votre collègue, cette épithète, un peu imprévue, d'ultramontain appliquée à l'éminent archevêque de Paris.

M. Fribourg. - Parce qu'il se trouve de l'autre côté de la butte. (Rires) ».

Le débat prend un tour particulier lorsqu'à droite on fait remarquer que sur les terrains occupés par l'Archevêché, une entreprise est installée qui fait travailler des ouvriers, lesquels risquent d'être licenciés. Le conseiller Colly rétorque : *« Quand nous démolirons le Sacré-Cœur, nous ferons également travailler les ouvriers ».*

On revient à nouveau à la proposition première du conseiller Le Grandais : la libération des terrains, leur récupération par la Ville de Paris pour y installer la statue de La Barre. Nouvelles joutes oratoires.

<u>Extrait du procès-verbal de la séance du 21 novembre 1904 (Suite)</u>

« M. le Président. - Je mets donc aux voix l'article premier de la proposition de M. Le Grandais.

Je rappelle qu'il est ainsi conçu : « Les 5.070 mètres de terrain communal occupés par l'archevêché de Paris et enfermés par lui dans des palissades seront immédiatement évacués, débarrassés de leurs matériaux et palissades et rendus à la Ville de Paris qui en est seule propriétaire».

Après une épreuve déclarée douteuse, l'article premier de la proposition de M. Le Grandais est adopté par assis et levé.

« M. d'Andigné. - ... Si vous votez la proposition de M. Le Grandier, il est entendu :

1° Que vous blâmez la magistrature de l'époque...

M. Rozier. - Nous n'y voyons aucun inconvénient.

M. d'Andigné. -...2° Que vous blâmez un acte de clémence de l'Eglise accompli par l'évêque d'Amiens qui lui, s'était interposé en faveur du condamné ;

3° Que vous glorifiez un personnage immoral. M. Heppenheimer sait à quoi je fais allusion et il m'est pénible d'insister, mais je crois devoir rappeler que le chevalier de La Barre a été formellement accusé de pédérastie. (Bruit)

M. Rozier. - L'Eglise ne s'est jamais contentée de persécuter ses ennemis, elle a toujours tenté de salir ses adversaires. Je m'aperçois qu'elle continue.

M. d'Andigné. - Vous parlez sur des généralités et moi, mon cher collègue, je cite un fait précis et j'affirme que cet évêque d'Amiens qui se nommait de la Motte d'Orléans, s'est adressé au Parlement de Paris pour obtenir que la condamnation pour sacrilège fût adoucie...

M. Rozier. - Après l'avoir livré au bras séculier, nous connaissons cela.

M. Heppenheimer. - Messieurs, je tiens à protester contre les procédés des cléricaux. C'est toujours le même qui a été employé jadis contre Jeanne d'Arc, contre le chevalier de La Barre et qui a été employé dernièrement contre Dreyfus. (Exclamations) Oui, Messieurs, c'est une autre victime.

L'Eglise, quand elle veut sacrifier une de ses victimes, ne peut pas se contenter de la faire condamner ou de la faire brûler, comme elle pouvait le faire autrefois et comme elle voudrait pouvoir encore le faire aujourd'hui, il faut encore qu'elle vienne la salir et la déshonorer.

Quant à l'argument relatif à la magistrature civile de l'époque, il me laisse rêveur. A ce moment, pour être magistrat, il fallait être avant tout religieux.

M. Gabriel Bertrou. - Vous êtes dans l'erreur.

M. Heppenheimer.- D'ailleurs, cela m'est indifférent, puisque je ne suis plus exposé à être brûlé.

M. Gabriel Bertrou.- Les magistrats d'autrefois n'étaient pas nommés par le Gouvernement ; ils étaient plus indépendants qu'aujourd'hui.

M. Heppenheimer. - Je ne crois pas que le Conseil s'arrêtera aux arguments de nos adversaires, car il me paraît difficile qu'on nous apporte des documents émanant d'hommes sérieux et attestant l'immoralité du chevalier de La Barre.

J'ai les œuvres de Voltaire éditées par « le Siècle », je n'y ai rien trouvé de semblable à ce qu'avance M. d'Andigné.

Ce qui excuse l'erreur de notre collègue, c'est qu'il suppose que le chevalier de La Barre a vécu quelques temps avec les moines. (Bruit)

M. Gaston Mery. - Ce que vous dites est grossier et, si c'est la manifestation de votre esprit critique, ce n'est pas malin.

M. Heppenheimer. - Voilà l'équité de nos collègues ! Ils accusent leurs victimes et, lorsqu'on retourne contre eux l'accusation, ils crient à la persécution.

Il en est de cela comme de la franc-maçonnerie. Elle a été instituée pour défendre les libres-penseurs et les humbles contre la tyrannie des cléricaux.

M. Gaston Mery. - Aujourd'hui, c'est le Gouvernement qui tyrannise.

M. Heppenheimer. - Je vous l'ai déjà dit plusieurs fois, je ne connais pas de tyrannie plus terrible que celle de vos amis vis-à-vis des travailleurs.

Je sais que dans maintes villes les ouvriers qui n'allaient pas à la messe, non seulement ne trouvaient pas de travail, mais, quand ils en avaient et que leurs idées étaient connues, on les chassait, les réduisant ainsi à la misère.

M. Gaston Mery. - Aujourd'hui vous combattez les officiers qui vont à la messe.

M. Alpy. - Oui, et vous osez dire cela après la production des fiches de délation.

M. Heppenheimer. - Aujourd'hui, parce qu'on s'est débarrassé de cette tyrannie, vous protestez, mais personne ne s'y trompera.

Vous êtes des tyrans, des bourreaux (Oh! Oh !) et c'est parce qu'on vous empêche de continuer à être des bourreaux que vous protestez. Mais ne venez pas, par surcroît, calomnier vos victimes. (Exclamations)

M. d'Andigné. - J'ai entendu M. Fribourg dire que M. Heppenheimer déplaçait la question.

M. Fribourg. - J'ai dit, étant donné les mœurs que vous prêtez à la Barre, que l'on prenait la question du mauvais côté. (Rires) ».

La proposition du conseiller Le Grandais est finalement adoptée. L'inauguration du monument a lieu au moment où se tient à Paris le Congrès international de la Libre Pensée. C'est l'occasion de taxer l'Eglise d'infamie.

Jacques Prolo, secrétaire du comité d'érection et libre penseur, trace le portrait du chevalier de La Barre victime de la férocité de l'Eglise. La Barre n'avait même pas tenté de ridiculiser un dogme, de s'en prendre à quelques superstition comme *« le miracle de Saint Janvier ou saint Denis décapité parlant*[71] *»*. On dénonce ainsi l'intention de l'Eglise de terroriser la population trop sensible aux progrès du rationalisme. Le conseiller Colly confirme : l'institution ecclésiastique a voulu *« replonger plus profondément dans la terreur les foules qui lui échappaient »*. Le chevalier avait des idées qui devançaient celles de son temps, à preuve que l'on trouva chez lui le Dictionnaire philosophique de Voltaire : *« Dès lors, pour quiconque connaît la haine implacable du prêtre et la férocité du moine, rien ne pouvait plus le sauver »*. Colly s'en prend ensuite à la basilique du Sacré-Cœur qu'il faut raser « *pour délivrer Paris de ce cauchemar obsédant qui fait la honte de la Cité »*. Il faut du même coup détruire à jamais *« la science théologique, cette science du néant qui ne repose sur rien [...] et qui n'est même pas capable de créer le moindre atome de vie »*. L'élu socialiste du quartier développe les mêmes idées. Pour lui la statue, *« dressée en face de l'affreux monument qui*

[71] Dans la cathédrale de Naples une ampoule contient une substance rouge qui se liquéfie à l'occasion des cérémonies : ce serait le sang de saint Janvier. Saint Denis était représenté décapité, tenant sa tête entre ses mains, d'où la légende qu'il aurait ramassé celle-ci après sa décollation.

déshonore la butte Montmartre », perpétuera les crimes de l'Eglise par *« les prêtres, moines et moinillons de tous ordres »*.

Les monuments de combat : la riposte de la droite

On voit la droite mal à l'aise, bien en peine de justifier le martyre subi par La Barre. Elle en est réduite à biaiser dans ses interventions : inconvénients à récupérer les terrains communaux occupés par l'archevêché, absence de responsabilité des tribunaux ecclésiastiques dans la condamnation du chevalier. Piètres arguments qui ne convainquent personne.

Cependant, la réplique arrive d'une autre façon. S'il n'est pas possible d'absoudre l'Eglise catholique pour les actes que l'on connaît, du moins peut-on affirmer que celle-ci n'a pas le monopole de l'intolérance. Ainsi le conseiller de droite Poirier de Narçay dépose-t-il une proposition pour une statue à **Michel Servet**.

Extrait du procès-verbal de la séance du 21 novembre 1904

« M. Poirier de Narçay. - Il y a eu tant de motions pour l'érection de statues que je crois rappeler au Conseil que j'avais déposé une proposition tendant à élever une statue à Michel Servet, qui périt brûlé par les protestants. Je reprends purement et simplement cette proposition.

Je déclare que je suis adversaire de toute persécution et partisan de la liberté de conscience. Je veux la liberté pour qui va au temple, à la synagogue ou à l'église.

M. Opportun. - Et dans les loges !

M. Berthaut. - Et ceux qui vont nulle part ?

M. Poirier de Narçay. - Egalement, mais je n'en ai pas parlé, parce que vous ne m'en avez pas donné le temps. En ce qui concerne les loges, je suis aussi libéral ; mais je n'en avais pas parlé parce qu'il me semblait avoir entendu dire que la franc-maçonnerie ne constituait pas une religion.

M. Opportun. - Ils feront leur prière chez eux. (Rires)

M. Poirier de Narçay. - Ils la feront ou ils ne la feront pas. Je n'ai pas à me préoccuper de cela. Leur liberté sur ce point demeure entière.

Etant donné l'ampleur qu'à prise ce débat, je crois qu'il est de l'intérêt de tous d'en finir avec ces querelles religieuses, qui, à l'occasion d'une question purement administrative, ont donné lieu à des débats très longs et extrêmement violents.

Voici maintenant ma nouvelle proposition concernant Michel Servet :

Une statue sera élevée sur le même emplacement à Michel Servet brûlé sur l'ordre de Calvin.

Une subvention de 5000 francs est également attribuée à l'érection de ce monument.

M. Le Grandais. - Je réponds maintenant à M. Poirier de Narçay en lui disant que je signe bien volontiers sa proposition relative au monument de Michel Servet.

Je hais toutes les religions, quelles qu'elles soient. Je hais aussi bien le pape Luther ou le pape Calvin que le pape Sarto ou le pape Zadoc-Kahn, ce qui ne m'empêche pas de permettre aux croyants d'adorer celui qu'ils nomment Dieu à condition qu'il me soit permis de n'y pas croire ».

Le principe du monument à Servet sera accepté en 1905 et un emplacement décidé en 1907, occasion pour Poirier de Narçay de justifier à nouveau sa proposition, laquelle précise-t-il, n'est pas un acte d'hostilité contre les protestants. *« On nous parlait sans cesse de l'inquisition catholique. Nous avons estimé utile de rappeler qu'il y eut une inquisition protestante dirigée par Calvin »*.

Le même thème est repris lors de l'inauguration du monument. Henri Rochefort, président du comité, attaque d'entrée : Michel Servet *« représente, plus que qui que ce soit, la liberté de conscience »*. Poirier de Narçay redit les mêmes arguments, à savoir que toutes les confessions étaient blâmables à l'époque : *« dans ces âges de querelles confessionnelles et de syllogismes, toutes les religions se valaient au point de vue de l'intolérance et de la cruauté »*. Autrement dit, il faut une même justice distributive contre les sectarismes. Mais les calvinistes ne sont pas plus responsables du bûcher de Servet que les catholiques le sont des fagots de l'Inquisition. Le conseiller souhaiterait pour cette raison que l'on jetât un voile pudique sur ces évènements, afin d'éviter que revivent ces tristes périodes de l'histoire qui risquent d'entretenir des pensées d'intolérance.

Dire que le monument à Michel Servet fait plaisir à la gauche serait sans doute exagéré. Peut-être parce que les protestants ont joué un rôle de premier plan dans l'établissement de la République laïque et que certains d'entre eux fréquentent ou ont fréquenté les allées du pouvoir : Freycinet et Jules Steeg, présidents du Conseil ; Le Royer, président du Sénat ; Buisson et Pécaut dans l'entourage de Jules Ferry. On constate que le jour de l'inauguration, le radical Adolphe Chérioux, président du conseil municipal, n'est pas là, que le préfet de la Seine, de Selves, s'est fait représenter par un attaché de cabinet, que Théodore Steeg, député de la Seine, s'est fait excuser. Par ailleurs, le gouvernement refusera que soit inscrite sur le socle la mention que Servet a été brûlé sur ordre de Calvin.

Patriotisme, progrès, bienfaisance, enseignement, laïcité sont donc les grand sujets du moment pour la période 1870-1914. A tel point que l'on n'hésite pas à attribuer à nos Grands Hommes des idées qu'ils n'avaient peut-être pas ou, en tout cas, qu'ils n'avaient pas exprimées avec la force que l'on rencontre dans les discours officiels.

Ainsi, s'il allait presque de soi que des peintres du XIXe siècle, auteurs de scènes militaires, soient honorés pour avoir fixé la grandeur de la France, on s'étonne qu'une œuvre de Watteau, artiste du 18^e^siècle, représentant un départ de troupes, soit utilisée par Alfred Rambaud, ministre de l'Instruction publique et des Beaux-arts en 1896, qui veut y voir des *« maigres paysans de France courant allègrement à la frontière menacée ».* La remarque vaudrait pour Alexandre Dumas, « récupéré » lui aussi, et comme quelques autres, pour les besoins de la cause, celle d'Alsace-Lorraine.

Mais il est temps de se pencher sur ceux glorifiés pour leurs « activités propres », celles d'écrivains et d'artistes.

Les Lettres et les Arts

Du côté des **Lettres**, on placera à part la statue de **Guillaume Budé**, humaniste et philologue. Achetée par l'Etat, elle est placée dans la cour du Collège de France dont il est le fondateur. On citera pour mémoire ceux dont on a déjà parlé et qui ont été honorés pour des raisons plus politiques que littéraires : **Voltaire**, **Diderot**, **Rousseau**, liés à la Révolution française, le quarante-huitard **Lamartine,** le chansonnier patriote **Béranger**.

Plusieurs héros n'appartiennent pas au XIXe siècle.

Deux relèvent du XVe siècle. **Villon** dont la maquette est achetée en 1881 par la Ville de Paris qui en fera exécuter un bronze. **Alain Chartier** également acheté par la Ville en 1894. Ces deux monuments ne donnent pas lieu à des inaugurations officielles et il est donc difficile de connaître les raisons qui ont amené ces choix. S'agissant de Villon, outre la « dimension » de l'écrivain, on peut supposer que le sculpteur Etcheto n'ayant pas été retenu pour exécuter la statue du poète destinée à décorer la façade de l'Hôtel de Ville, une compensation lui avait été offerte par la municipalité. Pour Alain Chartier, autre supposition : son œuvre, le *Quadrilogue invectif*, met en scène quatre personnages allégoriques : la France qui adjure ses enfants – le Chevalier, le Peuple, le Clergé – de s'unir pour la sauver. Ce message patriote ne pouvait être que bien reçu.

Le XVIIe siècle est représenté par **La Fontaine** et **Corneille.** La « qualité » de ces personnages interdit que l'on s'étende longuement sur les raisons qui ont amené ces choix. On notera que le secrétaire du conseil municipal juge que Corneille a voulu former les caractères pour mieux tremper les hommes. Cet hymne à la volonté correspondait à l'air du temps, celui d'une France meurtrie qui devait revivifier les énergies, les yeux tournés vers l'est. La Fontaine est décrit comme l'un des pères de la langue française et on prend garde de laisser de côté le pessimisme du fabuliste, pessimisme qui ne correspond guère à la philosophie des élus. On mettra provisoirement à part Charles Perrault que l'on retrouvera plus loin.

Bernardin de Saint-Pierre, appartient au XVIIIe siècle. Il relève d'ailleurs à la fois de la littérature et de la science, mais davantage de la première que de la seconde, comme le prouve l'important piédestal de son monument orné des deux personnages, Paul et Virginie. L'éditorialiste de la revue *La Nature* écrit d'ailleurs en 1907 que son rôle dans les sciences naturelles a été inexistant et il ne lui rend justice que comme fondateur de l'océanographie[72]. En tant qu'écrivain, sa peinture d'une nature inconnue a pu contribuer à répandre le goût de l'exotisme dans notre littérature, mais surtout il annonce les romantiques, Chateaubriand en particulier. **Sedaine**, est acheté directement par la Ville de Paris et placé square d'Anvers, près de Diderot dont il est le disciple[73].

Le XIXe siècle : la poésie

Si le romantisme a pu être à l'honneur à travers quelques grandes figures comme Hugo et Musset (Lamartine a surtout été remercié pour son engagement politique), les choses n'allaient pas de soi. Les élans du cœur, l'évocation des amours et des deuils, les confidences sur sa sensibilité personnelle, intime, n'avaient peut-être pas la préférence de républicains attachés à la science, au progrès, à l'optimisme. Les écrivains romantiques ne sont donc pas les plus nombreux.

Pour **Victor Hugo**, inauguré en 1902 par une droite municipale revenue par surprise au pouvoir en 1900, on passe sous silence ses engagements politiques. Lors des débats au conseil municipal, la gauche avait mis l'accent sur l'opposant au Coup d'Etat du 2 décembre 1851. Cet aspect a disparu pour laisser place au poète romantique. Un autre monument, installé en 1909 dans les jardins du Palais-Royal, n'y restera qu'un temps. D'abord destiné au Panthéon, il fut ensuite placé au musée Rodin. Le héros, représenté en Dieu nu de l'Olympe, ne faisait d'ailleurs pas particulièrement référence au romantisme.

Bienvenu-Martin, ministre de l'Instruction publique, peut parler de la sensibilité délicate et profonde de **Musset**, il met néanmoins en garde la jeunesse, laquelle ne devra pas suivre le poète dans ses désespoirs, au risque

[72] Bernardin de Saint-Pierre aurait fait lancer en pleine mer des bouteilles. L'une d'elles, projetée au niveau des Açores, serait arrivée sur les côtes de France signalant un courant marin.
[73] Notamment par sa comédie *Le philosophe sans le savoir*.

de sombrer dans le découragement : *« elle saura écarter les images qui ont caché à Musset le véritable idéal de la vie ».*

La poésie parnassienne, en revanche, est solidement implantée. **Théodore de Banville**, opposé aux excès du lyrisme romantique, **Leconte de Lisle**, partisan d'une union étroite entre l'art et la science, auxquels il faut ajouter **Armand Silvestre**, aujourd'hui complètement oublié. Ce polytechnicien, fonctionnaire du ministère des Finances, a mis en vers des scènes de la nature ou de l'histoire orientale, mais a aussi écrit des contes rabelaisiens pour lesquels Chautard, président du conseil municipal, déclare un goût modéré : *« j'accorde que lui-même a souvent passé la mesure ».* On reproche, en effet, au poète des histoires graveleuses dont quelques titres donnent la teneur : *Contes grassouillets*, *Contes audacieux*, *Contes salés*, *Le célèbre Cadet-Bitard.* Le même Chautard trouve une porte de sortie pour justifier l'érection du monument : *« Aussi bien, n'est-ce pas plus à la mémoire du conteur qu'à celle du chef de bureau du ministère des Finances, que ce beau monument est élevé ».* Propos surprenants, curieux hommage, d'autant que le monument, un buste sur colonne avec des allégories, est important. Autre sujet d'étonnement : c'est l'Académie française qui est à l'origine de la sculpture.

La présence des poètes parnassiens correspondrait-elle mieux à la sensibilité des élus, du moins ceux de la gauche, peu enclins à cultiver comme les romantiques les mélodies de la passion, à se satisfaire de l'honneur sombre confinant à la mélancolie, attitudes condamnables quand on sait les tâches qui attendent la jeunesse ? Explication séduisante, mais on notera, par exemple, que Leconte de Lisle n'a pas échappé au pessimisme, même s'il n'a pas voulu donner son cœur en pâture à la foule. Hasardons l'hypothèse selon laquelle les parnassiens auraient eu plus facilement droit de cité parce qu'ils avaient subi plus ou moins l'influence du positivisme et que leur poésie participait, par l'observation et l'érudition, de l'esprit scientifique contemporain.

Verlaine, est le seul poète symboliste statufié. Ce ne fut pas sans réserve à l'assemblée municipale. Le conseiller Mithouard a demandé que la Ville de Paris souscrive à l'érection du monument. Il rappelle que Verlaine fut un employé de la préfecture de la Seine, mais motive surtout sa demande autrement : *« C'est la délicatesse de son génie tout moderne qui le recommande à vous ».* Le socialiste Chausse ne partage pas l'enthousiasme de son collègue : *« Verlaine ne s'impose pas tellement à l'admiration de ses contemporains ».* Sa liaison avec Rimbaud, son emprisonnement à la suite de coups de revolver tirés sur son ami, ne plaident pas en sa faveur, non plus qu'un poème intitulé *Buste pour mairies*, écrit en 1881, dans lequel il malmène la République :

« Marianne est très vieille et court sur ses cent ans
Et comme dans sa fleur ce fut une gaillarde,

Buvant, aimant, moulue aux nuits de corps de garde,
La voici radoteuse, au poil rare, et sans dents ».

Le conseil municipal participera néanmoins au financement du buste.

Deux poètes sont à ranger à part. **François Coppée**, parnassien au début mais qui s'est ensuite consacré à la vie quotidienne du petit peuple de Paris. **Gabriel Vicaire**, écrivain du terroir bressan, qui a gentiment raillé les « décadents[74] ».

Le XIXe siècle : le roman.

A partir du milieu des années 1840, la réaction contre le romantisme s'accentue. C'est le temps du réalisme qui met en faveur le roman social sous forme d'une étude de mœurs. Sous l'influence de la philosophie positiviste d'Auguste Comte, on observe les hommes avec l'attention d'un naturaliste examinant un animal ou une plante. Il existerait ainsi des espèces sociales comme il y a des espèces zoologiques.

Escudier, président du conseil municipal, devant la statue de **Balzac**, parle d' *« un écrivain tombé d'un autre monde »* tant son œuvre *« revêt un caractère de nouveauté extraordinaire »*. Il met l'accent sur le *« réalisme particulier et concret, historique et documentaire »* de l'auteur de *La Comédie humaine*. Et s'il y a chez lui quelques outrances d'expression, des exagérations de caractère et de situation, c'est que Balzac fut de son temps car, à son époque, certains littérateurs et artistes *« demandaient à l'opinion et au haschich l'extase des paradis artificiels »*. Manière de dire que Balzac ne fut pas seulement un observateur mais que son œuvre fait aussi appel à l'imagination ?

Nous aurons l'occasion de revenir sur les tribulations du monument à **Zola**, chef de file de l'école naturaliste, qui poussa à l'extrême les principes du réalisme.

On ne présente pas **Alexandre Dumas**. L'inauguration de sa statue en 1883 a donné lieu, on l'a vu, à des considérations patriotiques sans rapport direct avec la littérature, par un de ces détournements dont les élus ont le secret. Il est honoré pour ses talents d'écrivain. Jules Claretie[75] le décrit : *« prodigue comme Monte-Cristo, spirituel comme Aramis, fort comme Porthos et séduisant comme d'Artagnan »*. On a envie d'ajouter : et Athos ? Edmond About[76] se permet toutefois un rapide sous-entendu sur *« les écarts de sa vie »*, allusion sans doute à la prodigalité de l'écrivain qui s'était exilé pendant plusieurs années à Bruxelles pour échapper à ses créanciers.

---

[74] Dont Jules Laforgue est le principal représentant.

[75] Au titre de la Société des auteurs et compositeurs dramatiques.

[76] Président de la Société des Gens de Lettres.

La statue de **Maupassant** est inaugurée par Henri Roujon, directeur des Beaux-arts. L'écrivain avait vingt ans en 1870 et il entre donc en scène au lendemain de « l'Année Terrible » qui vit certains hommes jeunes chercher comme une sorte de vengeance dans le pessimisme et le renoncement, dit Roujon. Plutôt que de parler de la vision que Maupassant a du monde, Roujon préfère voir chez l'écrivain une philosophie faite d'indulgence dédaigneuse. Le pessimisme, on l'a dit, négation de toute espérance pour les hommes, n'est pas de mise.

Alphonse Daudet, peint l'humanité dans son quotidien. Son œuvre repose aussi sur l'observation, mais sans verser dans ce pessimisme. Escudier peut alors souligner que les romans de Daudet n'abritent ni sermon, ni sermonneur et que son œuvre respire la santé morale : *« Personne n'a peint sous des couleurs plus aimables les joies du foyer ; personne n'a dit avec plus de force persuasive l'action purifiante du travail »* . Nous sommes bien dans la philosophie du moment, même si les propos sont tenus ici par un élu de droite (l'inauguration de la statue a lieu en 1902).

Si **George Sand** a débuté en plein romantisme, célébrant l'amour qu'elle place au-dessus des conventions sociales et des préjugés mondains, elle s'est tournée ensuite vers les théories humanitaires du socialisme- c'est cet aspect qui est évidemment privilégié par les politiques- avant d'aborder des romans champêtres où elle manifeste sa sympathie pour les paysans. **Ferdinand Fabre** se rattache à elle comme romancier régionaliste. Jules Claretie pense qu'il a été pour les Cévennes ce que George Sand fut pour le Berri.

Avec **Sainte-Beuve** c'est un critique littéraire qui est statufié. S'il a été tenté d'étudier les œuvres pour les classer en familles d'esprits et s'éloigner ainsi du romantisme pour se rapprocher des naturalistes, il refuse néanmoins de faire plier les choses devant les théories.

Le XIXe siècle : le théâtre.

Il offre une belle unité dans les hommages rendus.

Emile Augier a peint les travers de la noblesse vaniteuse et les sottises de la bourgeoisie enrichie. Combes, ministre de l'Instruction publique et des Beaux-arts, qui préside la cérémonie d'inauguration, voit en lui un défenseur de la vertu. Il met en avant le rôle social du théâtre et peut s'écrier que ce jour est une *« fête de la jeunesse studieuse »*. **Alexandre Dumas fils** en mettant en évidence les vices de notre société, a fait œuvre utile, déclare le préfet de la Seine de Selves. **Edouard Pailleron**, lui aussi auteur de comédies de mœurs qui mettent en scène la bourgeoisie de l'époque pour dépeindre la vanité d'une société conformiste. Même tonalité avec **Henry Becque** pour celui que l'on a appelé le père de la « comédie rosse ». **Henri Murger** s'est attaché à décrire un milieu particulier, celui d'une jeunesse insouciante qui prend les choses comme elles viennent.

Si Murger est un peu à part, car l'imprévoyance de la jeunesse ne constitue pas pour nos républicains une vertu à donner en exemple, les quatre autres écrivains ont un point commun, celui de brosser un tableau de mœurs, mais aussi de donner des leçons de morale. C'est ce fameux « théâtre utile » dont Dumas fils annonce l'arrivée[77]. Une particularité chez Becque : l'absence de personnage sympathique et une vérité brutale qui ignore tout dénouement heureux.

Le XIXe siècle : la littérature enfantine.

On a dit ailleurs l'attention portée à l'enfance. Elle se manifeste aussi avec trois hommages rendus à des auteurs d'une littérature destinée aux enfants.

Charles Perrault et la **comtesse de Ségur**, sont installés en 1910. Le premier a inauguré le genre des contes de fées, la seconde a composé des histoires qui ont fait les délices des plus jeunes où les bons ont toujours raison des méchants, où la bonté est à la portée de tous. **Ratisbonne** appartient au même genre avec ses fables morales de *La Comédie enfantine*. Il est de surcroît d'opinion socialiste, ce qui ne gâte rien.

Du côté des Arts, les peintres sont les plus nombreux, mais…

Mais, car on l'a vu, plusieurs d'entre eux sont honorés non pour leur talent pictural proprement dit, mais parce qu'ils ont valorisé les armées du Premier Empire : **de Neuville**, **Raffet**, **Meissonier**, **Charlet**. Le conseiller Bompard avait déjà prévenu devant la statue d'Alphonse de Neuville que l'œuvre du peintre ne s'adressait pas uniquement *« aux délicats, aux raffinés »*.

Mais, encore, puisque quatre autres peintres doivent leur statue à un seul homme, Dujardin-Beaumetz, qui occupa le poste de sous-secrétaire d'Etat aux Beaux-arts de janvier 1905 à janvier 1912. Ce fils de préfet, ancien peintre de scènes militaires, a voulu jouer le rôle de protecteur de l'art officiel[78]. Son idée : décorer les deux squares de la cour Napoléon du musée du Louvre, l'un avec des statues d'artistes, l'autre avec celles d'écrivains, de musiciens, de scientifiques. Une condition : tous ces héros devaient être français. Seules les statues d'artistes seront réalisées avec, pour la peinture, **Watteau**, **Corot** et **Poussin**. L'idée n'était pas nouvelle puisqu'en 1893, Jules Comte, directeur des Bâtiments civils et des Palais Nationaux annonçait, en inaugurant le monument à Raffet, que *« l'heure ne tardera pas*

[77] Dans la préface du *Fils naturel* de Diderot.

[78] On a aussi retenu de lui qu'en matière de peinture il s'est obstinément refusé à commander la moindre œuvre de Cézanne.

où les jardins qui entourent le palais du Louvre deviendront une sorte de Panthéon de tous les maîtres de l'art dont les œuvres sont la richesse de notre grand musée » .

Par ailleurs, l'Etat avait commandé un **Boucher** en 1888, tandis que deux comités obtenaient l'installation, au jardin du Luxembourg, de monuments à **Delacroix** et à **Watteau,** celui-ci bénéficiant ainsi de deux effigies. S'agissant de Delacroix, le conseil municipal participait volontiers à la souscription ouverte pour son monument, après les conclusions de l'élu Pichon qui déclarait qu'il ne peut y avoir de discussion sur le principe de l'érection de la statue d'un artiste aussi illustre qu'incontesté. Outre le talent du peintre, le tableau *La Liberté guidant le peuple* convenait évidemment à nos républicains. Léon Bourgeois, ministre de l'Instruction publique, inaugura le monument en rappelant les attaques subies par l'artiste[79] alors que celui-ci domine l'histoire de la peinture française du siècle. S'agissant de Watteau, quelques années plus tard, Rambaud, qui occupe le même fauteuil ministériel, regrette que l'on ait si longtemps méconnu son génie.

Les milliers de dessins parus dans les journaux et croquant étudiants, acteurs, écrivains, gens du peuple, font obtenir à **Gavarni** un buste enrichi de ses personnages. **André Gill**, caricaturiste de portraits de célébrités, s'est lancé dans une politique d'opposition au gouvernement sous le Second Empire, ce qui valut au journal *La Lune* qui accueillait ses dessins, d'être supprimé. Cet épisode n'est peut-être pas étranger à l'installation d'un buste du dessinateur. On citera, pour mémoire, le médaillon de **Rosa Bonheur** sur la fontaine du puits artésien de Grenelle, hommage très indirect à ce peintre de scènes animalières et rustiques, car lié au nom d'une rue voisine, comme il a été dit pour les autres médaillons placés sur la fontaine.

Trois sculpteurs relèvent, comme certains peintres, du choix de Dujardin-Beaumetz pour décorer les abords du Louvre : **Houdon**, **Michel Colombe** et **Puget**. Avec **Barye**, est mis en avant le sens du mouvement de l'artiste et le préfet Poubelle conclut que l'érection d'une telle statue satisfait *« le bon sens »* et *« le bon goût »*. Henri Roujon, secrétaire perpétuel de l'Académie des Beaux-arts insiste sur les qualités morales de **Gérôme**, dont la vie fut peut-être facile mais qui eut été capable de grands sacrifices pour son idéal.

Trois architectes sont honorés. **Charles Garnier** (1898), constructeur de l'Opéra de Paris. Les deux autres viennent enrichir en 1908 le musée en plein air autour du Louvre. **Mansart** (Versailles, Marly, places des Victoires et Vendôme à Paris,...) et **Pierre de Montreuil**, bâtisseur de l'abbaye de Saint-Germain-des-Prés et maître d'œuvre à Notre-Dame. **Le Nôtre**, jardinier du roi, est placé aux Tuileries, dans le jardin qu'il a dessiné.

---

[79] Pour son *Dante et Virgile aux Enfers* notamment, exposé en 1822.

Cas à part, **Bernard Palissy**, artiste mais aussi chimiste qui découvrit le secret de la composition des émaux.

Contrairement aux autres artistes, les musiciens appartiennent tous au XIXe siècle. **Berlioz**, considéré par le représentant du ministre de l'Instruction publique à l'inauguration de son monument comme l'un des plus illustres compositeurs de tous les temps et dont la statue s'imposait d'autant plus, ajoute-t-il, que Beethoven à Bonn, Mozart à Salzbourg, Weber à Dresde ont chacun la leur. **Ambroise Thomas** doit son effigie à un comité présidé par les directeurs de l'Opéra qui, en 1896, organisent une soirée de gala pour réunir les fonds nécessaires à la réalisation de la statue. Les installations de **Gounod** et de **Benjamin Godard** se déroulent dans la discrétion. Avec **César Franck**, le préfet de Selves gratifie le public d'un couplet lyrique : *« Des montagnes souffle parfois sur la vallée un air qui vivifie l'atmosphère et réconforte ceux qui le respirent. Nous qui sommes dans la vallée, nous avons besoin que de temps en temps l'art vienne par ses manifestations les plus pures agir sur nos esprits et les élever vers des horizons plus bleus et plus ensoleillés ».*

On n'oubliera pas la figure du comédien **Frédérick Lemaître** dont le nom se trouve intimement lié *« aux grandes luttes littéraires de la féconde période romantique »*, rappelle le conseiller Thuillier.

Une place à part pour **Larroumet**, qui fut directeur des Beaux-arts avant de devenir professeur à la Sorbonne, puis secrétaire perpétuel de l'Académie des Beaux-arts. Son buste, un peu à l'écart sous la colonnade du Théâtre-Français, n'a attiré que quelques dizaines de fidèles le jour de l'inauguration.

Deux familles constituent le parent pauvre de la statuaire aux héros : les femmes surtout, à un degré moindre les étrangers.

Les femmes.

Si l'on admet de laisser à part Jeanne d'Arc, héroïne asexuée, et Rosa Bonheur dont on vient de parler, cinq femmes ont leur statue : **Maria Deraismes, George Sand**, la **Comtesse de Ségur** et le tandem **Marguerite Boucicaut-Clara de Hirsch**. Encore que ces deux dernières doivent leur existence au legs d'un particulier. La place faite à la femme dans la société explique évidemment cette pénurie de monuments.

Les étrangers.

Avec onze noms, ils sont un peu mieux lotis. Cependant, pour sept d'entre eux l'initiative ne vient pas de la France sous quelle que forme que ce soit (autorités politiques ou autres) mais de l'étranger, par l'intervention des gouvernements, de comités ad hoc ou de dons de particuliers.

William Knighton offre au conseil municipal une statue de **Shakespeare**. Ancien magistrat en Australie, le donateur est vice-président d'une association qui a pour but de défendre dans tous les pays d'Europe les droits imprescriptibles de la liberté d'écrire. Le radical Emile Richard qui présente l'offre à l'assemblée municipale, prend les devants pour faire taire d'éventuelles objections de collègues sourcilleux sur le nationalisme : *« On ne saurait évidemment opposer à notre acceptation la nationalité de Shakespeare. Pour de tels génies, il n'est pas de patrie »* . Darlot, président du conseil municipal, intervient le jour de l'inauguration du monument, d'abord pour faire un rapprochement entre Shakespeare et Victor Hugo qui ont la même patrie : le Monde ; puis pour rappeler que la Révolution française a accordé le titre de citoyen français à des hommes qui, par leurs services rendus à la cause de l'émancipation des peuples ont bien mérité de la patrie. C'est une manière, pour une nation, de s'élever *« au-dessus des mesquines questions de frontières »* . On peut évidemment s'interroger : ces mesquineries ne seraient-elles pas en rapport avec la frontière franco-allemande ?

Quelques années plus tard, Joseph Pulitzer, directeur du *New York World*, offre une statue de **Washington.** Il est représenté serrant les mains de La Fayette qu'il accueille. Bompard, vice-président du conseil municipal inaugurant la statue, fait un parallèle entre la guerre d'Indépendance américaine et la situation de la France, où la monarchie ne prit pas à ce moment la mesure de l'évènement : *« le régime traditionnel qui gouvernait encore la France ne comprit pas immédiatement quel devait être son rôle dans ce conflit grandiose ».* Et de regretter que notre pays n'ait pas eu un Washington à sa tête car, hélas, quelques années plus tard, *« Le Premier Consul prit César pour modèle! ».* Le compte est réglé avec le pouvoir personnel, qu'il soit monarchique ou consulaire.

Deux banquiers américains, Harjes et Morgan, offrent une statue de **Benjamin Franklin**, occasion pour le président du conseil municipal Chautard, de juger que le héros fut *« le plus parisien des étrangers de ce temps ».* On note le besoin de justifier la présence d'une statue à un non-Français. Le représentant du préfet de la Seine peut affirmer que le monument atteste de la sympathie réciproque de la France et des Etats-Unis.

Washington encore, mais cette fois il est seul. C'est une association de femmes américaines, sous le patronage de l'ambassade des Etats-Unis, qui est à l'origine du monument[80]. L'affaire semblant traîner quelque peu, l'ambassadeur Horace Porter fait savoir aux services de la Ville de Paris que l'une des dames, membre de l'association, est venue sur place à Paris pour voir où en est l'avancement des travaux. Et pour donner un peu plus de poids à son intervention, il juge bon de préciser que cette personne est l'épouse du sénateur Jones et qu'elle appartient au meilleur monde. Devant le monument, Delcassé, ministre des Affaires étrangères, évoque une mutinerie de soldats américains qui se plaignaient d'être négligés par le Congrès. Washington rétablit la discipline car *« il refuse d'admettre qu'il y ait mésintelligence durable entre le pouvoir civil en charge de l'administration des affaires et l'armée à laquelle est remise la garde de sa frontière »*. Nous sommes alors en 1900, mais l'épisode boulangiste n'est pas si loin, et un rappel ne peut pas faire de mal.

D'autres comités étrangers interviennent. La société Dante Alighieri, présidée par le duc de Lodi, pour **Carlo Goldoni**. La proposition est défendue au conseil municipal par le conseiller Jolibois, de façon un peu curieuse d'ailleurs, puisque l'élu commence par présenter Goldoni comme n'étant pas un grand génie international au même titre que Shakespeare, Dante ou Hugo. Cependant, le fait qu'il habitait un modeste logis plaide en sa faveur, mais surtout il a partagé avec les Français les jours glorieux de la Révolution.

Un comité de chirurgiens-dentistes de New-York et de Paris a fait ériger un buste à **Horace Wells** (Paul Bert lui tient compagnie).

Enfin, la *« Société de la rue Edouard VII »* fait installer, en 1910, une statue équestre de ce monarque sur la voie privée qui porte ce nom. Le conseil municipal n'a donc pas à intervenir et se fait simplement représenter à l'inauguration par un élu de l'arrondissement.

Côté français, un comité présidé par un ancien adjoint au maire de Dijon, s'est constitué pour une statue à **Garibaldi**. On sait que celui-ci se mit au service du gouvernement de la Défense nationale en 1870 et qu'il combattit les Prussiens à la bataille de Dijon[81]. L'idée n'était pas nouvelle puisque des directeurs de journaux républicains réunis à Paris, avaient lancé une souscription à laquelle le conseil municipal s'était associé en 1890. Peut-être

---

[80] Dans un rapport à Bonaparte, Premier Consul, Talleyrand mettait en avant le courage que Washington avait eu « de s'élever à la hauteur des vertus républicaines » et proposait un projet d'arrêté pour lui dresser une statue.
[81] Le président du comité est également président d'un comité de défense de 1870.

voyait-on à travers cet hommage un moyen de rapprochement avec l'Italie pour tenter d'arracher celle-ci à l'alliance allemande. C'est surtout le héros de 1870 qui est honoré car sa présence aux côtés des armées françaises est perçue comme la protestation du droit contre la force.

Chopin reçoit deux monuments (1900 et 1906), mais il les doit à la mésentente survenue entre ses admirateurs. En 1895, un comité présidé par Massenet a ouvert une souscription pour une statue confiée au sculpteur Froment-Meurice. Malheureusement, le projet proposé n'est pas à la hauteur des espérances du comité, et Péru, son secrétaire général - il fut élève de Chopin - annonce en 1898 que la souscription n'a atteint qu'un chiffre misérable. Certains membres du comité veulent alors recourir à un projet moins onéreux, se brouillent avec Froment-Meurice et font couler un buste en bonze, œuvre du sculpteur Georges Dubois. De son côté, en 1902, le conseil municipal confirme se décision de participer financièrement au monument de Froment-Meurice, qui sera installé parc Monceau, celui de Dubois héritant du Luxembourg. Comme quoi une bonne querelle peut conduire à un double hommage.

Les autorités françaises sont intervenues par achat direct dans deux cas : **Dante** et **Vélasquez**, la Ville de Paris pour le premier, l'Etat pour le second, sans qu'il y ait eu ni pour l'un ni pour l'autre matière à discussion.

On ne peut en dire autant s'agissant de **Camoens**. Un comité composé de sommités littéraires (Léon Dierx, Anatole France, Jean Richepin) a fait élever un monument au poète portugais dans la rue qui porte son nom. Il s'agit d'une voie privée et aucune autorisation du conseil municipal n'a donc été nécessaire pour ériger le monument, inauguré en 1912. Depuis, les propriétaires riverains ont demandé le classement de la voie, mais le conseil municipal a refusé tant que la statue, qu'il juge inesthétique, demeurera en place. Le syndicat des propriétaires a donc fait enlever le buste, se fondant sur le fait qu'il avait donné son accord pour le monument à condition que celui-ci ne fasse pas obstacle au classement de la rue. En 1913, le conseil municipal vote favorablement pour le classement de la rue et décide qu'un emplacement sera réservé pour un monument à Camoens.

Les discordes entre la gauche et la droite que l'on vient de vivre sont dans l'ordre naturel des choses. Ce qui l'est peut-être moins, c'est que des conflits existent aussi au sein même de la gauche. Ils se présentent sous deux aspects : une mésentente à l'intérieur du conseil municipal ; une dissension entre le conseil municipal et le gouvernement en place.

Les divergences à l'intérieur de la gauche municipale

Elles étaient apparues dès 1879 à propos de la statue de **Charlemagne**. Le radical Hovelacque s'était déclaré plus que réservé, car le héros représente *« le pouvoir absolu »*. Il était appuyé par son collègue Engelhard pour qui le conseil n'avait pas à *« glorifier les dompteurs de peuples »*.

Avec la statue d'**Arago**, les socialistes font entendre leurs voix. Nous sommes en 1886. Pour le conseiller Joffrin, lui élever une statue *« c'est la glorification d'un personnage politique qui a été un des hommes les plus réactionnaires de 1848 »*. C'est *« l'homme qui a assassiné derrière les barricades ceux qui avaient marché avec lui en 1832 »*. C'est le *« massacreur du Panthéon », « le tueur de juin »*. Joffrin fait allusion à la journée du 23 juin 1848 où Arago avait refusé de discuter avec des hommes sur les barricades, ce qui lui avait valu l'apostrophe d'un ouvrier anonyme : « Ah ! Monsieur Arago, vous n'avez jamais eu faim ! ». Les radicaux campent sur leur position : l'assemblée a voté déjà une subvention pour Ledru-Rollin qui fut, comme Arago, membre du gouvernement provisoire de 1848. Réponses, du socialiste Vaillant : *« Nous n'avons pas voté pour Ledru-Rollin »*, et de son collègue Joffrin : *« Il faut le canoniser Saint Arago ! »* . Humbert, autre socialiste, rappelle que le nom d'Arago a figuré sur une liste de candidats du comité électoral de la rue de Poitiers, dressée par les monarchistes. On lui répond que tous les comités ont agi de même en proposant des listes ouvertes. Humbert s'emporte : *« Allons donc ! Est-ce que les Barbès, les Blanqui, les Raspail ont figuré sur ces listes là ? »*. Et éclate : *« Dans toutes les discussions qui ont précédé les terribles journées de juin, de tous les conservateurs enragés qui siégeaient au gouvernement, le plus violent, le plus haineux, le plus furieux, ça a été lui »* . Le radical Strauss croit utile d'ajouter un argument pour Arago : on a honoré Victor Hugo *« dont la vie politique n'a pas été constamment exempte de reproche »*. Humbert rétorque que ce n'est pas la même chose : *« Il n'y a aucune goutte de sang républicain sur les mains de Victor Hugo »*.

Devrait-on voir une contradiction dans les décisions du conseil municipal ? Rappelons que pour remplacer le Gouvernement provisoire issu du 24 février 1848, une commission exécutive de cinq membres a été créée, à laquelle appartient Arago. Au cours de la manifestation populaire du 15 mai, l'Assemblée est envahie. Raspail prend la parole à la tribune. La commission exécutive appelle la Garde nationale qui rétablit l'ordre. Raspail est arrêté, condamné à la prison, puis exilé. Si l'on force un peu la note : Raspail victime d'Arago. Mais les deux ont été statufiés.

L'extrême-gauche s'abstient quand il s'agit de voter une subvention pour le monument de **Waldeck- Rousseau**. Les socialistes, s'exprimant par la voix du conseiller Colly, n'oublient pas *« la guerre acharnée que Waldeck-*

Rousseau a faite au parti ouvrier » , et s'ils ne votent pas contre la proposition de subvention, c'est pour ne pas mêler leurs bulletins de vote à ceux de la droite.

Des querelles surgissent autour de la Révolution française.

Pour **Rousseau**, le radical Guyot demande en 1883 que l'on diffère la décision sur l'emplacement à accorder au monument, en se fondant sur le fait qu'au sein même du comité d'érection des voix se seraient fait entendre pour estimer fâcheux de voir face à face, sur une même place, Voltaire et Rousseau (il avait été, en effet, envisagé que les deux philosophes soient installés place du Panthéon). Le radical Levraud ne l'entend pas ainsi. Pour lui, l'érection d'une statue à Rousseau n'est pas en rapport avec le sentiment de la population parisienne, que ce serait un acte *« opposé à l'esprit de Paris »* de statufier celui qu'il qualifie *« d'apôtre de l'intolérance ».* Pour lui, Rousseau a fait du mal à la Révolution car *« ses doctrines ont été appliquées au point de vue politique par Robespierre et ce sont elles qui ont décapité la Révolution ».* Il demande, en conséquence, que la subvention proposée pour le monument au philosophe soit affectée à secourir les enfants abandonnés.

Lors de l'inauguration du monument à **Danton**, Levraud reprend les arguments qu'il a déjà avancés. Il distingue deux courants qui se partageaient les esprits au moment de la Révolution. Les uns, disciples de Voltaire et des encyclopédistes *« avaient l'esprit libre, dégagé des conceptions théologiques et métaphysiques, ils étaient humains et tolérants ».* Les seconds, *« imprégnés des sophismes du Contrat social étaient des théoriciens purs, idéalistes et intolérants* ». Et Pierre Laffitte, président de la Société positiviste de Paris, voit en Danton celui qui a pris la mesure de la situation par sa conception de l'appareil gouvernemental de la France, grâce à *« l'élimination des Girondins, ces prétentieux déclamateurs »* . Malheureusement, dit Laffitte, le triumvirat Robespierre, Saint-Just, Couthon détourna le Comité de Salut public pour son propre compte, *« au profit d'une ambition aussi âpre que vague et rétrograde »* . Danton voulut s'opposer, *« il fut brisé ».* Et Laffitte termine sur Robespierre qui *« en vint à la mascarade sanguinaire du culte de l'Etre Suprême où la théologie s'imposait par la guillotine au lieu du bûcher ».* En définitive, pour une partie des républicains, Danton est le promoteur d'une république laïque et éclairée. C'est l'antithèse de Robespierre, fils spirituel de Rousseau. C'est l'athée victime du déiste. *Le Contrat social* aurait donc engendré la Terreur puisqu'il est dit que pour fonder l'autorité véritable chacun doit abdiquer ses droits naturels au profit de la communauté. La conséquence directe de l'*Emile* serait l'institution du Culte de l'Etre Suprême, car le vicaire savoyard conseille au jeune Rousseau : *« Reprenez la religion de vos pères, suivez-là dans la sincérité de votre cœur et ne la quittez plus »*.

Les frictions avec le Gouvernement

La loi du 14 avril 1871 régit le statut de Paris. Si elle prévoit l'élection du conseil municipal au suffrage universel, en revanche elle ne modifie pas le statut de la capitale. L'Etat continue à exercer sa tutelle directe par l'intermédiaire du préfet de la Seine et du préfet de Police. La loi du 5 avril 1884, qui étend les libertés municipales à toutes les communes, exclut Paris de ses dispositions.

Cette situation est vivement combattue par la majorité du conseil municipal où, dès 1878, est constitué un groupe de l'autonomie communale.

Ainsi, le conseil bataille-t-il pour ne pas avoir à loger le préfet de la Seine à l'Hôtel de Ville. Peine perdue. Le préfet Poubelle s'y installe en 1890. De même le Gouvernement restera-t-il intraitable et annulera-t-il par décret toutes les délibérations contraires à la loi de 1871.

S'agissant de la statue de **Baudin**, dont on a longuement parlé, les socialistes sont mécontents. Pour le conseiller Labusquière, le report de l'inauguration prévue le 8 décembre 1901 n'a pas d'autre raison que la crainte du gouvernement à venir sur une place située aux confins des 11e et 12e arrondissements, lesquels ont donné la mesure de leurs convictions républicaines en n'élisant que des républicains socialistes[82]. Or, lorsqu'on se dit gouvernement de défense républicaine, on ne doit pas hésiter à venir au milieu des républicains. En outre, poursuit Labusquière, quand le préfet de la Seine déclare que Baudin est mort pour le droit, il faudrait plutôt dire qu'il a été tué *« pour le droit républicain »*. En fait, conclut-il, on devrait ériger un monument commémoratif pour les républicains socialistes tombés en combattant durant les journées de juin 1848. Cet épisode enferme les socialistes dans une contradiction : ils ne veulent pas répondre à l'invitation du Gouvernement de se rendre à l'inauguration de la statue, compte tenu de son attitude ; ils ne veulent pas, par ailleurs, se joindre à la délégation nationaliste du conseil dirigée par Dausset. Le groupe socialiste aurait de beaucoup préféré, au lieu de ce qu'il nomme une cérémonie *« mesquine »*, un rassemblement de l'ensemble du conseil municipal devant le monument du Triomphe de la République de Dalou, et la descente par le faubourg Saint-Antoine où Baudin s'est fait tuer. Dans ces conditions *« le parti ouvrier socialiste révolutionnaire ne peut prendre part à la cérémonie »*. On a vu que les militants socialistes se feront néanmoins entendre dans la rue.

---

[82] Ce sont, en effet, les deux seuls arrondissements qui ont échappé à la vague nationaliste des élections de 1900.

La statue d'un apolitique, l'ingénieur **Flachat**, est l'occasion pour le radical Bompard, partisan convaincu des pouvoirs nécessaires de l'assemblée municipale, d'un discours qui, pour être allusif, n'en est pas moins provocant. A propos de la société des ingénieurs civils créée par l'ingénieur, il déclare : *« Parmi tant d'œuvres remarquables, Flachat a réussi à fonder dans notre société centralisée, où tout semble de plus en plus converger vers les institutions d'Etat, une libre société, semblable à ces puissantes associations des pays anglo-saxons qui ont tout fait pour le progrès et la liberté »* . C'est la dénonciation d'une centralisation jugée abusive.

L'inauguration du monument à **Etienne Marcel** donne lieu à des discours à fleurets mouchetés, mais qui ne trompent personne. Darlot, président du conseil municipal, dit d'abord le courage de Paris qui a lutté contre l'envahisseur étranger (à l'époque les Anglais, mais la défaite de 1870 et l'occupation allemande ne sont pas loin). Il poursuit sur l'appel d'Etienne Marcel à la province pour la gagner à sa cause et définit le dauphin, futur Charles V comme fermé à toutes les demandes de réformes. Lire : les fins de non-recevoir opposées au conseil municipal par le gouvernement actuel sur le statut de Paris. Il termine sur *« la grande image de celui qui fut le vrai maire de Paris, idéal que le conseil municipal veut réaliser pour la grandeur et la prospérité de la cité, persuadé que les franchises communales assureront l'unité de la Nation et le salut de la République ».*

Dans sa réponse, Poubelle, préfet de la Seine, reconnaît volontiers que Paris a joué un rôle important dans la Grande Ordonnance de 1357[83], mais que celle-ci *« fut l'œuvre des trois ordres »*, manière de diminuer le rôle de la capitale. Il termine : *« Tout ce qu'entrevoyait à peine Etienne Marcel, nous l'avons réalisé et au-delà !* (le « nous » signifie évidemment le gouvernement). *La preuve : le premier magistrat d'un peuple libre a pu souhaiter la bienvenue aux représentants élus des principales communes de France ».* L'allusion du préfet est à peine voilée. La Ville de Paris, en effet, préoccupée de contourner chaque fois que c'est possible la loi de 1871, invite directement des personnalités françaises ou étrangères à des cérémonies. C'est une façon de marquer son indépendance. Le préfet relève cette pratique pour à la fois montrer qu'il n'est pas dupe et que la tutelle gouvernementale n'est pas si pesante.

L'épisode **Marat**, survenu l'année précédente (1887) est d'une autre ampleur. La Ville de Paris a acheté, au Salon de 1883, un plâtre de la statue de Marat par Baffier, qu'elle a fait fondre en bronze et qu'elle a installé dans

[83] Elle prévoyait notamment le contrôle des subsides par les Etats provinciaux.

le parc Montsouris. Malheureusement, un sénateur, Félix Fresneau[84], découvre la statue au cours d'une promenade. Il accuse la municipalité de glorifier les crimes de la Terreur et interpelle les autorités. On sait que toute érection d'un monument commémoratif doit faire l'objet d'un vote du conseil municipal, approuvé par le préfet, et d'un décret d'autorisation du Président de la République. Cette procédure n'a pas été suivie. Alphand, directeur des Travaux de Paris, se justifie en avançant l'erreur d'un de ses collaborateurs qui n'a vu dans la statue qu'un bronze artistique dépourvu de toute signification. On procède alors à l'enlèvement de la statue qui est remisée au dépôt d'Auteuil[85].

L'affaire revient devant le conseil municipal en 1897. La gauche demande la réinstallation de l'œuvre qu'elle juge avoir été enlevée sans motif car il s'agit d'une œuvre d'art, non d'un hommage. Le Gouvernement s'y oppose, comme il s'opposera à ce que Marat soit placé au musée Carnavalet.

En 1906, nouveau débat au Conseil.

Extrait du procès-verbal de la séance du 6 juillet 1906

Les conseillers Mithouard, Deville, Poirier de Narçay, Quentin-Bauchard siègent à droite ; les conseillers Lampué et Fribourg sont radicaux.

Adrien Mithouard propose d'installer Marat au Petit-Palais.

« M. Lampué. - Marat mérite d'entrer dans le bloc républicain, nous le prenons tout entier et je préfère qu'il soit placé aux Buttes-Chaumont où il sera au grand air. Je me méfie de son emplacement au Petit-Palais, on serait dans le cas de le raccourcir[86] *ou de l'escamoter*

M. Deville. - Etes-vous sûr qu'un sénateur n'ira pas se promener aux Buttes-Chaumont ?

M. Lampué. - La statue est en bronze, elle ne craint rien du temps, pas plus que la réputation de Marat

M. Quentin-Bauchart. - Je viens combattre le placement du monument en plein air

M. Fribourg. - Vous ne voulez pas, je suppose, le remettre au bain ?

M. Quentin-Bauchart.- Permettez, mon cher collègue, la question est sérieuse. Je la prends de plus haut

M. Friboug. - Les Buttes Chaumont conviennent alors ; elles sont assez hautes

[84] Légitimiste et catholique, il s'est prononcé en 1875 contre l'amendement Wallon et s'est opposé ensuite aux lois Jules Ferry.

[85] Elle sera remplacée par le *Drame au désert*, œuvre de Gardet.

[86] On suppose que le mot a été choisi à dessein.

Quentin-Bauchart. - Si la statue est placée dehors, je crains qu'on dise que c'est Marat et non l'œuvre qu'on a voulu honorer...

M. Fribourg. - On voit bien que ce n'est pas l'Empereur

M. Quentin-Bauchart. - ...œuvre remarquable qui a sa place dans un musée

M. Poirier de Narçay. - Pourquoi ne pas la remettre dans le parc de Montsouris ? ».

Le préfet de la Seine, de Selves, demande que l'on ne greffe pas une question politique sur une question de beaux-arts. Si la statue est considérée comme une œuvre d'art, elle a sa place au Petit-Palais où l'on est sûr qu'elle ne se dégradera pas. Si elle est en bronze, et qu'ainsi elle n'est pas susceptible de se dégrader, on peut l'installer sur une place publique ou dans un square, résume le préfet.

On mesure l'évolution des esprits, tant de la part de la droite, du moins une partie d'entre elle qui ne diabolise plus Marat, que de l'autorité de tutelle. La statue sera installée aux Buttes-Chaumont. Cependant le Gouvernement a interdit toute inauguration officielle et a fait supprimer l'inscription qui y figurait : *« Tu te laisseras toujours duper, peuple babillard et stupide. Tu ne comprendras jamais qu'il faut te méfier de ceux qui te flattent »*. Ce message ne pouvait être ressenti par le pouvoir en place que comme une attaque indirecte à son encontre, voire comme la mise en cause d'une république fondée sur le suffrage universel.

On devine que l'assemblée municipale a été souvent sollicitée par des comités qui souhaitaient recevoir une subvention pour l'érection de statues à leurs héros. Parfois, c'est le conseil lui-même qui s'est « autosaisi ».

D'où des discussions, des subventions versées, le plus souvent des accords de principe donnés, sans suite.

On en est resté ainsi au stade des intentions. Les projets n'ont pas abouti, pour des raisons inconnues la plupart du temps, excepté peut-être la motivation tiède des élus.

Les projets de statues.

Des subventions sont accordées sans débat pour l'historien **Edgar Quinet**, adversaire du cléricalisme ; le poète révolutionnaire **Eugène Pottier** ; les écrivains **Alphonse Allais, Tourgueniev, Mme de Staël** et **Sully Prudhomme** ; le socialiste **Jules Breton** ; le ministre radical **Maurice Berteaux** ; l'émailleur **Fernand Thesmar**[87] ; le général d'Empire

[87] Thesmar Fernand (1843-1912) a découvert l'application des émaux sur la porcelaine tendre.

Vandamme ; le peintre **Félix Ziem**[88]. Une subvention « déguisée » est votée pour le musicien **Littolf** : en 1897 le conseil municipal donne un avis favorable pour que la salle du théâtre de la Gaîté soit mise gracieusement à la disposition du comité afin d'y donner un concert au bénéfice de la souscription. Un bref échange droite-gauche a lieu :

- le conseiller Alpy : *« Je préfère Littolf à Marat ».*
- le conseiller Levraud : *« Il a cependant écrit une œuvre intitulée Robespierre ».*

Des accords de principe sont, par ailleurs, donnés pour **Michelet**, qui se voit accorder le square de la Sorbonne, le président **Sadi Carnot**, la tragédienne **Rachel**[89].

Des demandes renvoyées pour étude à l'administration demeurent sans suite. Ainsi, l'ingénieur **Belgrand,** directeur des services des eaux et égouts de la ville de Paris[90], malgré un vibrant plaidoyer du conseiller Lemarchand pour ce dévoué serviteur de la capitale, qui juge insuffisant l'hommage qui lui est fait d'un nom de rue. Aucune suite non plus pour la révolutionnaire anarchiste **Louise Michel**, ni pour **Robespierre**. Les débats survenus quelque vingt ans plus tôt autour de la Révolution ne pouvaient laisser imaginer l'érection d'une statue à celui-ci. L'impératrice Joséphine ne sera pas réinstallée comme le demandait le conseiller bonapartiste Quentin-Bauchart qui affirmait, avec un bel aplomb, que sa position n'avait rien de politique.

D'autres cas suscitent des discussions.

En 1900, la droite demande un monument à la mémoire de **Mores**, tué par les Touaregs. Elle rappelle qu'il existe une pétition d'Edouard Drumont tendant au même objet, ce qui ne conduit guère le préfet de la Seine à donner suite à cette requête. Mores s'est d'ailleurs lancé dans le mouvement antisémite et boulangiste. En outre, il n'effectuait aucune mission officielle lorsqu'il fut tué.

Deux scientifiques sont proposés par la gauche. **Newton** dont les travaux seront pour beaucoup dans *« la création de l'harmonie sociale au sein de l'humanité »* , dit le conseiller Vorbe. Le même élu intervient pour **Galilée**, considéré comme un martyr de la science. Le conseil municipal est prêt à verser une subvention dès que des comités seront constitués. L'ouvrier **Albert** restera le seul membre du Gouvernement provisoire de 1848 à ne pas avoir sa statue : les interventions répétées du conseiller Georges Villain demeureront lettre morte. En 1903, le conseil municipal est saisi d'un mémoire du préfet de la Seine pour un buste à **Sébastien Mercier**, l'auteur

---

[88] Ziem Félix (1821-1911) a fait don à la Ville de Paris de 55 peintures pour le Petit Palais.
[89] Sociétaire du Français, interprète de Corneille et Racine.
[90] Belgrand Eugène (1810-1878) a dirigé notamment les travaux de dérivation des eaux de la Vanne et de la Dhuis.

du *Tableau de Paris*, description de la société française à la veille de la Révolution. Le Conseil rejette la proposition jugeant qu'il existe des historiens de Paris plus intéressants.

Projets sans suite donc.

Ceux envisagés dans l'immédiat avant-guerre avaient peu de chances d'aboutir compte tenu des délais nécessaires à la réalisation d'une statue.

Le rideau tombe sur une époque, celle qui a vu la conquête du pouvoir par les républicains. République qui s'installe, qui se consolide, qui se fait propagandiste et pédagogue, d'où cette prolifération de statues aux Grands Hommes. A partir des années 1890, les effigies de personnages qui n'appartiennent pas directement au monde politique apparaissent en plus grand nombre, proposés par des comités composés d'écrivains ou d'artistes. Ce qui n'empêche nullement d'ailleurs l'intervention des élus au cours des inaugurations de monuments, à travers des discours qui n'ont parfois qu'un lointain rapport avec la personnalité et l'œuvre du héros statufié. Le combat républicain demeure présent.

LA IIIE RÉPUBLIQUE (1914-1918)

On pourrait supposer qu'en période de guerre les autorités n'ont guère de temps à consacrer à l'élévation de monuments. On aurait tort. Deux hommages sont, en effet, rendus en plein conflit.

Le premier à une martyre : **Edith Cavell**. Infirmière anglaise en poste à Bruxelles, accusée par les Allemands d'avoir aidé des prisonniers anglais, belges et français à s'enfuir, elle est fusillée. En 1915, trois semaines après son exécution, le journal *Le Matin « se faisant l'interprète de l'indignation unanime soulevée dans le monde »*, décide d'offrir à la Ville de Paris un monument commémoratif où chacun pourra *« voir revivre en même temps que l'héroïque effigie de la douce victime, l'ignominie de ses bourreaux, coulée dans la dureté inexorable du bronze, pour exposer à jamais aux yeux épris de droiture et de bonté de nos enfants et de nos femmes, l'ignominie d'une race sans pitié »* . En fait, le monument sera un bas-relief en pierre. Le programme du concours lancé pour l'occasion viendra tempérer quelque peu le propos violent du journal : *« Par delà la pure et tendre effigie de l'infirmière anglaise, n'est-ce pas l'humanité même, victime de la barbarie et criant vengeance, qu'il convient de glorifier ? Il ne faut pas la restreindre aux infimes proportions d'une scène de meurtre, susceptible d'exciter trop directement les rancunes populaires »*.

L'inauguration du monument a lieu en 1920 en présence d'André Maginot, ministre des Pensions, de Jules Steeg, ministre de l'Intérieur, de l'ambassadeur de Belgique, d'un représentant de l'ambassadeur de Grande-Bretagne, du président du conseil général de la Seine et de lord Burnham, pair d'Angleterre et directeur du Daily Telegraph, qui déclare : *« La nurse Cavell avait au plus haut degré ce sens du devoir que nous, Anglais, prétendons être l'attribut général inhérent à notre race bien plus même que notre amour pour les îles qui forment notre berceau »* . La race, encore…

Le second monument est élevé en 1917 à **Marcelin Berthelot**. En fait la décision avait été prise par le conseil municipal aux cours de deux séances, en 1909 et 1913, et on n'attend pas la fin du conflit pour procéder à l'installation de la statue.

L'inauguration donne lieu à quelques envolées enthousiastes.

Après avoir constaté que *« les pieux hommages qu'en des temps paisibles nous nous plaisons à rendre à nos artistes, à nos savants, aux maîtres de notre tradition, la guerre, la guerre farouche, nous les a comme interdits »* , Paul Painlevé, ministre de la Guerre, enchaîne en expliquant, non sans une admiration à peine contenue, que Berthelot a appliqué les méthodes scientifiques *« à ces phénomènes explosifs qui semblent défier toute mesure par leur violence et leur rapidité foudroyante »* et conclut que les recherches du savant ont donné naissance à des *« appareils héroïques »*. De son côté Adrien Mithouard, président du conseil municipal, s'écrie : *« Tandis que nos barbares ennemis avilissent la science en la mettant au service des plus bas instincts, il nous plait d'honorer un savant qui ne conçut jamais la science que comme associée aux fins les plus élevées de l'activité humaine ».* Dans ce concert de louanges, on oublie volontiers que Marcelin Berthelot fut aussi un homme politique[91] et on privilégie le patriote, celui qui a collaboré à la grande œuvre de la Défense nationale. On retrouve, en même temps, des considérations déjà rencontrées à propos de la science, mais sur un ton différent. Ainsi, Painlevé déclare que celle-ci assurera aux sociétés humaines *« des lois et une organisation justes et rationnelles. Elle résoudra les problèmes sociaux en multipliant les forces industrielles de l'homme et son emprise sur la matière ».* La science est ici vue davantage comme un profit susceptible d'améliorer la condition humaine que comme une arme contre la bigoterie et la superstition. Delannay, préfet de la Seine, s'en tient aux évènements immédiats : *« Le bienfait de la science est dans sa vertu morale, qui échappe à ses disciples félons »*... les Allemands, bien sûr. Le professeur Paterno di Sessa, vice-président du Sénat italien, prend la parole au nom des souscripteurs étrangers : *« C'est en France que les plus grands noms de nos chimistes ont puisé leur savoir »* ; tandis que Donnan, de l'Université de Londres, affirme : *« Il est impossible d'arrêter l'évolution de la civilisation ancienne et glorieuse de la France ».*

L'habitude de réciter des vers au cours des cérémonies ne s'est pas perdue puisqu'une sociétaire de la Comédie-Française[92] déclame un poème de Charles Richet, membre de l'Institut :

« Qui donc es-tu forme sereine
Qui planes, auguste, sur nous ?
Devant la beauté souveraine,
La pauvre créature humaine
Sent qu'il faut plier les genoux...
Parle !...Qui donc es-tu ?
...Moi ! Je suis la Science,
Aux mortels incertains j'apporte l'espérance,
C'est moi qui les soutiens, c'est moi qui les défends.
Et je viens contempler votre reconnaissance
Pour un de mes plus fiers enfants
Mais une autre forme divine,
Dans le ciel qui s'est éclairci
De sa lueur nous illumine.

---

[91] Notamment comme ministre de l'Instruction publique et des Beaux-arts (1886-1887) et ministre des Affaires étrangères (1895-1896).
[92] Madeleine Roch.

Devant elle il faut que l'on s'incline...
Elle est resplendissante aussi...
Parle !... Qui donc es-tu ?
... Moi ! Je suis la Patrie !
Et pour de courts moments, en ma Ville chérie,
J'arrive, abandonnant les affres des combats,
Vers ce fils glorieux : laissant, mère attendrie,
Mes fils vaillants, qui sont là-bas !... » .

Nous sommes encore dans le registre connu de la IIIe République, celui qui exalte le patriotisme et qui met ses espoirs dans le progrès scientifique.

Le ton va changer après la guerre.

LA IIIE RÉPUBLIQUE (1918 – 1940)

Une rapide comparaison avec l'époque précédente nous montre un relatif déclin de la statuaire au Grand Homme.

Entre 1880, date qui marque le début de l'ère républicaine[93], et 1918, 162 monuments sont érigés contre 58 pour la période 1918-1940. Cette baisse notable s'explique surtout par l'absorption des crédits publics au bénéfice des monuments aux morts.

Les militaires sont évidemment à l'honneur, mais tous ne doivent pas leur récompense à leur action durant la guerre 14-18, puisque sur les sept personnages honorés deux appartiennent au 18e siècle.

La population d'écrivains est sensiblement la même que précédemment, avec toujours une classification aléatoire : Zola, par exemple, a été statufié autant pour son action politique – son intervention dans l'affaire Dreyfus – que pour son œuvre d'écrivain.

En revanche, le « progrès » est moins représenté : jugerait-on avoir fait l'essentiel dans ce registre ?

Les arts sont également en diminution : proportionnellement la moitié moins de monuments, en comparaison de l'âge d'or.

Autres temps, donc.

Et n'oublions pas que depuis les élections complémentaires de 1909, la majorité du conseil municipal se situe à droite.

La guerre de 14- 18. Le patriotisme.

Les militaires qui se sont distingués durant le conflit figurent évidemment en bonne place.

Le général **Gallieni** prit une part décisive dans la première bataille de la Marne en septembre 1914, avant d'être ministre de la Guerre (1915-1916). Dès 1920, 45 conseillers municipaux jugent que l'avenue du Maréchal Gallieni[94] ne suffit pas à la grandeur du héros. La phrase célèbre de celui-ci : *« J'ai reçu le mandat de défendre Paris. Ce mandat je le remplirai jusqu'au bout »*, suffit pour ces élus à légitimer l'érection d'une statue. Le conseiller Levée n'a pas de mots assez forts pour louanger le maréchal, *« sa force de caractère », « son courage indomptable », « son énergie farouche »* ; c'est un Français *« sans peur et sans reproche »*. Le conseiller Beaud appuie la proposition en rappelant que son collègue est un vétéran de la guerre de 1870 : *« Les soldats de cette époque ont attendu jusqu'en 1914 que vint*

[93] Les républicains l'ont emporté aux législatives des 14 et 28 octobre 1877, aux sénatoriales du 5 janvier 1879, avant d'élire Jules Grévy à la présidence de la République le 30 janvier 1879.

[94] Elle traverse l'esplanade des Invalides en son milieu.

l'heure de la revanche et nous ne sommes pas surpris que ce soit un de ces soldats de l'Année Terrible qui vienne faire la proposition de glorifier le chef auquel nous sommes redevables de la victoire et qui fut l'un des sauveurs de Paris ». On relie ainsi entre eux les vaincus de 1871 et les vainqueurs de 1918, qui ont en commun d'avoir défendu la capitale.

Le conseil municipal participera au financement du monument, comme le conseil général de la Seine et plusieurs municipalités de Seine-et-Oise, de Seine-et-Marne et de la Marne, ainsi que le ministère de la Guerre. Des chauffeurs de taxis réquisitionnés en septembre 1914[95] souscriront également. Gaston Doumergue, Président de la République, est présent à la cérémonie (il est d'ailleurs président d'honneur du comité d'érection). Les discours prononcés à cette occasion retracent les batailles menées par Gallieni.

Le conseil municipal répond favorablement à la demande d'un comité, présidé par Foch, pour une statue au général **Mangin**. Devant le monument, le maréchal Franchet d'Esperey n'hésite pas à parler de l' *« extraordinaire magnétisme qu'il exerça sur ses troupes »* tandis que le général Gouraud préfère tresser des couronnes à l'épouse du héros : *« A son retour, Madame, la bonne étoile de Charles vous mit sur son chemin, vous qui deviez lui donner le bonheur et la fierté de vos huit enfants, sans lui enlever ni son activité, ni son rayonnement[96] ».* Manière de dire que Mme Mangin est, comme il convenait, demeurée à sa place.

Philippe Pétain, président du comité pour le monument au général **Fayolle,** juge que celui-ci fit preuve d'une clairvoyance peu commune : *« Dans une vision prophétique des réalités du combat moderne, il proclame le rôle prépondérant de l'artillerie dans le combat ».*

Daladier, président du Conseil et ministre de la Défense nationale, choisit la statue de **Joffre** pour résumer les hommages à notre quatuor étoilé : *« Jamais notre France, depuis l'époque napoléonienne, n'avait eu à son service tant de chefs magnifiques ».*

Un sort à part doit être réservé au général **Ferrié**, car même s'il est officier, sa vie a été consacrée à la science. Ce qui lui a permis de faire de la radio-télégraphie militaire la première de l'armement des alliés. Ses recherches ont diminué le chiffre de nos pertes, commente René Fiquet, président du conseil municipal, devant son buste.

---

[95] Dans la nuit du 7 au 8 septembre 1914, des taxis (les « taxis de la Marne ») avaient été réquisitionnés pour le transport des troupes destinées à renforcer l'armée du général Maunoury.

[96] Le « retour » est celui d'Indochine.

Un monument pour deux héros est érigé en 1936 : **Alexandre Ier de Yougoslavie** et son père **Pierre Ier de Serbie** (en arrière-plan le maréchal Franchet d'Esperey les escorte). C'est, en partie, un monument réparateur : Alexandre Ier fut, en effet, assassiné en 1934 à Marseille par des terroristes croates[97]. Mais c'est aussi, et surtout, un hommage à celui qui prit part à la guerre avec les alliés. Le conseil municipal lui accorde les qualificatifs de roi-soldat, de roi-chevalier, comme pour Pierre Ier de Serbie, autre figure d'épopée, qui a combattu en 1870 avec la France, en qualité de jeune lieutenant de l'armée de la Loire. On retrouve donc dans le fils le portrait moral du père.

En 1938, **Albert Ier**, roi des Belges, est à son tour statufié. En 1914, il s'est rangé à nos côtés et Le Provost de Launay, inaugurant le monument, affirme, que le trépas d'Albert Ier *« fut pour chaque Français un deuil personnel »*.

Les hommes politiques accompagnent les militaires dans cet hommage aux héros de 14-18.

Un emplacement est désigné pour une statue à **Déroulède**. Le conseiller Galli déclare que celui-ci a consacré sa vie et sa fortune à une cause : *« le relèvement de la France, la réparation du crime commis contre le droit en 1871 »*. C'est pour cela que son nom a été acclamé *« à Strasbourg, dans toute l'Alsace, dans toute la Lorraine délivrées »*. Marcel Habert, délégué général de la Ligue des patriotes et président du comité d'érection, prend la parole devant la statue pour préciser qu'elle a été *« taillée dans un dur morceau du sol national »*, que 14-18 a été une *« guerre de revanche »*. Pour justifier aussi le 23 févier 1899, jour où Déroulède tenta d'entraîner les troupes et la population à faire un coup d'Etat : *« Emporté par son ardeur généreuse, il franchit les limites du droit. Pour mieux protéger les intérêts nationaux qu'il croit menacés, il ose, au grand scandale des pontifes du parlementarisme, porter une main qu'ils jugent sacrilège sur l'arche sacro-sainte de la Constitution »*. Comme on pouvait s'y attendre, c'est un discours antiparlementariste assorti d'un vocabulaire soigneusement choisi. Le même Marcel Habert cite, au passage, quelques vers du héros :

« En avant ! Tant pis pour qui tombe,
La mort n'est rien. Vive la tombe,
Quand le pays en sort vivant.
En avant ! » .

[97] Le ministre des Affaires étrangères Barthou y trouva aussi la mort.

Barthou, garde des Sceaux, regrette la mort prématurée de Déroulède, car il aurait mérité *« de sonner à Rethondes, le 11 novembre 1918, l'allégresse de l'armistice libérateur et d'ajouter aux Chants du soldat les strophes de la victoire ».*

Il va sans dire que le « Père la Victoire » se devait d'avoir sa statue.
En 1930, le conseiller Godin intervient au conseil municipal pour **Clemenceau**, qui a su ramasser les énergies de la Patrie, qui a su édifier avec *« le ciment de ses constructions dont l'immortel traité de Versailles n'est que la plus grandiose »*, tandis que de Fontenay, président du conseil municipal voit, présents chez lui, *« deux cultes : La Patrie et la République ».* La cérémonie d'inauguration fut grandiose pour un héros qui, nous le verrons, n'a pas fait l'unanimité.

Comme on pouvait s'y attendre, à l'instar de ce qui s'est passé dans la période précédente, le patriotisme n'est pas mis en avant avec les seuls héros militaires ou politiques. Les écrivains et les artistes donnent aussi l'occasion de manifester l'attachement sans réserve au pays.

Du côté des écrivains, l'éditeur Champion, président du comité à **Stendhal**, déclare que beaucoup de *« combattants stendhaliens »* comme lui, ont puisé aux tranchées dans leurs souvenirs des œuvres de l'auteur. L'histoire ne précise pas combien de poilus étaient stendhaliens. **Joachim Gasquet** est décrit par Xavier de Magallon, également président du comité d'érection, comme arrivant dans un cantonnement *« portant devant son régiment, la tête levée, dans une extase, portant comme une lyre, comme un ostensoir, le drapeau qu'il environnait d'effluves sacrées ».* Devant la statue du poète polonais **Mickiewicz**, Marraud, ministre de l'Instruction publique et des Beaux-arts, s'écrie : *« Le printemps de 1919 a salué l'aurore du jour qu'on attendait. Les principes de justice se sont enfin affirmés dans la vie des Nations ».* **Paul Adam** est plus banalement qualifié de grand patriote.

Même tonalité avec les artistes.

Pour **Carpeaux**, le conseiller Beaud fait allusion au groupe sculpté intitulé « *La Cité défendant la Patrie* », placé au fronton de la mairie de Valenciennes, son lieu de naissance. L'œuvre est décrite comme un symbole de la vaillance municipale. **Massenet** doit être bien triste, si l'on en croit Edouard Herriot, ministre de l'Instruction publique et des Beaux-arts, qui inaugure sa statue : *« Il n'a pas connu nos dernières douleurs, mais il n'a pas goûté notre grande joie. C'est une injustice du destin qu'il ait été privé de voir nos troupes rentrer à Strasbourg ».* Massenet est, en effet, décédé en 1912. **Debussy** resta fidèle à Paris : il voulut revenir pour y mourir, précise le président du conseil municipal. Son prédécesseur avait parlé pour **Sarah Bernhardt** d'honneur de la Patrie et de gloire de la France.

Peu de scientifiques statufiés, a-t-on dit. Pour l'un d'entre eux, toutefois, le médecin **Joseph Capitan**, le président du conseil municipal souligne qu' *« Il alliait sans effort, à la parfaite objectivité du savant, l'ardent amour de la France, sa patrie ».*

La victoire n'a pas gommé pour autant la germanophobie. Ainsi, **Gallieni** a-t-il empêché l'Allemand de *« souiller»* Paris, déclare le conseiller Levée, tandis que l'ancien sénateur de Belgique, Carpentier, cite complaisamment **Verhaeren** qui a parlé des *« Teutons barbares*[98] *».*

Cette germanophobie a été également présente s'agissant du monument à **Beethoven.** En 1904, un comité s'est constitué qui a choisi un sculpteur, José de Charmoy, pour l'exécution de ce monument. Un décret d'hommage public est pris en 1910. Le conseil municipal avait, dans un premier temps, donné son accord pour installer la sculpture dans les jardins du Ranelagh. S'ensuivit une tempête de protestations : l'œuvre, imposante par ses dimensions et jugée d'aspect funéraire, ne s'accordait pas avec le lieu. Surmontant un large socle recevant quatre génies aux ailes déployées, Beethoven était à demi-couché, sa joue gauche appuyée sur son bras gauche. Finalement, après bien des discussions, le bois de Vincennes fut choisi pour accueillir le musicien. La guerre interrompit les travaux, et de Charmoy décéda en 1919. Après guerre, un nouveau comité se constitua, présidé par le compositeur Gustave Charpentier. Le monument n'existait que sous forme de maquette, retrouvée dans une cave du palais du Trocadéro. La presse raconta que cette découverte était due à un gardien des lieux qui parlait d'un *« type en chemise qui était couché et qui essayait de se relever ».* L'affaire n'en était pas terminée pour autant. Dans une lettre du 24 août 1922 au directeur général des Travaux de Paris et du département de la Seine, le directeur des Musées nationaux, d'Estournelles de Constant, écrivait que si Beethoven était bien toujours *« le grand et génial compositeur »* que l'on sait, il ajoutait néanmoins que *« l'idée de glorifier un Allemand de cette envergure, manque au moins d'opportunité après la guerre que l'Allemagne vient de nous imposer ».* En conséquence, il précisait qu'il ne fallait compter sur aucun effort de sa part pour la réalisation du projet, *« tout fanatique que je sois de la musique de Beethoven »*, concluait-il pour faire bonne mesure.

La souscription n'avait apporté que peu d'argent, et l'on dut se contenter d'inaugurer, en 1927, une maquette en staff. Du moins cette installation donna-t-elle- lieu à des discours inhabituels, en présence d'Herriot, ministre

[98] L'auteur y emploie ces qualificatifs dans *La Belgique sanglante*, ouvrage d'une rare violence germanophobe.

de l'Instruction publique et des Beaux-arts. Ainsi, Delsol, président du conseil municipal pour qui Beethoven appartient à l'humanité et dont le centième anniversaire de la mort a suscité partout des manifestations d'hommage.

Malheureusement, le moulage ne résistera pas aux intempéries, et la maquette, désagrégée, finira au dépôt des marbres à Auteuil.

Réconfortants paraissent les propos de Mistler, sous-secrétaire d'Etat aux Beaux-arts devant le monument à **Debussy** : *« Il est, avec Wagner, celui qui a fait le plus pour briser les cadres formels où chaque genre était prisonnier ».*

La germanophobie semble s'effacer devant la musique. Les amateurs de dictons rappelleront qu'elle adoucit les mœurs.

Comme toujours, rien n'est trop beau pour vanter les vertus nationales, à commencer par l'universalité de la langue française, celle de **Flaubert** en particulier. De son côté, l'écrivain équatorien **Montalvo** a conseillé aux hommes épris de culture générale de lier connaissance avec la littérature française, parce que l'Universalisme français favorise des alliances indestructibles, explique Raymond-Laurent, président du conseil municipal.

On ne recule toujours pas devant l'emploi d'un vocabulaire énergique, qui n'aurait évidemment plus cours aujourd'hui. Le médecin **Vulpian** est présenté comme *« un vrai Français de race et de sentiment ».* Quant au poète **Gasquet**, il incarne un *« merveilleux type de sa race, de son pays »* (Xavier de Magallon, déjà nommé).

Et gloire à celui qui est allé explorer le Nouveau Monde, **Jacques Cartier** qui a écrit une page prodigieuse de notre histoire, dit le préfet de la Seine.

On ne dédaigne pas, à l'occasion, une ouverture régionaliste. **Fayolle** est originaire du Velay, rappelle Pétain, ministre d'Etat : *« C'est au sein de ce peuple rude, laborieux et probe, que depuis deux siècles vivait sa famille ».* **Gasquet** a été influencé par les littératures nordiques *« comme il arrive souvent aux Provençaux[99], race avide de vie surhumaine, race avide de connaître et d'éprouver »*, assure l'écrivain Edmond Jaloux. Le général Fabry, président du comité pour la statue de **Joffre**, y va d'une autre affirmation : *« Dans la guerre sanglante comme dans la guerre blanche[100], je tiens à souligner que les destins de la France sont confiés à des*

[99] Joachim Gasquet est né à Aix-en-Provence.
[100] Sous ce vocable, Fabry fait allusion à la retraite opérée par l'armée française après les batailles des Ardennes et de Charleroi en septembre 1914.

Méridionaux à la tête froide, qui savent la valeur des actes et la vertu du silence ».

Deux jugements flatteurs pour les natifs du sud de la Loire, dont on se gardera de commenter l'exactitude scientifique et historique.

Si le patriotisme semble assez largement répandu chez les élus municipaux, l'unanimité ne règne pas et les socialistes font entendre leurs voix.

Affrontements entre la droite et les socialistes

Déjà, s'agissant de **Mangin,** le conseiller Charles des Isnards qui veut rendre hommage *« à la mémoire du grand chef, de celui qui sera pendant de longues générations, la personnification de l'esprit de devoir le plus noble, du patriotisme le plus pur et d'un courage qui restera éternellement légendaire »*, s'entend ainsi interpeller par le socialiste Gélis : *« Il ne faut rien exagérer! »*.

Plus violents sont les échanges à propos de **Clemenceau** en 1930. A droite, le conseiller Godin clame son admiration pour *« le bâtisseur d'une Europe démocratique, libérée de tant d'humiliations et d'injustices séculaires »* et dont *« l'immortel traité de Versailles »* est une grandiose réussite. L'extrême-gauche a un point de vue différent : le traité vise à l'hégémonie de la France en Europe. Pour le conseiller Joly, il reste *« de nombreuses Alsace-Lorraine semées aux quatre coins des nouveaux Etats et, par conséquent, de nouvelles causes de frictions et de guerres, de nouvelles taches de discordes »*. Joly poursuit : les causes de la capitulation allemande ne sont pas dues aux qualités du supposé grand homme, mais à l'arrivée massive de matières premières, à l'intervention américaine et surtout au fait que l'armée allemande était *« commandée par le général Famine et le maréchal Révolution »*. Plus grave : *« En 1917, la paix était possible. Vieillard sanglant, bête carnassière non encore rassasiée, M. Clemenceau se mit en travers des possibilités de paix et il jeta au gouffre toute la jeunesse du monde »*. Le préfet de la Seine intervient alors pour protester et dire que la mémoire de Clemenceau est intouchable : *« Vous disséquez la vie de ce grand homme, avec la malveillance qu'on apportait autrefois à l'étude de la Révolution française »*, c'est-à-dire en n'en montrant qu'une seule face. Remarque habile qui consiste à mettre en parallèle l'attitude des socialistes avec celle des contre-révolutionnaires. Joly rétorque : Clemenceau, un bloc[101] ? Mais *« vous l'avez mutilé dans vos discours »*.

---

[101] Allusion à la phrase célèbre de Clemenceau : « Messieurs, que nous le voulions ou non, la Révolution française est un bloc dont on ne peut rien distraire ».

A droite, on soutient que Clemenceau a défendu Paris pendant la guerre. La gauche ironise : *« Je croyais que c'était sainte Geneviève qui avait protégé Paris et la France »* (conseiller Salon). *« Il a protégé Paris avec la peau des autres »*, précise le conseiller Duteil. La droite insiste : Clemenceau a combattu le boulangisme et a pris la tête de la campagne révisionniste dans l'affaire Dreyfus, déclare le conseiller Fleurot, qui accuse ses adversaires de vouloir effacer certaines pages sanglantes de l'histoire de la Révolution, comme les massacres de septembre, les morts de Lavoisier, de Chénier. *« Vous voulez dire la mort de Louis XVI et de Marie-Antoinette »*, complète son collègue Le Provost de Launay. Duteil explose : *« Et les massacres de 1871 ? 30.000 Parisiens massacrés »*.

Violences verbales encore pour **Déroulède**, en 1933. L'élu Charles des Isnards s'en prend à la Ligue des objecteurs de conscience, responsable d'un attentat qui a détruit sa statue. Il s'enflamme. Cette ligue est *« l'agence de désertion »*. La Ville de Paris *« a la bonne fortune d'être sous l'autorité d'un homme comme M. Jean Chiappe*[102] *»*, qui ne dispose malheureusement pas de moyens suffisants. On assiste à un *« abominable complot contre la sûreté du pays et la défense »*. Le conseiller Roéland prend le relais. Il appelle à un redressement moral, avec un pouvoir qui commandera vraiment la France. On sera alors obligé de dresser à nouveau la guillotine comme en 1793 et alors *« la question des objecteurs de conscience sera tranchée comme elle doit l'être »*.

Outre le jeu de mots d'un goût douteux, il est plaisant de constater qu'un contre-révolutionnaire comme Roéland rêve de rétablir les échafauds comme aux plus beaux temps de la Terreur.

Le socialiste Joly contre-attaque. Il s'interroge sur Déroulède : *« Son patriotisme était-il de bon aloi ? »*. Il cite ironiquement Maurice Barrès qui a écrit dans la revue *Les Taches d'encre* à propos du Déroulède-poète : *« S'il renonçait à faire des vers, comme ce serait patriotique ! »*. Joly poursuit en notant que d'autres mutilations ont eu lieu, sans qu'il y ait eu la moindre protestation, endommageant les plaques sur la maison de Robespierre à Arras, de l'avenue Aristide Briand à Nice. Une palme déposée à la mairie du 18e arrondissement et portant l'inscription *« guerre à la guerre »* a été volée parce qu' *« elle ne plait pas aux fascistes français »*. Alors *« que Messieurs les iconoclastes fascistes ou royalistes, cessent d'abord leurs dégradations »*.

Joly élargit le propos à la guerre de 14-18 pendant laquelle les gradés étaient à l'abri : *« Plus ils portaient de galons et plus l'épaisseur de leur abri était grande. Nous qui étions à l'avant, nous les appelions des viandes de conserve »*. Quant aux objecteurs de conscience : *« Nous avons eu les nôtres*

---

[102] Chiappe Jean (1878-1940), connu pour ses sympathies vis-à-vis de l'extrême droite, est alors préfet de Police.

dans le passé : ils étaient à Coblentz et à Quiberon. C'étaient les représentants de toute la noblesse française. Et nous en avons encore ! ».

Le conseiller de Castellaz conclut par une interpellation directe à la droite : *« Avez-vous été sur le front pendant la guerre ? La plupart d'entre vous, vous étiez tranquillement planqués ! »*.

Autre thème commun avec la période précédente : la colonisation.

L'expansion coloniale

L'un des bienfaits des guerres coloniales serait d'avoir servi de répétition générale, de rodage, pourrait-on dire, avant la grande empoignade de 14-18 : *« le temps n'est plus où certains soutenaient que les campagnes coloniales ne préparaient point à la guerre moderne ! »*, déclare le conseiller Beaud devant la statue de **Gallieni**. Les expéditions d'outre-mer auraient donc servi d'entraînement pour les officiers et hommes de troupe.

Ces hommes de troupe, justement, et c'est un autre bienfait de la colonisation, ont été recrutés en Afrique. Le général Gouraud remercie **Mangin**, car *« il fut sans doute le premier à comprendre ce que l'armée pourrait tirer de la race noire »*, en particulier des Sénégalais précise-t-il, *« braves, disciplinés et fidèles »*. La France y trouva *« une population guerrière qui nous donna bien vite d'excellents tirailleurs »*. Achille-Fould, sous-secrétaire d'Etat à la Défense nationale, rappelle qu'en 14-18 quelque 500000 soldats d'outre-mer sont venus se battre en Europe, *« magnifique exemple de la fraternité française »*. L'expansion coloniale est essentiellement justifiée parce qu'elle procure des forces combattantes. Cependant, légitimer une entreprise au seul motif qu'elle fournit de la chair à canon, peut paraître un peu sommaire. Aussi, ajoute-t-on, toujours par la voix du général Gouraud, que *« nous satisfaisions notre idéal humanitaire en détruisant la barbarie et l'esclavage »*. Quant à **Gallieni**, le conseiller Beaud veut préciser qu'il ne poursuivit que la paix : *« il n'use de la force des armes que pour assurer la sécurité des indigènes »*. On notera que trois des hauts-reliefs de son monument représentent le Soudan, Madagascar et l'Indochine.

Sous Jules Ferry, l'expansion coloniale avait trois buts avoués : la volonté de grandeur nationale, la recherche d'avantages économiques, la mission civilisatrice. Si aujourd'hui on gomme pudiquement les intérêts économiques - l'ouverture de marchés pour la métropole - on continue de mettre en avant l'œuvre émancipatrice, celle qui apporte la civilisation, le progrès. Mais on justifie également, a posteriori, la politique de Ferry. Celui-ci avait été violemment attaqué pour ces « aventures » d'outre-mer, coûteuses en hommes et en argent, lesquelles, circonstance aggravante, détournaient la France de l'essentiel : l'Alsace-Lorraine. On juge maintenant que, loin d'être un gaspillage, ces opérations ont été une véritable école de formation, un excellent stage préparatoire avant les choses sérieuses.

La guerre est finie, les chères provinces sont récupérées. Alors, tout est pour le mieux ? Voire. Car, au travers des interventions des hommes politiques, de leurs discours officiels devant les monuments, perce l'appréhension.

La crainte du lendemain

Le ton a changé. Les provinces perdues sont recouvrées. Il s'agit maintenant de préserver la victoire. Le discours se fait moins offensif. Plus besoin d'enrégimenter la jeunesse dans des « bataillons scolaires », d'appeler à la guerre au nom du droit. La paix est à l'ordre du jour. Non qu'il faille se priver d'une armée. Mais celle-ci, d'offensive, doit devenir défensive, au cas où…

Ces principes nouveaux sont affirmés devant les statues. A propos de **Clemenceau**, considéré comme une sauvegarde ; de **Mangin** : La France doit garder une armée pour faire respecter les traités (général Gouraud) ; de **Fayolle** : La France *« compte sur sa force morale et sur sa puissance militaire pour défendre l'intégrité du pays »* (Chiappe, président du conseil municipal) ; d'**Albert Ier** : *« Il faut montrer sa force pour ne pas avoir à s'en servir »* (Le Provost de Launay, président du conseil municipal qui, en l'occurrence, cite une phrase de Lyautey).

La philosophie est résumée dans les interventions effectuées devant le monument à **Aristide Briand**. René Cassin, représentant les associations d'anciens combattants, loue son pacifisme. Léon Blum pose la nouvelle doctrine, à savoir que la France est prête *« à appliquer tous les moyens de la paix pourvu qu'ils se fondent sur la sécurité internationale et respectent l'intégrité et la sécurité de la patrie »*. Il ajoute : *« Il n'est pas un homme responsable hors de France qui puisse nous prêter une volonté d'agression »*. Ces propos sont tenus en 1937.

Les nuages s'amoncellent et la crainte est bien là.

Avec **Montaigne**, qui *« a vécu une période troublée comme la nôtre, où l'insécurité semblait la loi la plus certaine »* (Raoul Braudin, conseiller du 5e arrondissement). Faut-il que l'anxiété soit grande pour oser une comparaison entre les années 30 et le seizième siècle. On doit se recueillir devant le monument à **Alexandre Ier de Yougoslavie**, *« quelles que puissent être les préoccupations de l'heure »* (Achille Villey, préfet de la Seine). Chiappe, président du conseil municipal, est clair : la statue de **Fayolle** est installée *« aux heures d'inquiétude »*. Avec **Briand**, encore, pour un constat désabusé de Léon Blum, président du Conseil : *« En envisageant cet état de l'Europe, on est parfois saisi d'un sentiment désespéré. On se demande si l'histoire, obéissant à la loi nietzschéenne du « retour éternel » n'est pas en train de reconstituer à présent l'Europe d'avant guerre »*. Le général Bricard, vice président du comité pour le monument à **Albert Ier**, émet le vœu que Français et Belges viendront se recueillir devant la statue, *« unis comme en 1914, et devant qui se dressent aujourd'hui quelques uns des plus grands problèmes qu'ait à résoudre l'humanité »*. Nous sommes le 12 octobre 1938, les accords de Munich ont été approuvés par la Chambre des députés. Daladier, chef du gouvernement, inaugurant le monument à **Joffre**, manifeste un bel optimisme (de commande ?) en déclarant qu'il ne faut pas se laisser troubler par *« l'incertitude des temps présents »*. Paroles prononcées le 12 juin 1939 : la fin de l' « incertitude » est proche.

Autre motif de tourment : les relations avec les Etats-Unis.

Le traité de Versailles a prévu le versement aux Alliés par l'Allemagne, de remboursements dus au titre des dommages de guerre subis par les régions envahies. Mais à partir des années 1930, l'Allemagne, en pleine débâcle financière, est en cessation de paiement. Or, la France affirme la nécessité de lier ces réparations au règlement des dettes contractées par les Alliés, ce que refusent les Etats-Unis. Dans ces conditions, la France décide de ne pas régler sa dette aux Américains[103], scandalisés par cette attitude.

Alors, le moment ne serait-il pas venu de rappeler, qu'en leur temps, ces Américains ont été débiteurs vis-à-vis de la France lorsque celle-ci a envoyé ses soldats pour combattre à leurs côtés contre les Anglais.

La statue de l'amiral **de Grasse** vient à point nommé, et Champetier de Ribes, ministre des Pensions, voit que l'amitié unissant les deux pays *« a des racines trop profondes pour n'être pas inébranlables »*. Deux ans plus tard, en 1933, le conseiller de Fontenay se félicite de voir le monument à **Rochambeau** érigé non loin de ceux de Franklin et de Washington, celui-ci serrant la main de La Fayette, ton de cordialité *« que l'on ne s'attend pas toujours à trouver chez des guerriers »*, commente notre ministre. Paul-Boncour, ministre des Affaires étrangères, préside la cérémonie. Il lit d'abord un message de Roosevelt qui dit ne pas avoir oublié l'intervention des régiments français dans la guerre d'Indépendance ; ensuite, la réponse d'Albert Lebrun, convaincu que l'installation de la statue *« atteste la force*

---

[103] Herriot est favorable à ce que la France honore ses engagements. Le 14 décembre 1932 son ministère chutera sur cette question.

des liens vivants entre nos deux pays », et qui poursuit : *« Sans doute les opinions publiques des deux nations peuvent bien se heurter sur des questions d'intérêt, des rapports économiques, des règlements de tous genres »*. Cependant : *« Aux jours graves lorsque le péril mettrait de nouveau à nu les caractères véritables et les réactions profondes des peuples, les Etats-Unis et la France retrouveraient intact les forces de communion et de solidarité jaillies du plus lointain de leur histoire et de la similitude de leurs aspirations »*.

Il s'agit bien d' « opinions publiques » ! La réalité est que la France a refusé d'honorer sa dette. La fin du discours ne relèverait-elle pas surtout de la méthode Coué ?

Preuve, d'ailleurs, que Français et Américains sont proches : l'attitude de **Myron Herrick**, ambassadeur à Paris en septembre 1914[104]. Le gouvernement français s'était replié à Bordeaux pour donner une impulsion nouvelle à la défense nationale. Herrick resta à Paris. Le conseiller d'Andigné rapporte qu'il aurait dit à Poincaré, Président de la République : *« Qui protégera vos monuments, vos musées, vos bibliothèques ? Je saurai empêcher les pillages et les massacres. La France ne peut pas périr »*. Et d'Andigné conclut : *« De telles paroles créent à celui qui les a prononcées un droit imprescriptible à la reconnaissance de tout un peuple »*. Mais qui ne va peut-être pas jusqu'à rembourser son créancier, a-t-on envie d'ajouter.

On rappellera qu'en 1926, juste avant la cérémonie d'inauguration du monument à Gallieni, les anciens combattants avaient manifesté contre le paiement des réparations aux Etats-Unis. Au pied du socle de la statue ils avaient déposé une plaque de marbre portant l'inscription : *« Au-dessus des diplomaties, loin des combinaisons politiques et financières, les combattants de France s'adressent directement au peuple américain »*. Le préfet de Police avait immédiatement fait recouvrir la plaque d'une gerbe de roses.

La France est lasse. Elle a fait la guerre pour construire la paix. Ce qu'elle réclame : la sécurité collective fondée sur les alliances entre Etats. Devant la statue de **Bolivar**, Fiquet, président du conseil municipal, résume l'opinion qui prévaut alors : s'inspirer des principes républicains du héros *« qui consistent à prêcher la concorde, à réclamer plus de compréhension entre les nations, à s'attaquer aux barrières et aux préjugés qui séparent les peuples »*.La crainte du lendemain se manifeste aussi par des jugements critiques sur la société du temps. Curieusement, l'occasion est donnée par les inaugurations de monuments à des écrivains.

Le conseiller Fernand-Laurent pour **Joachim Gasquet**, qui regrette l'époque actuelle de scepticisme et rend hommage au lyrisme de l'écrivain.

---

[104] Le comité France-Amérique présidé par l'ancien ministre Gabriel Hanotaux est à l'origine du monument.

Le conseiller, de Castellane, pour **Léon Dierx**, qui a prôné le retour à la nature face à l' *« implacable évolution du monde»*. Le conseiller Faure pour **Courteline**, condamne le goût du luxe et décrit la société actuelle où l'égoïsme est roi et *« où les clochards inoffensifs sont remplacés par une série de délinquants, trop connus de certaines antichambres. Nous sommes loin des contemporains du Train de 8h47, débrouillards, honnêtes, remplacés ce jour par une bande de resquilleurs de tous ordres ».*

Scepticisme, évolution implacable, malhonnêtetés : l'avenir s'annonce mal...

Comme on l'a dit, le « progrès », scientifique ou technique, semble être moins à l'ordre du jour.

Un mouvement en avant qui marque le pas

Quelques médecins, d'abord.

René Laënnec, pour une installation discrète. Ses études sur la cirrhose du foie d'origine alcoolique concernent pourtant les Français au premier chef. **Alfred Vulpian**, qui identifia la sclérose en plaques. **Joseph Capitan**, chef du service des contagieux à l'hôpital Bégin, mais aussi archéologue dont les études sur l'art pariétal font autorité. **Jacquemaire-Clemenceau**, atteint d'un virus mortel au cours de ses recherches.

A côté des médecins, on recense d'autres bons serviteurs du progrès. **Eiffel**, présenté par le président du Conseil comme un créateur qui a doté la ville lumière d'un phare éblouissant. **Henri Farman**, le premier à avoir réussi un vol en circuit fermé de 1 Km sur un appareil conçu par les frères Gabriel et Charles Voisin associés à l'hommage. **Ferrié**, déjà rencontré comme héros militaire, mais qui, comme savant, a augmenté la portée de l'émetteur de la Tour Eiffel.

Une remarque : le buste de **Jacquemaire-Clemenceau** s'accompagne d'une courte mention : *« Victime de la Science*[105] *»*. Etait-elle pensable dans les années 1880 ?

Comme à l'époque précédente, une note sociale accompagne nos Grands Hommes. Leur origine simple, l'attention qu'ils ont portée aux moins favorisés, contribuent à les grandir.

On rappelle que **Carpeaux** est issu d'une famille très modeste, qu'il fut maçon et porteur aux Halles. **Joseph Capitan** soignait les malades dans les quartiers les plus pauvres, nous dit l'ancien ministre Louis Marin. Pour le conseiller Georges Thomas, l'œuvre d'**Eugène Carrière** *« exprime la pitié*

---

105 Il avait contracté un virus au cours de ses recherches.

infinie, la tendresse immense pour les humbles, les jeunes mères douloureuses et les enfants », allusion à la maternité, l'un des thèmes de prédilection du peintre.

Le président Chiappe voit en **Courteline** un défenseur des modestes. **Verhaeren** a côtoyé la misère de près, relève le vice-président du conseil général de la Seine. Le journaliste **Frantz Reichel**, promoteur de la cause sportive, souhaitait qu'une ceinture de terrains de sport remplaçât l'ancienne enceinte fortifiée. René Fiquet, président du conseil municipal, relève cette heureuse initiative : Reichel voulait que *« nos jeunes citoyens pussent, à la sortie de l'atelier et du bureau, y faire provision d'oxygène et de gaieté, non seulement le dimanche, mais chaque soir après la journée de travail »*. Le ton n'est pas sans rappeler celui déjà rencontré à propos des travaux de l'ingénieur Alphand. **Albert Ier** désira soulager les douleurs et les misères de ses sujets, il fut roi social autant que national (Le Provost de Launay, président du conseil municipal). Plus modestement, **Henri Rousselle**, commissionnaire en vins, eut un rôle social actif dans son 13e arrondissement.

Autres temps, autres mœurs : la droite cléricale affirme sa présence dans les discours d'inauguration.

Le retour de la droite et du religieux

Raymond Poincaré, président du Conseil, rappelle que *« Thermidor »*, la pièce de **Victorien Sardou**, fut interdite *« par complaisance pour l'ombre de Robespierre »*. Pouvait-on par ailleurs imaginer un hommage à **Taine** par les républicains du XIXe siècle ? Comment aurait-on pu honorer celui qui définissait le Jacobin comme un *« automate philosophique »*, qui parlait de l'infirmité de l'esprit jacobin. Paul Bourget, président du comité du monument, loue sa modestie personnelle, son indépendance d'esprit. Le conseiller Caire est en phase avec **Déroulède** : *« avec lui nous pensions que l'autorité est aussi nécessaire que la liberté, que le progrès a besoin de l'ordre public et de l'ordre moral »*. Même tonalité avec **Laurent Prache** de la part du conseiller Raymont-Laurent : *« Les idées républicaines et sociales qu'il défendait correspondaient à cette aspiration de nos concitoyens vers une République d'ordre, de justice et de liberté »*. Il avait la conception d'une *« République respectueuse des forces morales »*. Rappelons que le conseiller Prache puisait ses principes sociaux à l'école de Frédéric Le Play, ceux d'un catholicisme social conservateur tendant à restaurer l'autorité des patrons. Georges Lemarchand, président du conseil municipal, inaugure la statue du poète polonais **Mickiewicz** et affirme que sous la Monarchie de Juillet, la Pologne rencontrait l'adhésion des républicains et des catholiques libéraux et de citer pêle-mêle La Fayette, Béranger, Michelet, Montalembert.

Celui-ci appartient, en effet, à ce mouvement des catholiques libéraux qui demandaient le suffrage universel, la liberté de la presse, la liberté d'association et l'abolition du Concordat, mais qui rentrèrent sagement dans le rang après la condamnation de leurs doctrines par le pape[106]. On notera que Montalembert se rallia plus tard à la politique de Louis Napoléon Bonaparte. Par ailleurs, est-il bien raisonnable de ranger La Fayette parmi les républicains ?

Le propos est direct concernant **Laurent Prache**. Le député Marcel Héraud le baptise *« catholique et républicain ».* Victor Constant, vice-président du conseil municipal, rend grâce à celui qui s'élèvera chaque fois *« qu'il estimera en danger les libertés spirituelles ».* Et Duval-Arnould, successeur de Prache à l'assemblée municipale, nous informe que son collègue fréquentait l'église Saint-Germain-des-Prés *« en chrétien qui vient chercher auprès de Dieu les sûres directives ».*

Pour **Déroulède**, c'est l'emphase lorsqu'on décrit la fin de sa vie. Marcel Habert, délégué général de la Ligue des patriotes : *« Levé, dans un effort surhumain, de la civière sur laquelle on le transportait presque mourant, il traverse, appuyé sur ses béquilles, toute la nef de la cathédrale Notre-Dame, pour s'agenouiller au pied des autels, dans un acte sublime de résignation et de foi chrétienne ».* Et Louis Delsol, président du conseil municipal, raconte un épisode où Déroulède se trouve, en 1913, à Champigny, devant le monument à la mémoire des morts de 1870. *« Agonisant »*, nous dit Delsol, il tend les bras vers la sculpture et, alors, *« Ce n'est plus le tribun qui parle, c'est le prophète inspiré ».* Non content d'appeler la Revanche de ses vœux, Déroulède l'aurait donc pressentie…

L'hommage de Victor Constant à **Laurent Prache** s'accompagne d'un regret sur les luttes passées considérées comme une manifestation d'incompréhension et d'intolérance. Manière de condamner la politique des républicains d'avant-guerre.

Ceux-ci sont d'ailleurs absents des hommages rendus, à l'exception d'**Emile Chautemps**, ancien président du conseil municipal et ancien ministre, dont le buste, installé dans la discrétion en 1938, disparaîtra quelques années plus tard, dans la grande opération des fontes de bronze sous l'Occupation.

La « dimension » importante de personnages statufiés n'exclut pas les difficultés lorsqu'il s'agit de leur élever des statues. On en a trois exemples avec sainte Geneviève, Zola et Balzac.

---

[106] Par l'encyclique Mirari vos (1832).

Sainte Geneviève : une affaire d'orientation

L'Etat avait ouvert un concours pour l'érection d'un monument à la patronne de Paris. La querelle surgit non sur le choix de l'héroïne, ni sur l'emplacement de la sculpture - le pont de la Tournelle est acquis- mais sur l'orientation qu'il convient de lui donner.

Le conseiller d'Andigné, appuyé par l'Académie des Beaux-arts, souhaite que **sainte Geneviève** soit tournée vers l'Ouest, c'est-à-dire vers la cathédrale Notre-Dame. L'argument en faveur de cette solution est double : orientée de l'autre côté, l'effigie ne sera vue que de dos et elle le sera à contre jour. La presse semble aller dans ce sens : tourné vers l'Est, il faudra se placer au milieu de la Seine pour découvrir le monument : va-t-on amener les officiels en bateau pour l'inauguration ? Et si les élus demeurent sur le pont de la Tournelle, leur flot d'éloquence se déversera sur le dos de la sainte, ironise-t-on.

Dans le camp opposé, plusieurs arguments sont avancés. D'abord, si l'héroïne regarde Notre- Dame, on laisse croire que l'on offre une sainte à la vénération des fidèles, ce qui n'est pas le but recherché. Sainte Geneviève est une Française qui veille au salut de la Cité. C'est d'ailleurs pour cette raison qu'elle est figurée par une enfant qui tient dans ses bras un bateau symbolisant le Paris naissant. Ensuite, lui faire tourner le dos à Notre-Dame, c'est l'installer face à l'Est, vers les plaines où se dressent les hordes barbares de tous les Attila. Sainte Geneviève, sorte de vigie française : c'est ce point de vue qui prévaudra.

D'Andigné est furieux. Si on refuse l'orientation à l'Ouest, face à Notre-Dame, il proposera au conseil municipal la délibération suivante : *« L'administration est invitée à rechercher les moyens de faire placer la statue sur un pivot que, moyennant une légère rétribution, un mutilé sera chargé de faire tourner au gré des amateurs ».*

La querelle est assez vive pour que l'inauguration, prévue le 9 juillet 1928, soit annulée. La statue sera hissée en catimini le 27 août, à 7h 15 du matin, en présence de Lemarchand, président du conseil municipal. Son auteur, Landowski, parti la veille pour l'Algérie, est absent.

Emile Zola : une affaire de justice

En octobre 1902, la Ligue des Droits de l'Homme ouvre une souscription pour un monument à **Zola**. Ludovic Trarieux et Anatole France sont présidents d'honneur du comité. Le choix du sculpteur est l'objet de longues discussions. Il se porte sur Constantin Meunier par 11 voix contre 2 à Maillol et un bulletin blanc. Mais Meunier a des scrupules : il est âgé, belge de surcroît, et il craint de déplaire à ses concurrents français. Aussi demande-t-il qu'on lui adjoigne Alexandre Charpentier. Celui-ci avait réalisé en 1898 une médaille en or de Zola pour commémorer la publication du *« J'accuse »* de l'écrivain.

En juillet 1907, le conseiller socialiste Fribourg regrette les retards apportés à la réalisation du monument. A Zola des hommages sont dus. Plus qu'un droit ce serait une revanche. Le principe est acquis, non sans réticences. D'autant que l'emplacement envisagé est la place Dauphine, face au Palais de Justice[107], manière de rappeler l'iniquité du jugement rendu à l'encontre de l'écrivain. La droite se fait entendre. Le conseiller Poirier de Narçay : *« Malgré la décision de justice, plutôt à cause d'elle, mon opinion sur l'affaire Dreyfus n'a pas varié. C'est pourquoi j'ai voté contre ».* Le conseiller Badini-Jourdin s'en sort par une pirouette : il n'a pas pris part au vote car la proposition de son collègue Fribourg *« revêt un caractère exclusivement politique ».* Finalement, l'administration est chargée de choisir l'emplacement : la place Dauphine ou le square de la mairie du 12e arrondissement.

En avril 1908, nouveaux débats au conseil municipal. La droite attaque par la voix du conseiller Le Menuet qui regrette le principe d'une statue à Zola : *« le vote est malheureusement acquis ».* Les interventions se multiplient :

« - Cela n'a pas un caractère d'urgence
- Placez-le chez M. Fribourg, cela lui fait plaisir
- Faites lui ce joli cadeau
- Pourquoi ne pas l'envoyer au 12e arrondissement, parmi les décédés de la liste électorale de M. Fribourg
- J'entends quelqu'un proposer la place Cambronne ».

Quelques jours auparavant, le conseiller Poirier de Narçay s'était exprimé dans le journal *L'Eclair* pour dire son opposition à ce que la statue soit placée devant le Palais de Justice. Il rappelle que les élus du 5e arrondissement ont refusé le monument à Michel Servet, *« à cause des protestants que le supplice de Dolet peut blesser[108] ».* Pour lui, le choix du Palais de Justice *« est dans la logique de notre déchéance ».* Pire, on veut dresser le monument à l'endroit où s'élevait jadis celui de Desaix, héros de la République, enlevé sous de mauvais prétextes, une honte : *« Il ne manquait plus pour la parfaire, que de dresser à la place, d'où l'on chassa la statue du soldat qui couronna la victoire, celle de l'historien de la lâcheté et de la haine, le romancier de La Débâcle ».* Rappelons que le roman de

---

[107] L'arrêt de la Cour de cassation (juillet 1906) cassant le jugement du Conseil de guerre de Rennes et réhabilitant Dreyfus.

[108] D'après le conseiller, installer une statue à Servet à proximité de celle de Dolet conduirait à faire un parallèle entre les deux suppliciés, donc à condamner l'intolérance protestante au même titre que l'intolérance catholique. Mais c'était précisément, on l'a vu, le but recherché par la droite lorsqu'elle proposa une statue à Michel Servet.

Zola traite de la défaite de 1870 et de sa conséquence, la Commune, et met en cause l'Armée dirigée par des chefs incapables et le régime corrompu du Second Empire. Thiers y est baptisé *« le légendaire assassin de Paris »* et Mac-Mahon *« le vainqueur du Père-Lachaise ».*

Les choses traînent. En novembre 1913, rien n'est réglé. La statue, terminée, se trouve au Grand Palais. Le conseiller Varenne intervient, convaincu que les haines et les passions sont apaisées et que le conseil municipal rendra hommage à Zola. L'avis favorable est prononcé pour un terre-plein situé boulevard de Clichy.

Varenne était optimiste. Quelques jours plus tard, le conseiller Alpy intervient à l'assemblée municipale pour dire qu'il n'a entendu aucun avis favorable. Plusieurs de ses collègues s'associent à cette déclaration. Varenne rétorque qu'il a présenté sa proposition dans le plus parfait silence, sans bruit perturbateur. Il ajoute qu'une certaine presse est à l'origine de l'agitation qui saisit des élus du conseil, allusion à une note parue dans *L'Echo de Paris* par laquelle on s'étonnait de l'absence de protestations face à la glorification de l'auteur de « *La Débâcle* ».

En décembre 1913, l'emplacement envisagé sur le boulevard Clichy ne convient pas à l'Administration : elle objecte que le métro passe sous le terre-plein prévu pour accueillir la statue. Varenne réplique que la voûte du Métropolitain se trouve à 250 mètres de l'emplacement choisi. Mais l'Administration y voit un autre obstacle : *« le voisinage immédiat du monument Fourier qui est déjà assez important »*, ce qui nuirait à l'esthétique. La guerre de 14 suspend les hostilités entre les édiles.

Les discussions avec l'Administration reprennent après 1920. Une dernière difficulté est levée en 1923 : il fallut changer la pierre du socle de la statue, celle qui était prévue ayant connu une hausse importante de prix.

C'est au Cartel des gauches que reviendra l'honneur d'inaugurer le monument à Zola, en 1924. Mathias Morhardt, président du comité d'érection s'écrie : *« que du piédestal où elle s'érige au-dessus de la foule, cette statue regarde en paix passer les générations futures »*, avant d'ajouter que Zola qui se battait pour enrichir et ennoblir la vie des hommes *« était un pacifique ».* Georges Lecomte pour la Société des Gens de Lettres et André Messager pour la Société des Auteurs Dramatiques parlent surtout littérature. Edouard Herriot, chef du gouvernement, dit l'amour des humbles chez Zola, son attention portée aux douleurs et aux souffrances sociales et le fait qu'il a *« uni les évolutions de la politique aux lois de la morale ».* Le conseiller Besombes résume : *« Les travailleurs conserveront pieusement le monument élevé, dans un des quartiers les plus laborieux de Paris, à l'illustre ouvrier des lettres françaises et de la justice humaine ».*

Ainsi honore-t-on, en un seul hommage, l'écrivain aux préoccupations sociales et le défenseur de Dreyfus.

Honoré de Balzac : une affaire d'esthétisme

S'il a fallu près de vingt ans pour que Zola ait sa statue, il en faudra plus de quarante pour que Balzac ait la sienne, du moins celle taillée par Rodin. Les obstacles ne sont pas de nature politique, la querelle est d'ordre esthétique.

A l'approche du centenaire de la naissance de Balzac, la Société des Gens de Lettres dont il fut président, ouvre une souscription pour un monument et demande un projet au sculpteur Chapu. Celui-ci représente l'écrivain assis, la plume à la main, dans une attitude de méditation. Devant lui, à gauche, un Génie écrit sur le socle le nom de l'écrivain, à sa droite se dresse la Vérité, voilée du côté du public et révélant à Balzac seul l'autre partie de son anatomie. La Société des Gens de Lettres refuse le projet et, après le décès de Chapu, s'adresse à Rodin qui accepte et expose son œuvre en 1898.

C'est un tollé. La presse se déchaîne, parle d'aberration mentale, de course en sac, baptise Rodin le Michel Ange du goitre. Rodin trouve comme défenseurs Octave Mirbeau et Toulouse-Lautrec. Mais la Société des Gens de Lettres refuse l'œuvre et s'adresse à Falguière pour une nouvelle statue (ce sera celle de l'avenue de Friedland). Rodin reprend son plâtre.

En 1936, un nouveau comité s'est constitué, qui demande l'installation de l'œuvre de Rodin sur une place publique. Ce sera fait en 1939, boulevard Raspail.

L'inauguration du monument voit l'académicien Georges Lecomte avouer être animé par un désir de réparation envers un grand romancier français et un grand sculpteur du XIXe siècle. Jean Vignaud, président de la Société des Gens de Lettres, fait son mea culpa. Il est nécessaire de reconnaître ses fautes : *« Aussi avouons-nous les nôtres en ce jour de triomphe qui unit dans un même acte de justice les deux créateurs dont les œuvres ne cessent d'accroître le rayonnement de notre pays à travers le monde».* Jean Chiappe, député et conseiller du quartier, juge que la cérémonie *« consacre enfin le triomphe du génie sur la médiocrité et l'envie».* Jean Zay, ministre de l'Education nationale, rappelle que d'autres artistes que Rodin ont été incompris et il cite Cézanne, Gauguin, Van Gogh, Baudelaire, Mallarmé, Debussy, ce qui l'amène à en tirer les leçons : *« Ceci doit nous inciter à une grande modestie devant les inventions de la beauté si surprenantes soient-elles »*, et à conclure : *« Il n'y a pas d'art officiel, d'art dégénéré ».*

Des motivations indirectement liées à la qualité des héros peuvent intervenir. On a vu que tel romancier, tel peintre a pu être utilisé, par un « détournement » subtil pour autre chose que sa qualité d'écrivain ou d'artiste. Il reste néanmoins à inventorier ces personnages pour leur « compétence » propre.

Les écrivains

Il est bien difficile de dégager un fil directeur dans les choix opérés. On constate, au premier coup d'œil, que de grands auteurs voisinent avec des seconds plans.

Le réalisme est présent avec **Balzac**, dont on a suivi l'histoire tourmentée, avec **Flaubert**, à un degré moindre avec **Stendhal**. Le naturalisme est représenté par **Zola**, dont on a vu également les péripéties. Le Parnasse figure avec **Heredia** et **Théophile Gautier**, comme un prolongement de l'hommage à Leconte de Lisle au siècle précédent. *« L'impartialité scientifique »* de Heredia est mise en avant par le représentant du ministre de l'Instruction publique.

Le conseiller Fernand-Laurent semble régler ses comptes avec le romantisme, dans un discours à la tonalité conservatrice : *« aujourd'hui que la révolution romantique a, comme toutes les révolutions, été dépassée au point de faire figure d'ancien régime, Théophile Gautier a pris pour toujours, la place à laquelle il a droit parmi les classiques de tous les temps »*. Rageot, président de la Société des Gens de Lettres, tout en paraissant plus nuancé - il rappelle la lutte de Théophile Gautier *« contre les vieilles traditions »*, faisant allusion à la bataille d'Hernani-, émet des réserves à l'encontre d'un mouvement littéraire auquel l'écrivain n'a pas appartenu : *« Tout ce qu'il y a d'essentiel dans le romantisme, excès d'imagination, de sentimentalisme, la passion volontairement cultivée, l'étrangeté systématique, le désespoir intentionnel, tout cela il ne le sentait pas, ne le comprenait pas »*. Le ton n'est pas sans rappeler celui des républicains du siècle dernier confiants dans l'avenir et qui invitaient la jeunesse à l'optimisme. Théophile Gautier est présenté comme l'agent de liaison entre des tendances littéraires opposées. On retient d'**Emile Verhaeren** le poète de la vie sociale. Chez **Taine** on met en avant son déterminisme scientiste qui le conduit à voir dans la race, le milieu et le moment, les causes de la création littéraire. Paul Bourget, président du comité d'érection, se contente de parler de la modestie personnelle du critique, de son indépendance aussi.

Le XVIe siècle est représenté par **Ronsard**. Pierre de Nolhac, de l'Académie française, affirme que tous les poètes français descendent de lui. L'hommage est d'ailleurs rendu aux poètes de la Pléiade dont les noms figurent sur le socle. On se garde bien de rapprocher **Montaigne** des confidences romantiques, des épanchements du cœur. *Ses Essais* sont un regard lucide sur l'humanité, un scepticisme mesuré qui *« n'aboutit pas au pessimisme »*, tient à préciser l'ancien ministre et président du comité, Louis Barthou.

A côté de ces étoiles de première grandeur, on trouve des astres moins brillants. **Paul Adam**, présenté surtout comme le missionnaire de l'Idée latine. **Léon Dierx**, poète parnassien à l'origine, influencé ensuite par le symbolisme, pour lequel le président du conseil municipal parle des trésors de l'esprit et du rêve. **Joachim Gasquet**, dont on retient le lyrisme. Dans le registre théâtral, le conseiller Escudier encense **Victorien Sardou**, *« admirable et fécond auteur dont les pièces ont toujours su faire rire sans tomber dans le trivial ou soulever l'émotion la plus intense sans recourir aux moyens du mélodrame ».* **Courteline** est qualifié de *« lumineux miroir du génie français ».*

Deux autres statues sont installées non sans mal. **Léon Cladel**, prévu de longue date, n'avait guère été prisé par le conseil municipal dans les années 1890. On trouvait le héros un peu lamentable, ressemblant à un clochard. L'opiniâtreté de Judith Cladel, sœur de l'écrivain, eut raison des résistances, non sans le mécontentement de quelques sénateurs peu désireux de voir le jardin du Luxembourg s'enrichir d'une statue supplémentaire. Le buste de **Clovis Hugues** avait été réalisé avant 1914 à l'initiative du conseiller Grébauval, mais la guerre en avait empêché l'installation. Le conseil municipal accepte finalement la sculpture pour ce poète jugé plein de finesse et de talent.

Ce n'est pas faire injure de considérer ces écrivains comme étant de second plan. Si l'on met à part **Courteline**, dont le comique verbal et de situation a fait rire des générations de lecteurs, on n'affirmera pas que les autres ont occupé une grande place dans notre littérature.

Une dernière remarque : si **Clovis Hugues** a été marqué à gauche - et à ce titre son buste a été en son temps accepté par un conseil municipal à majorité radicale et socialiste - d'autres se situent à l'opposé ; ce n'est pas un hasard s'ils ont été honorés entre les deux guerres. Ainsi **Paul Adam** qui fréquenta Maurice Barrès et les mouvements nationalistes ou **Joachim Gasquet**, ami de Charles Maurras. Le monument de ce dernier vit d'ailleurs le jour grâce à Xavier de Magallon, un proche d'Edouard Drumont.

Restent les écrivains étrangers.

Le monument au poète **Adam Mickiewicz**, propagateur des idées patriotiques contre le régime tsariste, est offert par le gouvernement polonais. Même si le conseiller Fiquet le tient pour un auteur qui appartient à l'humanité tout entière, on a vu que les discours d'inauguration autour de sa statue développent des considérations qui n'ont qu'un rapport très indirect avec la littérature.

Quatre latino-américains font leur entrée parisienne. Le nicaraguayen **Ruben Darío**, rénovateur de la poésie espagnole. Le cubain **José Martí**, qui joua un rôle important dans la formation d'une conscience hispano-américaine. L'essayiste et polémiste équatorien **Juan Montalvo.** L'uruguayen **José Rodó**, défenseur de la culture gréco-latine.

Tous les quatre ont en commun leur lutte pour la liberté, l'affirmation qu'il existe une civilisation latino-américaine, l'amour de la France où ils ont vécu. De quoi satisfaire les élus.

Les artistes

Ils sont quatre peintres. **Eugène Carrière**, pour ses toiles évoquant les joies familiales, mais également comme auteur d'allégories décorant l'Hôtel de Ville de Paris. **Paul Cézanne**, refusé par la Ville d'Aix-en-Provence au motif que le portrait du peintre manque au monument (la statue représente une femme nue allongée) et « récupéré » pour le jardin des Tuileries. **Puvis de Chavannes** dont plusieurs œuvres ornent le Panthéon, la Sorbonne et l'Hôtel de Ville. **Steinlen**, pour ses tableaux et ses affiches qui traduisent les préoccupations sociales.

Quatre musiciens, aussi. **Beethoven**, inachevé et dont on a conté les malheurs. **Debussy,** qui selon Paul Léon, membre de l'Institut, a fixé par le son des impressions visuelles, tandis que Mistler, sous-secrétaire d'Etat aux Beaux-arts, rappelle les critiques dont le compositeur fit l'objet au début, pour conclure : *« La dissonance d'hier sera la consonance de demain »*. Une maxime qui pourrait s'appliquer au Balzac de Rodin. **Massenet**, dont les opéras enchantèrent le public. **Wilhem**, qui œuvra pour l'enseignement populaire de la musique. Créateur de *« l'Orphéon »*, en 1833, chorale scolaire exclusivement composée de voix d'enfants, auteur aussi d'une méthode dite « *La main musicale* » permettant de faire solfier à simple vue les exercices les plus variés par un grand nombre d'élèves. Un hommage donc pour ce pédagogue parisien qui composa, par ailleurs, la musique de chansons écrites par son ami Béranger.

Chez les sculpteurs : **Frémiet,** représenté en train de modeler une de ses œuvres et dont le socle du monument reproduit sa Jeanne d'Arc de la place des Pyramides. **Carpeaux**, pour une initiative remontant avant 1914, et malgré les ennuis que lui valut son traitement réalisé du nu féminin (le groupe *La Danse* destiné à l'Opéra fit scandale).

Deux comédiens enfin. **Sarah Bernhardt**, le théâtre même, pour Guillaumin, président du conseil municipal. **Lucien Guitry**, qui a offert son talent *« en paraissant plus de douze mille fois, en scène, en créant soixante-treize rôles »*, précise un autre élu.

Les femmes

« La » femme serait plus approprié, puisque seule **Sarah Bernhardt** a les honneurs de la place publique. (On exclut évidemment, **sainte Geneviève** qui relève d'une « catégorie » à part). La guerre a mis en valeur les héros masculins, ceux du front, voire ceux de l'arrière. Les tâches subalternes sont plus difficiles à cerner. Une seule statue, par conséquent. Mais cela ne correspond-t-il pas, encore et toujours, à la place assignée aux femmes dans la société ?

Les étrangers

On dénombre cinq latino-américains. Aux quatre écrivains déjà nommés, il faut ajouter **Simon Bolivar**. Sa statue équestre, commandée à Frémiet, fut érigée en Argentine. En 1930, les nations bolivariennes d'Amérique du sud (Bolivie, Colombie, Equateur, Paraguay, Pérou, Venezuela), offrirent à la Ville de Paris une réplique de ce monument, à l'occasion du centenaire de la mort du héros. Fiquet, président du conseil municipal, inaugure la statue en glorifiant le langage de liberté qui fut celui de Bolivar, défenseur des principes républicains. On y ajoutera l'aéronaute brésilien **Santos-Dumont**, auteur d'un vol de soixante mètres, en 1906, au bois de Boulogne.

Nos autres Grands Hommes, déjà rencontrés, sont étroitement liés aux évènements du temps : la Pologne opprimée (**Mickiewicz**), la Belgique menacée (**Albert Ier**), la Yougoslavie agressée (**Alexandre Ier**) et l'ambassadeur **Myron Herrick**, défenseur de la cause française en 1914. On citera, pour mémoire, **Verhaeren**, étranger certes - il est belge - mais d'expression française et auteur, on l'a vu, d'une diatribe à l'égard de l'Allemagne.

Il y eut encore, au cours de cette période, des projets de monuments, à la suite d'initiatives d'élus ou de comités divers. Ces projets n'aboutirent pas.

Des projets sans suite

Six écrivains ont retenu l'attention du conseil municipal. **Louis Pergaud**, évocateur de la vie rurale avec ses personnages et ses bêtes de la campagne et sa *Guerre des boutons*, bénéficie d'une participation à la souscription ouverte, comme **Paul Hervieu**, auteur de drames théâtraux mettant en scène la famille. On notera que tous deux sont morts à la guerre. **Maurice Barrès** reçoit une subvention importante après un rapport élogieux du conseiller de Castellane : *« il honora les lettres françaises par le rayonnement de son noble talent ; il a été un des meilleurs serviteurs de la patrie »*. Nationaliste, antidreyfusard, préoccupé de la « Revanche », il correspondait à l'idéal de la majorité de droite de l'assemblée municipale. **Mme de Sévigné** est défendue par le conseiller Riotor qui insiste sur *« cette correspondance de vingt-cinq ans entre mère et fille, la preuve que la femme française imprégna l'époque brillante où nous puisons encore maintenant, époque d'intrigue, de bel art et de bel esprit ».* Les temps actuels - nous sommes en 1925 - emprunteraient donc aux temps anciens, faits d'intrigues. Alors que les squares et les carrefours sont encombrés de statues, **Racine** n'a pas de monument, se lamente le conseiller Nastorg, qui demande réparation à l'occasion du tricentenaire de la naissance du grand dramaturge *« parce que, plus que jamais, la pensée française menacée doit être honorée et défendue »* (nous sommes en 1938). Une demande pour **Gérard de Nerval** demeurera également sans suite.

Du côté des artistes, le peintre et dessinateur **Adolphe Willette** reçoit un avis favorable après un plaidoyer du conseiller Georges Thomas pour cet artiste au grand cœur qui *« incarna pendant plus de quarante ans, dans son art tout de tact et de grâce, l'âme populaire tendrement ironique et ganache*[109] *».* **Camille Saint-Saëns** est admis sans difficulté. Aucune opposition sur le principe d'un monument à **Léonard de Vinci**, d'autant qu'il est offert, en 1936, par la Légation de la République de Saint-Marin. L'emplacement reste cependant à trouver car celui proposé - près de la porte Dauphine - a été réservé pour l'Exposition universelle de 1937. Enfin, le département de la Seine ayant acquis une statue de **Jean de Chelles**, il est envisagé de la placer dans le square du parvis Notre-Dame puisqu'il dirigea les travaux de la cathédrale.

Le progrès scientifique a sa part avec **Clémence Royer**, traductrice des œuvres de Darwin : un hommage dans le prolongement de celui à Lamarck. Témoignage très parisien avec une nouvelle proposition - la précédente date de 1910 - pour **Eugène Belgrand**, directeur du service des eaux et égouts de la Ville et auteur de travaux de dérivation d'eau importants. Progrès et bienfaisance, avec **Louis Braille**, inventeur d'un système d'écriture en points saillants pour les aveugles.

S'agissant du registre politique, on retiendra une proposition, encore une !, pour **Haussmann** ; pour **Viviani**, président du Conseil, qui signa l'ordre de mobilisation en 1914 et affirma sa volonté de réaliser « l'union sacrée » ; pour **André Lefèvre**, ancien ministre de la Guerre et ancien président du conseil municipal.

---

[109] Willette Adolphe (1857-1926) connut le succès avec ses représentations de Pierrot et de Colombine.

Un projet pour **Jaurès** restera dans les tiroirs. Après une première demande en 1919 qui demeura lettre morte, une nouvelle intervention est faite au conseil municipal. L'emplacement suggéré soulève des difficultés. On avait d'abord pensé installer la sculpture en bordure du boulevard Victor. Or, le 31 décembre 1936, l'endroit a été attribué à la Société Immobilière des Foires, Expositions et Fêtes de la Ville de Paris. Celle-ci semble d'accord pour renoncer au terrain, mais *« à titre tout à fait exceptionnel »* et à condition que cela *« ne soit pas considéré comme un précédent qui pourrait se renouveler ».* Entre-temps, l'architecte de la division des Promenades de la Ville de Paris, fait part de ses réserves : le projet d'extension de la Foire de Paris doit comporter un portique dont il est à craindre qu'il jure, sur le plan esthétique, avec le monument ; ce serait *« nuisible à la dignité et à la tenue souhaitables pour le monument à Jaurès »*, écrit-il. Les services d'architecture de la Ville émettent un avis défavorable : le projet prévoit un monument énorme entourant un buste colossal et inesthétique. Le conseiller du quartier intervient à son tour pour dire son opposition : à proximité de l'emplacement un immense garage à voiture doit être construit. Il existe d'autre part, non loin, un urinoir que l'on ne peut supprimer car il est utilisé par les usagers de la ligne d'autobus. Le monument serait une gêne pour tout le monde. Un comité technique et d'esthétique doit se réunir le 29 janvier 1938 afin de déterminer un emplacement convenable. On en restera là.

La guerre, déclarée en 1939, viendra arrêter toutes les velléités d'hommages.

Pour Jaurès, on peut s'interroger : son pacifisme était-il à ce moment plus à l'ordre du jour qu'en 1914 ?

Une proposition pour **Guynemer** n'aboutira pas plus, de même qu'une demande de subvention émanant de l'Association générale des étudiants de Paris en faveur de **Jeanne d'Arc**, représentée sur le bûcher de Rouen. Le conseiller Pinot est pourtant séduit par cette idée : *« Jeanne d'Arc y apparaît plus humaine ; c'est une figue laborieuse et pacifique de la France. Elle réconcilie aujourd'hui les peuples dans la vénération de son sacrifice ».* La demande n'aura pas de suite. Il n'est pas sûr que l'on souhaitait représenter la Jeanne en martyre, d'autant que ses bourreaux étaient Anglais.

Les luttes d'ordre politique ou esthétique que l'on vient d'évoquer peuvent, avec le recul, paraître dérisoires au regard de ce qui va se passer durant l'Occupation : un véritable massacre des statues.

L'OCCUPATION (1940 – 1944)

Dans une intervention à l'assemblée municipale en 1920, le conseiller Beaud déclarait, à propos de la statue de **Gallieni :** *« dans l'innombrable matériel que nous avons pu prendre à l'ennemi, il y a du bronze et surtout il y a du cuivre en quantité dont on peut couler la statue de ce grand Français ».* La mise en application de cette idée viendra une vingtaine d'années plus tard avec l'Acte, dit loi du 11 octobre 1941 : *« Nous, maréchal de France, chef de l'Etat français, décrétons : il sera procédé à l'enlèvement des statues et monuments en alliages cuivreux sis dans les lieux publics et les locaux administratifs, afin de remettre les métaux constituants dans le circuit de la production industrielle ».* Seule différence d'avec la proposition de Beaud : il ne s'agit pas là de récupérer du bronze pour refaire des statues.

Les Allemands n'avaient pas attendu un texte pour, dès 1940, détruire deux monuments qu'ils jugeaient indésirables : **Edith Cavell** (leur mauvaise conscience ?) et le général **Mangin.** Pour ce dernier, le journal *Illustrier Beobatcher*[110] de Munich écrivait : *« Les Français avaient érigé un monument à la mémoire du général Mangin qui, en 1919, ordonna aux Allemands de livrer les femmes allemandes aux appétits féroces des nègres. Quoique les Allemands ne soient pas partisans de la destruction de tableaux ou de statues, dans ce cas spécial ils ont jugé obligatoire de faire détruire par leurs soldats le monument de la honte. Pour de tels criminels, point n'est besoin de monument ».*

On sait que les troupes coloniales françaises furent l'objet de la vindicte allemande et que, par ailleurs, Mangin avait plus ou moins favorisé, après 1918, les velléités d'indépendance rhénane.

Le bronze est recherché. Mélange de divers métaux- cuivre, étain, nickel, plomb- qui fondent à des températures différentes, ceux-ci sont donc facilement dissociables. Le cuivre est intéressant car, transformé en laiton, il constitue la matière première des étuis de cartouches et d'enveloppes d'obus. Par ailleurs, réalité ou prétexte, l'agriculture et la viticulture françaises ont besoin de sulfate de cuivre, en particulier pour combattre doryphore et mildiou qui seraient réapparus. L'industrie électrique, en manque de ce métal, serait également concernée.

L'exécution de la loi est confiée à la Direction des Industries mécaniques du secrétariat d'Etat à la Production industrielle, à laquelle se substituera le Commissariat à la mobilisation des métaux non ferreux, créé par la loi du 26 janvier 1942. Le Commissariat sera secondé par le Groupement Industriel de Récupération des Métaux (G.I.R.M.), organisme privé créé en 1939 pour

[110] Propriété du parti national-socialiste.

assurer l'approvisionnement de l'industrie française en métaux non ferreux. Le G.I.R.M. se rendra acquéreur des métaux grâce à une subvention de l'Etat et assurera ensuite les analyses et les tris indispensables.

Les monuments, cassés dans des ateliers spécialisés, furent refondus et les métaux coulés envoyés aux établissements industriels travaillant pour l'occupant ou parfois directement en Allemagne.

La rafle, remboursée à la Ville de Paris à raison de 30 francs le kilo de bronze, lui rapporta près de 1.200.000 francs, somme très importante à l'époque.

Pucheu, ministre de l'Intérieur et Le Hideux, ministre de la Production industrielle, adressent alors une circulaire aux préfets : *« Une commission doit siéger dans votre département, sous votre présidence, pour choisir les statues et monuments qui devront être conservés ».* La circulaire précise qu' *« il y a lieu d'être très sévère dans ce choix »*, car la situation critique des approvisionnements en métaux cuivreux et les conséquences graves qu'elle entraîne *« excluent toute considération de sentiment ».*

La commission du département de la Seine est présidée par Pierre Revilliod, secrétaire général de la Préfecture. Elle comprend le directeur des services d'architecture et d'urbanisme, le directeur de la Voirie, un ingénieur en chef représentant le secrétariat d'Etat à la Production industrielle, le conservateur du musée national d'Art moderne, le conservateur du musée Carnavalet, le conservateur du musée du Petit-Palais.

La commission s'est défendue, dès le départ, de faire intervenir toute considération politique ou d'école artistique. Elle proposera à la fonte les statues *« dont la médiocrité est évidente et dont la proscription est appelée depuis longtemps par le bon goût ».* Des critères évidemment flous. Elle tiendra une dizaine de réunions à partir du 8 novembre 1941.

Il est difficile de juger son attitude. Il semble que le représentant du secrétaire d'Etat à la Production Industrielle ait manifesté son impatience eu égard à la lenteur des travaux. Lenteur peut-être calculée : il n'est pas impossible que la commission ait cherché à gagner du temps pour limiter l'hécatombe.

Elle pouvait d'ailleurs s'appuyer sur une directive de Jérôme Carcopino, ministre de l'Education nationale, du 16 octobre 1941 : *« On ne touchera pas aux statues de gloires nationales incontestables dont la disparition choquerait l'opinion publique ».* La formulation était vague, et l'on peut imaginer que tout le monde n'avait pas la même conception de ce qu'était une gloire nationale.

On se mit néanmoins d'accord pour épargner une vingtaine de statues ; **Balzac** (de Rodin), **Beaumarchais**, **Jacques Cartier**, **Charlemagne**, **Delacroix**, **Alexandre Dumas** père, **Eiffel**, **Francis Garnier**, **Gavarni**, **Herrick**, **Jeanne d'Arc** (les trois), **La Fayette**, **Etienne Marcel**, **Mickiewicz**, **Moncey**, **Palissy**, **Taine**, **Verhaeren**.

D'autres monuments obtinrent un sursis et leurs cas fut soumis aux autorités : **Albert Ier de Belgique, Alexandre Ier de Yougoslavie, Briand, Clemenceau, Danton, Fayolle, Franklin, Gallieni, de Grasse, Rochambeau, Washington** (seul), **Washington** et **La Fayette**.

L'embarras est grand s'agissant des Chefs d'Etat étrangers : leur pays est, en effet, du côté des Alliés. Prudente, la commission transmet, pour avis, les dossiers au quai d'Orsay.

Même hésitation concernant les héros, civils ou militaires de 14-18, adversaires de l'Allemagne certes, mais intimement liés au « patrimoine » français.

Embarras encore : que faut-il faire des « Américains », ceux de naissance (**Franklin**), mais aussi ceux qui ont combattu à leurs côtés pendant la guerre d'Indépendance (**de Grasse, Rochambeau**). Pour des raisons psychologiques, on ne pouvait évidemment toucher à **Jeanne d'Arc** (adversaire des Anglais, de surcroît !).

Pour le reste, on ignore les raisons qui ont pu conduire à la grâce de **Beaumarchais** et de **Verhaeren** et au déboulonnage de **Dante** (un Italien !) en 1943.

En définitive, la commission proposa une liste de monuments à fondre : **Arago**, **Augier**, **Bailly**, **Barye**, **Baudin**, **Béranger**, **Berlioz**, **Claude Bernard**, **Berthelot**, **Louis Blanc**, **Bobillot**, **Bolivar**, **Broca**, **Capitan**, **Carrière**, **Chappe**, **Charcot**, **Charlet**, **Chartier**, **Emile Chautemps**, **Cladel**, **Condorcet**, **Coppée**, **Corneille**, **Dante**, **Darío**, **Deraismes**, **Desmoulins**, **Diderot** (square d'Anvers), **Dolet**, **général Dumas**, **Floquet**, **Fourier**, **Gambetta**, **Godard**, **Heredia**, **Hugo** (place Victor Hugo), **Clovis Hugues**, **La Barre**, **La Fontaine**, **Lamartine**, **Lavoisier**, **Leclaire**, **Ledru-Rollin**, **Le Play**, **Macé**, **Marat**, **Martí**, **Métivier**, **Montalvo**, de **Mortillet**, de **Neuville**, **Péan**, **Pelletier** et **Caventou**, **Raffet**, **Raspail**, **Reichel**, **Renaudot**, **Ricord**, **Rodó**, **Rousseau**, **Sardou**, **Sedaine**, **Shakespeare**, **Steinlen**, **Tarnier**, baron **Taylor**, **Trarieux**, **Villon**, **Voltaire** (les deux statues) **Waldeck-Rousseau**, **Zola**.

Epuration insuffisante pour Abel Bonnard, qui a succédé à Carcopino à la tête de l'Education nationale en avril 1942. Il exige *« une juste et salutaire révision de nos gloires, de façon qu'il n'y ait plus d'intrus ou d'indignes dans ce peuple peu nombreux des statues, qui doivent partout proposer de nobles exemples à l'innombrable peuple des hommes ».* En juillet 1943, il dresse lui-même une liste complémentaire de monuments à condamner mêlant **Moncey**, **Charlemagne**, **Albert Ier**, l'amiral **de Grasse**, **Fayolle**, **Gallieni**, **Joffre**, **Ferrié**, **Danton**, **Franklin**, **Washington**, **Clemenceau**, **Briand**, **Déroulède**.

Le résultat de ce massacre : les deux-tiers des statues en bronze ont disparu[111]. Plus aucun républicain de 1848 ou des années 1880 et suivantes, plus aucun philosophe des Lumières[112], plus de héros de la Révolution, y compris les victimes (sauf Danton qui a été épargné sans qu'on sache pourquoi.)

Les « intrus » et les « indignes » sont désignés. La République n'existe plus.

Certains monuments échappèrent à la destruction grâce à des interventions diverses.

Le **Balzac** de Rodin et **Ney** sont retirés de la voie publique et placés dans les locaux de l'Observatoire par le directeur des Beaux-arts de la Ville de Paris. Un sort semblable est réservé à **Heredia** et **Murger**, enlevés du jardin du Luxembourg et mis en lieu sûr au Sénat. **Courteline** et **Ferrié** sont également mis de côté. Grâce à l'intervention d'un gardien de square, **Horace Wells** fait retraite dans un kiosque de la place des Etats-Unis. **Edouard VII**, abattu par la milice, trouve refuge dans un hôtel voisin.

Le 18 décembre 1941, le secrétaire général de la Seine fait connaître, par écrit, la nécessité d'enlever le monument à **de Grasse** qui se trouve dans les salles du Palais de Chaillot occupées par le Musée de la Marine : *« Cette opération paraît d'autant plus indispensable que les services de Propagande allemands doivent organiser dans ces salles, pour le printemps prochain, une exposition sur les œuvres sociales du IIIe Reich ».* Finalement, le monument sera hébergé par le musée de la Marine : la statue dans les caves, les bas-reliefs en salle. Le conservateur du musée a rechigné : il fait des réserves sur la qualité de « héros » attribuée à de Grasse, lui reprochant, semble-t-il, sa défaite face à la marine anglaise.

Bolivar et les autres latino-américains - **Martí**, **Montalvo**, **Darío**, **Rodó** - enlevés tardivement, sont enfouis sous un tas de ferraille chez un marchand de métaux.

Certaines statues sont sauvées grâce à l'esprit de famille. La fille et petite-fille interviennent auprès du préfet de la Seine pour **Gérôme**. Même démarche de Sacha pour son père **Lucien Guitry**. L'épouse du sculpteur Puech souhaite que l'on maintienne **Francis Garnier** et fait valoir que son époux a jadis exécuté un buste de Pétain. Le monument, inscrit tardivement sur la liste des proscriptions, demeurera en place.

D'autres requêtes n'aboutissent pas.

---

[111] Certains monuments subsistent en partie. C'est le cas lorsque le personnage, en pierre, est accompagné d'accessoires de bronze.

[112] Sauf Diderot du boulevard Saint-Germain, sauvé parce qu'en bronze creux et donc inutilisable.

Mlle Lenoir, fille du sculpteur, demande que l'on épargne **Berlioz** : impossible répond le secrétaire général de la Seine. Les descendants de **Caventou** veulent ménager l'avenir et souhaitent que le produit de la vente du métal soit versé sur un compte spécial de manière à pouvoir faire refondre les statues après la guerre : impossible *« de tenir compte de motifs sentimentaux si respectables qu'ils fussent »*, répond le préfet de la Seine.

En 1942, Albert Le Play, petit-fils de l'économiste **Ferdinand Le Play**, écrit au maréchal Pétain pour plaider la cause de son aïeul : *« S'il était encore de ce monde, il serait un admirateur passionné de votre œuvre. Vos discours, d'ailleurs, sont en complet accord avec sa doctrine ».* Il accompagne la signature de sa lettre des mentions *« Ancien combattant 14-18. Croix de guerre* (5 citations) ». Henri du Moulin de la Barthète, directeur du cabinet civil du maréchal, répond qu'il serait déplorable que la figure de Le Play soit rejetée par la Révolution Nationale *« dont on peut dire qu'il est un des précurseurs ».* Il suggère donc que soit réalisé un nouveau monument en pierre qui pourrait être érigé sur une place de Paris, à condition que soit constitué un comité *« composé de personnalités du nouvel esprit français ».* Albert poursuit ses flagorneries, se confond en remerciements : *« Je vois que vous possédez à fond l'esprit de la Réforme sociale ».*

Une anomalie à l'heure du massacre des effigies : le jardin du Luxembourg s'enrichit d'un buste, en pierre évidemment, celui de **Baudelaire**. L'accord de principe avait été pris avant-guerre, mais des discussions avaient suivi pour le choix de l'emplacement. Des difficultés financières avaient retardé la réalisation du buste. Le comité, présidé par Paul Valéry, n'avait pas réuni les fonds nécessaires[113]. L'allocation d'une subvention au sculpteur Fix-Masseau n'était pas possible puisqu'il était décédé. Sa veuve propose alors de faire don du buste à l'Etat. Le journal *Le Petit Parisien* s'insurge : en 1939, le buste est prêt et attend dans un hangar. Il sera placé en 1941, non sans qu'il y ait eu intervention d'écrivains auprès de Jeanneney, président du Sénat.

On ne se contente pas d'abattre les statues. On veut aussi ménager l'avenir, prévenir tout débordement au cas où quelque comité aurait l'intention de faire ériger une sculpture en guise d'hommage. Aussi, une loi du 13 janvier 1941 vient encadrer les initiatives toujours possibles en précisant que dorénavant aucun monument *« de caractère commémoratif, tel que statue, stèle ou fontaine, ne pourrait être élevé sur l'assiette du domaine public et des collectivités publiques sans que l'emplacement, le projet ou la maquette, ainsi que le libellé des inscriptions ait été préalablement approuvés par le secrétaire d'Etat chargé des Beaux-arts. En outre, l'érection de monuments commémoratifs est soumise à l'approbation préalable du ministre secrétaire d'Etat à l'Intérieur, après entente selon le*

---

[113] Il renonce à inscrire sur le socle deux strophes des *« Phares »* à cause du coût.

cas, s'il s'agit de monuments commémoratifs de guerre, avec le ministre secrétaire d'Etat à la Guerre, le ministre secrétaire d'Etat à la Marine ou le secrétaire à l'Aviation ».

Une règlementation très précise, très contraignante. Non à cause de l'exigence d'une présentation de maquette – la procédure était déjà en vigueur- mais avec l'intervention de trois secrétaires d'Etat aux Armées. Craignait-on un hommage à un soldat germanophobe ? A un républicain estampillé « 3e République » ? Ou s'inscrivait-on plutôt dans la durée : le texte de loi s'imposerait une fois la paix intervenue.

Nous verrons que, après l'Occupation, la question des socles vides abandonnés par nos héros, a fait l'objet de nombreuses interventions de la part des élus : faut-il les utiliser pour de nouveaux hommages ? Laisser les socles en état ? Ôter les socles de la voie publique ? Pour l'heure, le secrétariat d'Etat à la Production industrielle pense qu'il faut les laisser sur place. Pour des raisons matérielles : la main d'œuvre et les moyens de transport font défaut. Mais aussi pour des raisons psychologiques : *« Au moment où la population doit être appelée à payer l'impôt métal, la présence de ces socles dépourvus de leurs statues lui fera mieux comprendre qu'elle n'est pas seule à supporter des sacrifices ».* Un rôle pédagogique des socles vides en quelque sorte.

La presse collaborationniste applaudit des deux mains à cette hécatombe, pour des motifs politiques évidemment, mais aussi pour des raisons d'ordre esthétique. Abel Hermant, dans *Les Nouveaux Temps*, regrette que le **Gambetta** soit en pierre, parce qu'il a ainsi échappé à la rafle. **Jules Simon**, primitivement installé place de la Madeleine a été déplacé pour faciliter la circulation à cet endroit. Il est boulevard Malesherbes. Hermant feint la surprise : *« Quelle n'a pas été ma joie quand j'ai vu que le franc-maçon n'avait fait que changer d'église[114] ! ».* Sous le titre Navets-Marianne, l'éditorialiste de *Je suis partout* s'en prend lui aussi à **Gambetta** resté seul depuis que les accessoires en bronze qui l'accompagnaient ont disparu et il écrit : *« Pour l'effigie du tribun juif, une légère charge de dynamite fera tout de suite l'affaire ».* Ailleurs on trouve pêle-mêle des jugements divers mais concordants : *« le lamentable Marcelin Berthelot », « le grotesque Etienne Dolet », « le triste auteur du Contrat social »* (Rousseau). Le mot de la fin revient au *Moniteur Officiel du Commerce et de l'Industrie*, en 1941 : *« Notre amour-propre de citadin et notre joie de promeneurs ne seront satisfaits que le jour où nous pourrons lire, comme conclusion à cette rafle monumentale et esthétique : Par les soins des services municipaux et de l'administration des Beaux-arts, tout ce vilain monde a été conduit au Dépôt. Au Dépôt des marbres, bien entendu ».*

---

[114] L'église de la Madeleine et l'église Saint-Augustin.

Les quelques statues épargnées sortent de la clandestinité après la libération de Paris. Elles sont, en vérité, peu nombreuses. Après le massacre des années 1940, les héros retrouveront-ils place dans la rue ? Seront-ils remplacés par d'autres ? Quelle sera la politique des gouvernements futurs ?

LIBÉRATION ET IVE RÉPUBLIQUE (1944 - 1958)

« Paris outragé ! Paris brisé ! Paris martyrisé ! ». Osons utiliser ces mots prononcés par le général de Gaulle à l'Hôtel de Ville le 25 août 1944, pour les appliquer à notre propos : le massacre des héros en bronze.

L'ordre du jour est à la reconstruction. Mieux : à la réparation. Il faut rendre justice à nos Grands Hommes indûment abattus.

Au lendemain de la libération de Paris et de la victoire des Alliés, la question du remplacement des monuments disparus se pose.

Les ressuscités

Les opérations de récupération des métaux non ferreux furent le fait du gouvernement français. Elles n'entrent donc pas dans le cadre des dommages de guerre. Aussi a-t-il été admis que certains monuments enlevés seraient remplacés par des œuvres en pierre, commandées et payées par l'Etat, dans la mesure où le ministère de l'Education nationale le jugerait opportun. Il est hors de question de refaire les monuments à l'identique, compte tenu de la dépense que cela occasionnerait ni, bien entendu, de les remplacer tous. La Ville de Paris n'interviendra pas dans ce processus de réhabilitation, les commandes étant directement passées aux sculpteurs par l'Education nationale. Les crédits affectés pour ce faire seront rapidement supprimés.

Sept statues sont installées. **Béranger**, pour lequel un nouveau socle plus bas et plus large sera nécessaire afin d'accueillir cette fois l'écrivain assis. **Berlioz** qui n'est plus appuyé sur son pupitre dans une attitude pensive, mais drapé dans un grand manteau. **Claude Bernard**, réplique du bronze précédent, mais sans le chien disséqué. **Corneille**, sans allégorie de la Tragédie et sans le Cid. **Rousseau** sans les inscriptions qui figuraient sur le socle. **Lamartine**, debout et non plus assis, vêtu d'une longue cape mais sans son lévrier. **Villon**, sans les accessoires de la première version. D'une manière générale, ces nouvelles représentations sont plus dépouillées que les anciennes. Crédits obligent.

On notera que le 5e arrondissement est le mieux partagé, avec 4 statues sur 7.

Mais on ignore les critères qui ont présidé aux choix des personnages : héros peu compromettants politiquement ? Réalisations moins coûteuses ?

D'autres effigies réapparaissent grâce à des interventions diverses.

Pour **François Coppée**, l'auteur de l'ancien monument, de Chastenet, fait savoir qu'il en a conservé la maquette et il demande la restauration en pierre de la statue. De son côté, le petit-neveu de l'écrivain souhaite un monument identique à celui qui a été fondu. En 1950, le conseiller MRP de Véricourt s'interroge : Coppée mérite-t-il réellement une statue ? Et ne va-t-on pas réclamer le remplacement de toutes les statues démolies ? Pierre de Gaulle[115], qui préside la séance du conseil municipal, se fait l'avocat du poète : on peut certes discuter de ses talents, mais il a été un habitant très populaire, aimé dans son quartier. Il s'y promenait, *« il donnait ses bras et sa bourse à tous les pauvres de l'endroit »*. Et il ajoute, de manière surprenante, qu'on ne doit pas considérer les érections de statues *« comme une sorte de palmarès de la grandeur et de la gloire françaises »*. On a cru comprendre le contraire jusque là !

Le conseiller RPF Moatti juge qu'il y a d'autres urgences, les statues de Mangin et Foch, par exemple. Un premier projet de sculpture est refusé : Coppée est accompagné d'une muse. Trop cher ! dit le conseil municipal. En 1957, l'accord est enfin donné pour un médaillon. Le socle et la mise en place de l'ensemble seront à la charge du secrétariat d'Etat aux Arts et Lettres. Le monument sera dressé en 1959. Le tandem **Pelletier-Caventou** doit son retour au doyen de la Faculté de Pharmacie de Paris. Le conseil municipal vote un crédit pour un nouveau socle qui accueillera les médaillons des deux scientifiques et pour l'aménagement de ce qui sera une fontaine, dite *« Fontaine de la guérison »*. Rentrée discrète pour **Victor Hugo** dans le petit jardin des Poètes du 16e arrondissement. On a fondu en bronze la tête de l'écrivain, celle qui appartenait à la statue ayant figuré un temps dans les jardins du Palais-Royal (Hugo y était représenté en Dieu de l'Olympe). Il s'agit d'un prêt du musée Rodin. **Clovis Hugues** ne doit pas sa résurrection à un quelconque comité, mais à son petit-fils, Robert Andrieu, préfet d'Eure-et-Loir, qui possède le plâtre original du buste de son grand-père et qui propose de le faire exécuter en bronze, à ses frais. Argument convaincant pour les élus et l'écrivain est rétabli sur l'ancien socle demeuré en place. Les discours d'inauguration omettent le passé politique de l'intéressé et insistent sur ses qualités littéraires. Le président des *Amis de la Langue d'Oc* rappelle qu'il fut membre du Félibrige de Paris et il orne son intervention de quelques citations en provençal. Le général **Mangin**, enfin. Mais les choses, un peu compliquées, s'effectuent en deux temps.

On se souvient que, dès leur arrivée, les Allemands avaient dynamité la statue. En 1952, on décide d'ériger deux monuments. L'un consisterait en une statue de type habituel, l'autre serait une stèle destinée à commémorer la destruction de l'ancienne sculpture, à édifier sur le lieu même de l'attentat.

Les difficultés commencent avec l'inscription que l'on souhaite faire figurer sur la stèle. Le texte primitif indique : *« Ici s'élevait la statue du général Mangin détruite par Hitler le 18 juin 1940 »*. Mais deux modifications

[115] Frère du général de Gaulle.

sont prévues. Une rectification, d'abord : il ne s'agit pas du 18 mais du 27 juin. Un ajout, ensuite, demandé par le conseil municipal : il faudrait préciser que la statue fut détruite par *« l'envahisseur allemand »*. S'ensuit un échange avec le ministre de l'Intérieur. Celui-ci fait savoir par courrier que l'emplacement choisi- la place Denys Cochin, près des Invalides - étant un lieu particulièrement fréquenté par les touristes étrangers, il paraît inopportun de procéder à l'adjonction souhaitée par le conseil municipal, lequel campe sur ses positions et maintien son exigence à l'unanimité. Il le dit sans détour au préfet de la Seine. La stèle, approuvée par décret, est inaugurée en 1957.

Le monument proprement dit soulève d'autres difficultés. Une « *Association pour la reconstruction à Paris du monument du général Mangin* » s'est constituée. Elle souhaite que l'auteur du monument d'origine, Real del Sarte, exécute la nouvelle version, en utilisant la tête du héros qui a pu être récupérée. Cette idée est loin de faire l'unanimité. Au conseil municipal comme à la direction générale des Arts et Lettres, on juge que le monument était laid et qu'il ne faisait pas honneur à Paris. On récuse aussi Real del Sarte pour son attitude durant l'Occupation[116]. Un nouveau comité est constitué en 1949, à l'instigation de la générale Mangin qui insiste pour que ce comité soit uniquement composé de personnalités ayant donné des preuves de leur patriotisme, notamment pendant l'Occupation. Le comité est présidé par le général de Larminat[117]. Après concours, la réalisation de la statue est confiée au sculpteur Raymond Martin.

L'inauguration a lieu en 1954. De Larminat prend longuement la parole. Il rappelle, allusivement, que Mangin fut relevé de ses fonctions après l'attaque manquée de Nivelle : *« Les résultats de l'offensive d'avril 1917, sur le Chemin des Dames, déçoivent les espoirs, une vague de démoralisation s'empare des milieux politiques dont le général Mangin est très injustement la victime »*. C'est un peu le procès du pouvoir civil de l'époque qui se fait ici, car à la suite de cet échec, Mangin fut, pour quelques mois, mis en disponibilité. Comme pour faire oublier ce fâcheux intermède, de Larminat se tourne vers les exploits du héros en Afrique, dans le langage habituel des colonisateurs désireux de justifier leur entreprise. C'est ainsi que Mangin *« partait en 1881 pour la conquête du Soudan, l'une de ces conquêtes qui apportèrent aux populations de notre Afrique maintenues dans un état misérable et troublé, toujours précaire, parfois servile, hors des voies de la civilisation, les bienfaits de la paix, de l'ordre, de la justice, du progrès matériel et social »*. Mais il faut aussi rendre hommage aux vertus guerrières de *« nos soldats africains». « Notre », « nos »,* le possessif est révélateur. Et il est ajouté : *« il est juste qu'un salut fraternel soit envoyé d'ici à ceux qui, aujourd'hui, combattent en Indochine. »* La réalité est

[116] Il est connu pour ses sympathies d'extrême droite.
[117] Il fut le premier commissaire de l'AEF libre.

d'ailleurs qu'ils ne combattent plus puisque, au moment ou de Larminat s'exprime, la défaite de Diên Biên Phû est consommée. Les guerres coloniales convenaient parfaitement à Mangin : *« Il ne fut jamais si heureux que le jour où il se transforma momentanément en cavalier, en spahi, car sabrer était bien dans son tempérament »*. L'orateur ne précise pas ce que Mangin aimait sabrer.

On a vu que le monument à **Edith Cavell** avait subi le même traitement à l'explosif que celui à Mangin. En juin 1945, la conseillère Lefaucheux[118] intervient pour qu'on lui érige une statue. La demande restera sans suite. Une infirmière anglaise avait peut-être moins d'importance qu'un officier français.

Les miraculés

Ce sont ceux dont on a déjà parlé, installés avant la guerre et mis en lieu sûr durant l'Occupation pour qu'ils échappent à la grande rafle : **Balzac**, **Courteline**, **Déroulède**, **Edouard VII**, **Ferrié, de Grasse**, **Heredia**, **Le Play**, **Murger**, **Ney**, **Wells** et les latino-américains **Darío**, **Martí**, **Montalvo**, **Rodó**, **Bolivar**. Ils seront replacés sans manifestation particulière, à l'exception de Bolivar, pour lequel Georges Bidault, président du Conseil, procèdera à une inauguration officielle en présence du président du conseil municipal, des ministres du Nicaragua, de l'Equateur, du Pérou, de l'Uruguay et de l'ambassadeur du Venezuela.

Quelques affaires d'avant-guerre

Avant la guerre avait été prévue l'installation de trois effigies.

En 1934, un comité présidé par le médecin général inspecteur Emily, ouvre une souscription pour un monument à **Jean-Baptiste Marchand**, commandant d'une mission en Champagne en 14-18, mais plus connu sans doute par l'échec de Fachoda[119]. Le projet reçoit l'assentiment du conseil municipal l'année suivante. Le comité propose d'effectuer, à ses frais, le transfert du *« Monument aux gloires nationales »* situé devant le musée des Colonies[120] sur l'esplanade du château de Vincennes. L'emplacement ainsi libéré accueillerait le monument Marchand devant le musée, perçu comme le véritable conservatoire de nos gloires nationales comme le dit le médecin général Emily. La proposition est logique puisqu'on veut honorer l'action

[118] Marie-Hélène Lefaucheux est l'épouse de Pierre Lefaucheux, commandant des FFI de Paris, de la Seine et de la Seine-et-Oise.

[119] En 1898, la mission Marchand dut évacuer Fachoda sur ordre de Delcassé, ministre des Affaires étrangères, afin d'éviter un conflit armé avec la Grande-Bretagne.

[120] Hier Musée des Arts africains et océaniens, aujourd'hui Cité nationale de l'histoire de l'immigration.

coloniale de Marchand. Malheureusement, la réalisation n'avance pas. Et le 15 novembre 1940, le directeur des Beaux-arts de la Ville de Paris écrit à la préfecture de la Seine pour lui indiquer que le comité n'a versé aucune somme à la Caisse municipale pour le paiement de la sculpture. Or le président du comité est en zone libre et donc injoignable. En 1948, le monument, scindé en plusieurs parties, n'est pas achevé. Le député Paul Reynaud et le maréchal Juin prennent le relais de l'ancien comité. La sculpture sera finalement installée en 1949, après que la Ville de Paris eût pris la dépense à sa charge, non sans réticences. A cette occasion, le conseiller Debû-Bridel avait incité le conseil à prendre exemple sur Londres qui, d'après lui, aurait décidé de n'ériger aucune statue avant la reconstruction complète de la ville.

Le projet pour le maréchal **Foch** remonte loin. Si le principe d'un monument ne semble pas soulever d'objection, la question de l'emplacement n'est pas résolue pour autant.

Dès 1929, le conseiller de Castellane était intervenu pour juger discutable l'implantation envisagée porte Dauphine: *« C'est un lieu d'élégances cosmopolites où s'écoule un flot interrompu d'automobiles de luxe, de cavaliers, de promeneurs favorisés ».* Pour notre élu, ce lieu un peu agité ne permettrait donc pas le recueillement nécessaire pour manifester la reconnaissance nationale due à ce grand chef de guerre. D'autres propositions sont avancées : l'esplanade des Invalides ou la place qui va être aménagée à l'ancienne porte Maillot. En 1935, Foch n'a toujours pas de statue, alors que, fait-on remarquer, il en a une à Londres, inaugurée en 1930. En juillet 1935, on décide de placer le monument face à l'Ecole militaire où il a professé et *« où les générations d'officiers conserveront pieusement sa mémoire »*, dit le conseiller Charles des Isnards. En 1950, nouvelles discussions à l'assemblée municipale, mais cette fois pour une question de gros sous. Le conseil s'était vu refuser le terre-plein central de la place du Trocadéro : l'Etat voulait utiliser ce terrain pour y édifier des constructions provisoires destinées à l'ONU. Il avait accepté de différer l'érection du monument sous réserve que l'Etat prenne à sa charge la fabrication du socle et la mise en place définitive de la statue. Le ministère des Finances, arguant qu'il n'avait jamais donné un tel accord, refusait d'assurer la dépense. Il fallut l'adoption par l'Assemblée Nationale d'un vœu unanime demandant l'érection du monument pour que les crédits soient débloqués. Les mésaventures du maréchal n'étaient pas terminées pour autant. L'auteur de la statue, le sculpteur Robert Wléric, était mort en 1944 et l'œuvre fut achevée par son élève, Robert Martin. On procéda alors à deux cérémonies d'inauguration : l'une pour le monument provisoire en 1948, l'autre pour le monument définitif en 1951, toutes deux le 11 novembre.

La troisième affaire ancienne concerne l'homme politique américain **Thomas Paine**. Un mémoire préfectoral avait été introduit en 1937 pour l'édification de sa statue, mais le conseil municipal avait jugé la sculpture inesthétique. Le directeur des services d'Architecture du département de la Seine s'était montré, par ailleurs, réservé *« sur le principe même de la commémoration d'un personnage un peu oublié, alors que les offres de monuments affluent »*. Il fallut l'intervention de l'ambassadeur des Etats-Unis pour faire taire les oppositions. La statue fut inaugurée en 1948, avec un long discours de Joseph Lewis, président des libres penseurs d'Amérique. Lewis retraça la vie de Paine, les luttes qu'il mena pour que l'humanité s'émancipe de la tyrannie politique et de la superstition religieuse, son rôle pour l'accomplissement de l'indépendance américaine, sa foi dans la science et la liberté, dans le régime républicain, meilleur mode de gouvernement. Un ton digne de celui des années 1880, à ceci près que l'orateur rappelle l'intervention de Paine pour sauver la tête de Louis XVI, un *« acte sublime »*, *« face à des rageurs fanatiques »*. De quoi relancer le débat sur la Révolution française. Lewis termine en rapprochant la Déclaration américaine d'Indépendance et la Déclaration française des Droits de l'Homme et en citant Paine : *« la cause de l'Amérique et la cause de la France sont la cause de toute l'humanité »*. Cette fois, le ton n'est pas sans rappeler celui de l'entre-deux guerres.

La deuxième guerre mondiale : un seul héros

La déroute de 1940 n'incitait peut-être pas à honorer les grands chefs de nos armées. Le seul représentant en est **Diego Brosset**, mort au combat, commandant la 1e Division des Français Libres, première grande unité française régulière reconstituée au cœur de l'Afrique au lendemain de la défaite. Ses compagnons sont associés à l'hommage.

Les écrivains

Quatre écrivains pour une période pauvre en statues peut paraître un chiffre relativement important.

Chateaubriand, mais c'est aussi de l'histoire ancienne. En 1927, le journal *Les Débats* publie un article pour que soit érigée une statue à l'écrivain. L'auteur admet qu'il n'y avait aucune raison pour que le Second Empire rendît hommage à ce légitimiste. Mais les temps ont changé, et le chroniqueur verrait bien un monument installé devant la façade de l'Institut. L'année suivante, le préfet de la Seine écrit au ministre de l'Instruction publique et des Beaux-arts pour lui faire part de son intention d'offrir une statue en pierre à la Ville de Paris. Le conseil municipal se dit sensible à la générosité de cette offre mais estime qu'il convient de respecter la pensée maintes fois exprimée de Chateaubriand, qui avait souhaité que son nom ne figurât pas sur son tombeau[121]. Pas de suite, donc. Un nouveau comité formé après la guerre permettra l'inauguration d'un buste de l'écrivain en 1949. **Frédéric Mistral**, installé sans cérémonie particulière en 1954, constitue un hommage à l'un des fondateurs du *Félibrige*[122] dont Clovis Hugues, déjà rencontré, fut membre. **Rosny aîné**, rendu célèbre par son roman *La Guerre du Feu*, est placé directement dans le square qui porte son nom. Le buste en marbre de **Tolstoï**, exécuté en France en 1953 sur commande de la *Société des intellectuels russes* pour le musée Léon Tolstoï de Moscou, reçoit une copie offerte par la veuve du sculpteur à la Ville de Paris pour le 125e anniversaire de la mort de l'écrivain.

Le sport

Un second sportif, après Frantz Reichel, fait son apparition dans le panthéon des gloires nationales : le coureur automobile **Jean-Pierre Wimille**, qui s'est tué en compétition. A l'origine de l'hommage : l'*Association française des coureurs automobiles*. D'abord réticent, le conseil municipal donne son accord. Mais la commission centrale des monuments commémoratifs juge le projet inesthétique. La commission des sites, perspectives et paysages du département de la Seine lui emboîte le pas et pense qu'un médaillon, voire une simple plaque, remplaceraient avantageusement le buste envisagé. C'est finalement un médaillon sur stèle qui sera adopté.

Les Latino-américains

En 1954, l'ambassade du Chili offre un buste de l'écrivain et journaliste **Vicuna-Mackenna**, pour une installation dans le square de l'Amérique latine. Dans un premier temps le conseil municipal refuse, car l'emplacement accueille déjà quatre bustes (Darío, Martí, Montalvo, Rodó) et l'arrivée d'un nouveau obligerait à remanier l'ordonnance de l'endroit. L'ambassade propose alors une installation proche de ses locaux. Cette fois, c'est l'administration parisienne, en la personne du directeur des Beaux-arts, qui émet des réserves, car la proximité de l'Hôtel des Invalides voue cet édifice aux gloires militaires françaises et Vicuna-Mackenna se prête mal à un hommage en ce lieu. L'affaire est embarrassante : il est difficile de mécontenter un gouvernement étranger. Le conseiller Fruh observe que notre héros fut un journaliste de talent, l'esprit tourné vers les idées de progrès et qu'il résida longtemps en France. L'accord est finalement donné en 1955,

---

[121] Le même argument avait été employé sous la Restauration pour refuser un monument à l'écrivain.

[122] Ecole littéraire fondée en Provence en 1854.

mais il faut se mettre en chasse pour trouver un sixième buste qui rétablira l'équilibre esthétique. Ce sera chose faite grâce à l'ambassade d'Argentine qui propose l'un des siens, l'écrivain Sarmiento. Tout rentre dans l'ordre, mais en fait le projet Sarmiento n'aboutira pas et d'autres gloires américano-latines viendront ultérieurement prendre place dans le square.

Jeanne d'Arc (suite… et fin ?)

Les ambassades n'en finissent pas de créer des difficultés aux élus municipaux. En 1954, celle du Danemark veut offrir une statue équestre de Jeanne d'Arc. Au conseil, des oppositions apparaissent : à celles d'ordre « historico-philosophique » s'ajoutent des divergences quant à l'emplacement souhaitable pour accueillir l'héroïne. C'est la droite qui se fait entendre. Lévêque reconnaît qu'il s'agit d'un beau monument, mais *« les Danois, avec leur philosophie à eux, ne voient pas Jeanne d'Arc comme nous la voyons nous-mêmes habituellement. Les Danois voient Jeanne d'Arc comme une femme guerrière, comme une Walkyrie et l'ont présentée comme telle »*. On peut penser que c'est la « Walkyrie » qui gêne car, pour le reste, les autres statues de Jeanne représentent bien une guerrière. La discussion se poursuit quant à l'emplacement le plus approprié. Le square Samuel Rousseau, attenant à l'église Sainte-Clotilde dans le 7^earrondissement, est refusé par le conseiller Lancrenon car cette église est *« un pastiche classique ogival »*, les bâtiments voisins du ministère de la Défense nationale sont *« de style très classique »* ; ce serait donc une erreur de placer à cet endroit *« un monument aussi romantique »*. Autre proposition d'emplacement : l'Île aux Cygnes, qui domine la Seine et par où abordèrent les Vikings. Nouvelle opposition, du conseiller Bucaille cette fois : Sainte-Clotilde ou l'Île aux Cygnes, peu importe, car à l'époque c'étaient des prés ou des marécages sous domination anglaise. Cela n'a rien à voir avec la marche de Jeanne d'Arc vers la capitale.

Comme le dit un élu : personne n'est enthousiaste, mais *« il faut absolument en finir »*.

Le conseiller Lévêque tente de convaincre ses collègues en insistant sur le délicat de la situation : *« C'est que les Danois –dont il ne faut pas oublier qu'ils furent nos camarades de combat : car pendant l'Occupation, ils ont souffert plus que nous- attachent à l'érection de ce monument dans notre cité une signification toute particulière »*. C'est évidemment le gouvernement du Danemark, via son ambassade, qui cause l'embarras. Circonstance aggravante, la commission centrale des monuments commémoratifs, sans l'accord de laquelle rien ne peut être fait, émet à son tour un avis défavorable : elle juge que l'œuvre ne correspond pas au sentiment national des Français.

Un artifice commode, sinon élégant, permettra de trouver une issue. Puisque la règlementation sur les hommages publics est contraignante, supprimons l'obstacle. La statue de Jeanne d'Arc, baptisée par décret « *La France renaissante* », est considérée comme une œuvre décorative. A ce titre, elle échappe aux textes sur les hommages. Elle sera inaugurée par les autorités municipales qui rappellent à l'ambassadeur du Danemark, présent à la cérémonie, l'entente indéfectible entre les deux pays.

Comme lors des époques précédentes, quelques tentatives avortent.

Les projets de monuments

Dès 1945, la gauche fait une proposition pour **Marat**. Pas de suite. Même sanction pour **Jaurès** l'année suivante. En 1951, le gaulliste Ulver, rapporteur du budget, fait voter un crédit pour **Baudin**. Deux concours ouverts en 1952 et 1954 n'aboutissent pas. Un buste pour **Léo Larguier**, écrivain cévenol de Saint-Germain-des-Prés, reçoit un accord de principe en attendant qu'un emplacement soit trouvé : sans suite. Un avis favorable est donné en 1953 pour une effigie commémorant le quatrième centenaire de la mort de **Rabelais** : on en perd la trace. Le conseil municipal, d'accord pour que **Charcot**, fondu sous l'Occupation, soit rétabli sur son socle, renonce ensuite car l'Etat refuse de prendre totalement en charge la dépense. Est adoptée en 1956 l'installation d'un buste de **Saint-Exupéry**. On en restera là et l'écrivain-aviateur attendra la Ve République pour recevoir un monument. **Zola** rencontre une nouvelle fois bien des difficultés. Un accord est trouvé, non sans quelques échanges acidulés, la gauche reprochant à la droite de freiner des quatre fers, mais l'affaire traîne à cause de la dépense jugée excessive pour l'installation de la sculpture.

En juillet 1956, le colonel Nasser nationalise le canal de Suez. La statue de Ferdinand de Lesseps s'en trouve déboulonnée. En 1957, le conseil municipal exige réparation et veut un monument à **de Lesseps** afin de rappeler *« le degré de stupidité que peut atteindre le fanatisme aveugle »*, dit le conseiller de droite, Rigaud, qui ajoute que la statue symbolisera *« l'amitié traditionnelle qui lie le peuple français et le véritable peuple égyptien ».* Il y aurait donc deux peuples : celui qui soutient Nasser et l'autre, seul légitime. On souhaite associer dans le même hommage **Sa'id Pacha**, vice-roi d'Egypte, qui appuya la création du canal. Pour le conseiller gaulliste Devraigne, l'emplacement est tout trouvé : ce sera face à l'ambassade d'Egypte, car la statue démolie *« est une offense qui nous est faite ».* Le projet en restera-là.

En 1958, le groupe communiste dépose une proposition pour un hommage à **Robespierre**, sous la forme d'un buste qui serait installé sur la terrasse du jardin des Tuileries, à l'ancien emplacement de la Convention nationale. A droite, le conseiller Suzanne n'est pas contre un témoignage de reconnaissance à Robespierre sous la forme d'un nom de rue – car il existe déjà des noms attribués à de grandes figures de la Révolution – mais il ne veut pas d'une statue, car le personnage est un *« homme contradictoire »* qui a aspiré au pouvoir personnel. Pour conforter son point de vue le conseiller appelle à l'aide Michelet, qui écrivait dans son *Histoire de la Révolution française* : *« Le rêve atroce d'une purgation absolue de la République prit racine en lui »* ; il ajoute que le Tribunal révolutionnaire n'a pas appliqué les principes contenus dans la *Déclaration des Droits de l'Homme et du citoyen.* Le communiste Voguet répond que l'on reproche volontiers à Robespierre le sang que la Révolution a versé pour sa défense, mais ajoute-t-il : *« J'attendrai sans doute longtemps que certains membres de cette Assemblée condamnent l'Eglise catholique pour le sang qu'elle a contribué à répandre pendant les guerres de religion ».* Après une flèche du conseiller Devraigne concernant l'intervention de l'URSS en Hongrie, on passera à l'ordre du jour.

Vingt-quatre monuments en place publique (en comptant François Coppée, installé en 1959 mais décidé sous la IVe République), le déclin se confirme. D'autant que si l'on considère l'intervention directe de l'Etat pour sept d'entre eux, que trois autres avaient été approuvés avant-guerre, que sept encore proviennent de dons ou de prêts, on décompte seulement sept statues qui relèvent vraiment de la volonté des élus parisiens.

Le temps est à la reconstruction et l'argent manque. Excepté Mangin, les six autres effigies sont des bustes ou des médaillons. Raison pour ne pas s'étonner que la deuxième guerre mondiale ne soit représentée que par un seul héros.

La Ve République sera moins avare d'hommages publics.

LA V^{E} RÉPUBLIQUE

Deux temps très différents sont à considérer : l'avant et l'après mai 1981, date de l'arrivée des socialistes au pouvoir.

L'AVANT-MAI 1981

C'est la continuité de la IVe République qui prévaut, si l'on se réfère à la relative pauvreté du nombre d'hommages.

Les ressuscités

On ne reviendra pas sur la longue histoire de **Coppée** installé en 1959, mais décidé longtemps auparavant. Le sergent **Bobillot** reçoit un buste exécuté d'après une effigie de l'époque. Une réduction du socle s'avèrera nécessaire pour harmoniser l'ensemble avec la sculpture, car l'ancien monument était une statue en pied. **Eugène Carrière** : une affaire de famille. Il doit son retour à une pétition de Mme Delbove-Carrière, sa fille, et la statue sera exécutée par Jean-René Carrière, son fils. **Voltaire** est installé dans un petit square du 6e arrondissement. Les conseillers socialistes auraient préféré la place Voltaire, car ils ne veulent pas d'un héros « à la sauvette». Mais la statue est offerte par l'Etat, alors... L'arrivée du philosophe nécessite un aménagement du square. Fort heureusement il reste un reliquat de crédit pour des travaux relatifs à Coppée qui n'ont pas été utilisés. Avant de retrouver la voie publique, **Jean Macé** avait reçu un avis défavorable de la part de la commission centrale des monuments commémoratifs qui avait critiqué la qualité esthétique de l'œuvre. Pour **Victor Hugo**, le conseiller de Véricourt n'ose pas se prononcer ouvertement contre une statue et il emprunte des chemins de traverse, en l'occurrence ceux de Guernesey. Il faut redonner de l'éclat à la maison de l'écrivain, située sur un territoire étranger, certes, mais proche de la France si l'on en juge par les noms donnés aux villes de l'île, noms français, voire normands. D'ailleurs, ajoute-t-il, lorsque le roi George V est venu à Guernesey, on l'a salué avec des oriflammes portant « *Salut au Duc de Normandie* ». Et de Véricourt propose que, chaque année, on vote un crédit d'un million de francs pour une manifestation culturelle à la maison de Hugo. Aucune allusion dans cette péroraison à une quelconque statue à Paris. Il y en aura une, pourtant. Offerte par le ministère de l'Education nationale, ce sera la copie en bronze de la statue de Rodin qui avait orné un temps les jardins du Palais-Royal. Jules Romains, de l'Académie française, inaugure le monument en 1964 et se félicite qu'on ait pu le replacer dans le

16^e^arrondissement[123]. Il rappelle certaines attaques contre Hugo, de la part de ceux qui considéraient *« certaines audaces du romantisme comme des fautes de goût caractérisées »*, et de ceux animés *« par le fanatisme et la haine »*, tel le catholique Louis Veuillot. Il poursuit en mettant en avant les vertus civiques du héros, sa fidélité intransigeante à un idéal lorsqu'il choisit l'exil et lorsqu' *« il sollicita l'indulgence des autorités nouvelles en faveur des égarés de la Commune[124] »*. Le chef d'entreprise **Jean Leclaire** est remis en place. Le moulage conservé a, en effet, permis une fonte en bronze. Bernard Lafay, président du conseil municipal, juge qu'il faut tirer les leçons essentielles de l'œuvre de Leclaire, *« invention de la sécurité sociale, de la retraite des travailleurs, de la participation aux bénéfices, de l'association du personnel à la gestion, de la promotion ouvrière et de la formation professionnelle »*. L'élu insiste sur ce dernier aspect car c'est *« un problème actuel qui préoccupe les milieux syndicaux -ouvriers et patronaux- et qui retient toute l'attention du gouvernement »*. On mettra sur le compte de l'emphase politique la qualité d'inventeur de la sécurité sociale attribuée à Leclaire.

Les Latino-américains

Le square d'Amérique latine s'enrichit de trois nouveaux bustes. Le philosophe et humaniste vénézuélien **Andres Bello**, ami de Bolivar. **Ricardo Palma**, promoteur du folklore péruvien. **Justo Sierra**, éducateur et historien mexicain. Ce qui porte à huit le nombre de bustes du square et permet une ordonnance harmonieuse.

D'autres lieux accueillent encore des personnages de l'Amérique latine. Trois héros de l'indépendance : pour l'Uruguay, le général **José Artigas** ; pour le Paraguay, **Juan Caballero** ; pour le Mexique, **Miguel Hidalgo**. Ce dernier est parti en 1810 à la tête de quelques hommes afin de libérer son pays. *« Il avait entendu le chant de Rouget de l'Isle »*, conclut la maréchale de Hauteclocque.

Le général argentin **José San Martin** reçoit une statue équestre, réplique de celle se trouvant à Buenos-Aires et à Santiago du Chili. Statue équestre car, comme Bolivar, c'est un grand chef de guerre, artisan de l'indépendance de son pays, du Chili et du Pérou. Il est présenté par Tardieu, président du conseil municipal, comme un *« homme d'Etat lucide, pur, généreux »*, tandis que le conseiller Vergnolle dit que son action a été déterminée par *« les grands principes de 89 »*. Hidalgo et San Martin : un hommage direct à la Révolution française.

[123] L'administration de la Ville de Paris avait proposé une installation près de Notre-Dame, sans doute par référence au roman de l'écrivain.

[124] Près d'un siècle plus tard, le jugement sur les communards n'a donc pas changé.

Le progrès scientifique

Ce progrès serait-il définitivement acquis que l'on n'ait plus à le valoriser, sinon seulement par un buste et un médaillon ? Le premier, pour **Edouard Branly**, né à Amiens certes, mais qui *« a passé toute sa carrière de savant à Paris dans la modestie et l'abnégation, au service de ses élèves et de la France »*, dit le conseiller de Véricourt dans une envolée très « Troisième République ». Le second est réservé à **Jean Perrin**, devant le Palais de la Découverte dont il fut le fondateur. Le professeur Lépine, adjoint au maire de Paris[125], voit en lui l'un des plus grands physiciens français et rappelle qu'il fut membre du gouvernement de Léon Blum en 1936. Hommage inattendu(?) au Front Populaire.

On citera, pour mémoire, **Zénobe Gramme**, inventeur de la dynamo industrielle dite « machine de Gramme ». Son monument installé sous la IIIe République dans la cour du Conservatoire national des arts et métiers, est ensuite placé bien en vue, square du général Morin, à l'entrée de l'établissement.

Le progrès social

L'abbé Auguste Chapelle, aumônier de l'hôpital Saint-Lazare, adresse en 1964 une pétition au conseil municipal pour un monument à **saint Vincent de Paul**, fondateur d'œuvres caritatives. La participation financière de l'acteur Pierre Fresnay[126] à la souscription n'a pas permis de réunir les fonds suffisants pour un buste et l'on doit se contenter d'un médaillon. Marcus, vice-président du conseil municipal, voit en saint Vincent *« le précurseur de notre moderne secours catholique »*, tandis que le président du comité le qualifie de *« précurseur de notre sécurité sociale »*, propos outrancier de militant, comme pour Leclaire, cité par ailleurs.

Les Arts et Lettres

S'agissant des Lettres, on laissera de côté **Voltaire**, ressuscité des fontes. Un médaillon de **Gérard de Nerval** est offert par l'Etat à la Ville de Paris. Il s'agit d'une réplique en bronze de l'œuvre de Jean Seigneur du musée Carnavalet. **Apollinaire** doit sa présence à son ami Picasso : c'est un buste de femme symbolisant la poésie, que le peintre a offert. Jean Cocteau inaugurant la sculpture peut déclarer : *« Saluer Apollinaire c'est saluer Picasso, qu'il comparait à une perle »*. Retour au symbolisme avec **Moréas**, sculpté par son neveu. Le buste de **Paul Valéry**, qui ornait son bureau, est offert par sa fille. Les inaugurations de ces monuments sont discrètes.

[125] Nous sommes en 1980 ; Paris possède un maire depuis 1977.

[126] Il joua le rôle de Saint Vincent de Paul dans le film *Monsieur Vincent* en 1947.

Toutefois, **Tristan Bernard** a droit à la présence de Jacques Duhamel, ministre des Affaires culturelles.

Cette aimable quiétude est rompue par le monument **Chevtchenko**, qui devient rapidement une affaire d'Etat.

Le comité gouvernemental de la République socialiste d'Ukraine a l'intention, via l'ambassade d'URSS à Paris, de faire ériger un buste à ce poète ukrainien qui a sonné le réveil national de son pays. Cette initiative n'est pas du goût d'un *comité commémoratif Taras Chevtchenko*, émanation de *l'Association Académique Ukrainienne de Paris*. Le comité, dès qu'il a appris les intentions de l'ambassade, écrit en 1970 au président du conseil municipal pour lui faire part de sa réprobation. Car le square où devait être implanté le buste porte déjà le nom de Taras Chevtchenko. Cette dénomination a été approuvée par de nombreuses personnalités françaises parmi lesquelles André Maurois, et en conséquence l'érection d'un monument dans ce lieu ne doit pas revenir à une initiative étrangère. L'argument paraît pour le moins étrange. En fait la vraie raison est ailleurs. Chevtchenko est le symbole de la lutte pour la liberté. Apôtre de l'égalité sociale, il a été déporté en Sibérie. Or, compte tenu de la politique culturelle de l'URSS, les Ukrainiens de Paris laissent entendre que l'initiative du gouvernement soviétique risquerait de provoquer des mouvements de désapprobation de la part des milieux français d'origine ukrainienne. Le conseil municipal gagne du temps. Dans un entretien avec l'ambassadeur d'URSS, Mme de Hauteclocque fait savoir qu'une inauguration du buste serait inopportune à la veille des élections législatives en France (nous sommes à la fin octobre 1972, et les élections doivent avoir lieu en mars 1973). En décembre 1973, les choses n'ont guère avancé. Le préfet de Paris demande des instructions au ministre des Affaires étrangères, lequel répond en juin 1974 : *« Aucune solution ne paraît vraiment satisfaisante »*. C'est que, si l'on ne fait rien, on mécontentera l'ambassade ; si l'on érige le buste en un lieu fréquenté par les immigrés ukrainiens, il *« risque de faire l'objet de manifestations déplaisantes ou de détériorations qui entraineraient l'ouverture d'un contentieux avec les autorités soviétiques »*. Et comme dans tous les cas il y aura des difficultés avec l'URSS, le ministre suggère d'ériger deux monuments – celui de l'ambassade et celui des Ukrainiens de Paris - en deux endroits différents. Quelques semaines plus tard, il se ravise et écrit au préfet de Paris : *« Il me semblerait finalement préférable de ne donner suite à aucun des deux projets »*. La direction de l'Action culturelle de la Ville de Paris n'est qu'à moitié rassurée : ne pas donner suite pourrait sembler une attitude prudente, mais seulement *« dans la mesure où chacun des intéressés ne reviendra pas à la charge »*. Les Ukrainiens de Paris savent que le vent a tourné en leur défaveur ; quelques jours avant l'inauguration du buste leur association écrit au maire de la capitale : *« Ce serait une vraie dérision que l'Union Soviétique qui déporte par milliers les héritiers de l'idéal de Chevtchenko lui érige un buste en plein Paris, ville exemplaire de la liberté ».* Elle ajoute que le lieu prévu est inacceptable du fait de la proximité d'une église, car chaque dimanche, en sortant de la messe, les Français d'origine ukrainienne dont les parents ont fui la terreur soviétique contempleraient *« ce monument hypocrite ».*

L'inauguration aura lieu en 1978. Le conseiller Frédéric-Dupont fait l'éloge de l'Ukraine et rappelle que Chevtchenko fut victime du pouvoir central des tsars. L'allusion à un autre pouvoir central, celui des soviétiques, n'est pas loin. L'ambassadeur d'URSS parle de l'œuvre de Chevtchenko *« profondément internationale »* et *« progressiste ».* Le poète n'appartiendrait donc pas à la seule Ukraine.

Les Ukrainiens de Paris venus manifester contre ceux qu'ils connaissent comme des oppresseurs de la liberté, crient *« Chirac complice ! ».* Ils sont maintenus à distance par un important déploiement de forces de l'ordre.

Du côté des Arts, l'inventaire est rapide : un peintre, trois musiciens.

Le peintre **Albert Besnard** fait d'abord l'objet d'une demande au conseil municipal, de la part de son fils sculpteur. Mais le conseil ne versera aucune subvention tant qu'un comité n'aura pas été constitué. Ce sera chose faite, et l'artiste, auteur de décorations monumentales à Paris, notamment à l'Hôtel de Ville, aura son effigie. Un buste de **Beethoven** est offert par la fille du sculpteur Bourdelle, petite compensation par rapport à l'imposant monument dégradé du bois de Vincennes. Un autre buste, celui de **Johann Strauss**, est offert à la Ville par un comité. Toutes ces mises en place se font dans la discrétion.

Le seul musicien français, **Vincent Scotto**, est proposé par un comité appuyé par la SACEM. Celle-ci écrit au conseil municipal pour lui dire tout le bien qu'elle pense des deux chansons *Sous les ponts de Paris* et *J'ai deux amours*, deux œuvres qui *« ont accru chez les peuples du monde entier, le prestige de notre capitale ».* Le square Emile Chautemps est retenu comme lieu adéquat pour accueillir le monument qui se trouvera ainsi face au théâtre de la *Gaîté Lyrique*, où de nombreux airs de Scotto ont été chantés. Après discussion, on optera pour un médaillon sur stèle au lieu d'un buste.

Les femmes

Plus exactement, « la » femme, comme ce fut le cas en d'autres temps. C'est l'aviatrice **Maryse Bastié** qui, en 1936, fit, seule, la traversée de l'Atlantique sud. Elle se tua au cours d'un meeting aérien en 1952. Son monument est inauguré à l'occasion du 19e Salon de l'Aéronautique et de l'Espace par Jean Chamant, ministre des Transports, qui rappelle le souvenir de l'héroïne, *« laquelle porta haut et loin les couleurs de la France et chez qui la simplicité ne disparut jamais sous le faix des honneurs »*.

La deuxième guerre mondiale

Le général **Leclerc**, libérateur de Paris, a reçu dès 1952 un accord de principe pour son monument dont le comité d'érection a pour président d'honneur le Chef de l'Etat. L'installation de la sculpture ne s'est pas faite sans mal, et nous verrons, plus loin, ce que furent les tribulations du général. L'inauguration a lieu le 24 août 1959, en présence de Georges Pompidou, Président de la République, qui prend la parole pour blâmer l'attitude des gouvernements d'avant 1939 - le Front Populaire sans doute – et l'état d'esprit pacifiste qui prévalait alors. Pour lui, la défaite sera la conséquence de ce conflit *« mal préparé »*. Etienne de Véricourt, président du conseil municipal, rend un double hommage dans son discours. Il veut qu'on se souvienne de l'explosion de joie lors de la libération de Paris, dont le point d'orgue fut *« l'apparition, sous les ovations enthousiastes, du chef de la France libre, le général de Gaulle, à une fenêtre de l'Hôtel de Ville*[127] *»*. Quant à Leclerc, c'était un *« homme de foi profonde dans son Dieu et sa Patrie, comme tous ceux de sa lignée picarde*[128] *»*. Des thèmes déjà rencontrés : la référence à Jeanne d'Arc, la Sainte de la Patrie, et l'idée convenue sur la qualité des races régionales. Une dernière petite flatterie au passage : de Véricourt rappelle que l'acte de capitulation allemand fut signé à la préfecture de Police en présence de Chaban-Delmas *« notre actuel Premier ministre »*.

Le général **de Lattre de Tassigny** est proposé à l'hommage public par l'association *Rhin et Danube*. La Ville de Paris y participe par une subvention exceptionnelle importante. Si le témoignage de reconnaissance au chef militaire ne soulève aucune objection, le préfet de Paris demande néanmoins l'accord du ministre de l'Environnement eu égard aux dimensions importantes du monument : un large fronton de trois mètres de haut. L'aval du ministre est obtenu. Autre difficulté : la sculpture doit être placée sur un terre-plein au milieu d'une avenue où la circulation automobile est dense, ce qui pose le problème de l'accès à ce terre-plein. Le conseiller Garnier préconise un accès par un *« passage clouté*[129] *»* en surface, à l'exclusion d'un passage souterrain qui nécessiterait la pose de grilles pour la fermeture ou de l'emploi d'un gardien pour la surveillance. Autre inconvénient, *« la proximité du bois de Boulogne ne serait pas sans poser*

[127] Le 25 août 1944.
[128] Leclerc est né dans la Somme.
[129] Terme encore en usage en 1980.

également certains problèmes quant aux mœurs ou à la sécurité ». Le passage clouté sera adopté et la morale sera sauve.

A côté de ces deux héros contemporains, un autre maréchal de France, du 17e siècle celui-là, est statufié : **Vauban,** un architecte, constructeur de fortifications, de grands ports et de canaux. Pierre Messmer, ministre des Armées, après avoir noté que c'était un homme de terrain et non le promu d'une grande école, en dresse le portrait, celui d'une figure moderne. Et combien il est intéressant *« de voir comment dans une France de 1660 sortant à peine des désordres de la Fronde, cet homme a pu élaborer une politique de défenses nouvelles et qui est encore d'actualité ».* Il faut se tourner vers Vauban *« pour comprendre et pour résoudre les problème de notre défense nationale. Homme de 1662, ce grand français peut nous inspirer utilement en 1962 ».* C'est, au moyen d'un anachronisme criant, la justification de la politique du général de Gaulle, en particulier le choix de la fabrication de la bombe atomique, baptisé « force de dissuasion ».

A l'exception de l'accès de fièvre survenu avec Chevtchenko, c'est une période calme qui s'achève.
Quelques projets demeurent sans suite.

Arago, pour des raisons financières (c'est du moins ce qui est avancé officiellement) ; **de Lesseps**, qui refait surface par une demande de la *Compagnie financière de Suez*. Le général **Pershing**, héros américain de la première guerre mondiale, retient davantage l'attention. Une pétition des *Veterans of foreign war of the United States* est prise en considération par le conseil municipal. Il s'agirait d'une statue équestre de six mètres de haut. L'emplacement choisi – la place des Etats-Unis – est un lieu protégé, mais la commission des sites, consultée, donne son aval à condition que les inscriptions prévues sur les plaques de bronze apposées sur le socle soient rédigées non seulement en langue anglaise, mais aussi en langue française. Cependant, l'installation du monument nécessite un réaménagement du jardin de la place des Etats-Unis, dépense trop élevée pour le conseil municipal, qui obtient un abattement de 6200 francs sur les 51200 francs nécessaires. On en restera pourtant là.

A partir de mai 1981, une nouvelle impulsion est donnée à la statuaire dans la rue.

L'APRÈS-MAI 1981

Avec l'arrivée des socialistes au pouvoir, la commande publique connaît une renaissance spectaculaire. On renoue avec les valeurs du XIXe siècle : le culte des Grands Hommes, la foi dans les vertus pédagogiques de l'art, la confiance dans ses qualités politiques et civiques. On veut placer des sculptures dans les espaces publics afin de laisser trace de ce qui est notre temps.

En 1983, est créé au sein du *Centre National des Arts Plastiques* (CNAP) qui relève de la *Délégation aux Arts plastiques* du ministère de la Culture, un *Fonds de la commande publique*. Le principe : commander une œuvre à un artiste sur un thème précis, notamment une personnalité contemporaine. Le Président de la République et le ministre de la Culture décideront du choix des gloires à honorer, le CNAP de celui des artistes. Les crédits mis à la disposition du Fonds sont importants : de 5 millions de francs en 1983, ils atteindront plus de 33 millions en 1990.

LES HOMMAGES DU POUVOIR SOCIALISTE

Quatorze monuments ont été érigés grâce à cette procédure. Cinq pour un message politique plus ou moins direct : Blum, Dreyfus, Mendès France, Pompidou, Schuman ; deux pour honorer la Résistance : Bertie Albrecht, Jean Moulin ; six pour la littérature : Bernanos, Breton, Mauriac, Rimbaud, Sartre, Saint-John Perse ; un pour la peinture : Picasso.

Les monuments politiques

Léon Blum présida en 1936 le premier gouvernement de Front populaire. Nous verrons que l'installation de sa statue n'est pas allée sans rencontrer des oppositions de la part de la droite municipale, même si Alain Devaquet, maire du 11e arrondissement, pouvait déclarer en inaugurant le monument : *« Son attitude fut d'une grande dignité ».* Pour **Pierre Mendès France**, ancien président du Conseil, qui s'impliqua notamment dans une politique de décolonisation, pas d'allocution officielle lors de l'installation de son monument, malgré la présence de François Mitterrand et d'Alain Poher[130]. Le service de presse de l'Elysée distribue seulement aux participants un extrait d'une œuvre écrite en 1953 : *« Oublions les préoccupations partisanes, les préjugés ; les préférences de clientèle et tout ce qui peut nous diviser ou nous opposer ; écartons toute autre passion que celle du salut national ».* Un appel à l'union, un de plus ; il est vrai que l'année 1953 connut une longue crise ministérielle. Bien que militaire, **Dreyfus** entre dans le registre politique. La gauche se devait d'honorer la victime d'une droite nationaliste, cléricale et antisémite regroupée dans la *Ligue de la patrie française*. Jacques Chirac, maire R.P.R. de Paris, peut à juste titre parler de *« scandale de l'injustice »*, de *« scandale de l'antisémitisme »* en inaugurant le monument. La statue de **Georges Pompidou** est installée sans cérémonie,

[130] Respectivement Président de la République et Président du Sénat.

en présence d'un représentant du ministre de la Culture. **Robert Schuman** est l'un des promoteurs de la construction de l'Europe, comme le rappelle Jacques Chirac, alors premier ministre, qui inaugure sa statue : *« il donna le véritable coup d'envoi de l'Europe communautaire ».* Il en profite pour plaider la cause de son gouvernement, lequel *« fait tout pour que se réalise le grand marché unique ».*

La Résistance

Un lien particulier relie **Bertie Albrecht** au pouvoir en place : pendant la guerre elle trouva refuge à Cluny, chez la famille Gouze, parents de Danièle Mitterrand, épouse du Chef de l'Etat. Femme progressiste, militante de la *Ligue des Droits de l'Homme*, elle s'est occupée des républicains et des réfugiés allemands antinazis parqués dans les camps du midi de la France. Choquée par les accords de Munich, puis par le pacte germano-soviétique, elle refuse l'armistice de 1940, s'engage dans la Résistance où elle fait partie du réseau « *Combat* ». Elle mourra à la prison de Fresnes. L'inauguration du monument rassemble François Mitterrand et Jacques Chirac, maire de Paris. Le Chef de l'Etat fait l'éloge de l'héroïne : *« Nous sommes conviés à voir dans ce marbre comme un symbole de la flamme qui habitait Bertie Albrecht, qui l'animait dans les combats qu'elle a menés. Elle éclairait, elle réchauffait, elle guidait ceux qui l'ont connue ».* François Mitterrand est encore présent pour la mise en place des cinq stèles destinées à honorer **Jean Moulin**, président du *Conseil National de la Résistance*, qui mourut en déportation après avoir été torturé.

Les Lettres

C'est peu dire que l'éclectisme règne.

La statue de **Bernanos**, inaugurée en 1990 par Jean Tibéri, maire du 5e arrondissement, a fait l'objet d'un incident. Le fils de l'écrivain a écrit à la *Délégation aux Arts plastiques* du ministère de la Culture afin de se plaindre de la désinvolture des autorités qui ne l'ont jamais consulté ni lui, ni sa famille, pour savoir si celle-ci se réjouirait d'un tel hommage. Qui faut-il remercier, interroge-t-il ironiquement ? En outre, prévenu de la date de l'inauguration du monument par le simple envoi d'un paquet d'invitations une semaine avant la cérémonie prévue, il regrette la *« mise à mort de la courtoisie la plus élémentaire ».* François Collet, maire du 6e arrondissement, préside l'installation de la statue de **François Mauriac**, accompagné du fils de l'auteur et de quelques littérateurs, dont Poirot-Delpech et Jean d'Ormesson. L'Etat est représenté par Laure Adler, conseillère à la culture à l'Elysée ; Jack Lang a délégué… son épouse. Installation discrète pour **Rimbaud**, dont la sculpture, nous le verrons, souleva bien des critiques. Mise en place encore plus discrète pour **Saint-**

John Perse : seuls y assistent le délégué aux Arts plastiques et le directeur du Muséum d'histoire naturelle. Et quasiment confidentielle pour **Jean-Paul Sartre,** un peu à l'écart dans un jardin de la Bibliothèque Nationale. On pouvait trouver insolite un hommage par la statue à **André Breton**. N'était-ce pas aller à contresens de sa pensée, de ce qu'il aurait souhaité ? Ce fut l'avis de sa veuve. Elle le fit savoir au ministre de la Culture. En définitive, c'est un monument au surréalisme qui fut exécuté et qui, après une courte halte à Paris, fut délocalisé à Marseille.

Les Arts

Un seul représentant, mais de taille : un Centaure pour honorer **Picasso**. Un *« double hommage »*, selon le ministre Jack Lang qui inaugure le monument : hommage à Picasso *« qui fut l'un des inventeurs du 20e siècle »*, hommage au sculpteur César *« qui en poursuit la leçon »*.

Les quatorze statues commandées par l'Etat ne traduisent pas un prosélytisme outrancier de la part de la gauche. Si l'on met à part Dreyfus dont on peut supposer qu'il est accepté par toutes les tendances politiques, on constate un équilibre gauche-droite, avec d'un côté Blum et Mendès France, de l'autre Pompidou et Schuman. L'hommage aux résistants n'a évidemment soulevé aucune contestation. Du côté des écrivains, pas d'engagement « idéologique » particulier. A côté de Sartre -rangeons-le par commodité à gauche - on trouve deux auteurs chrétiens- Bernanos et Mauriac- qu'on ne saurait placer du côté des socialistes.

On peut en conclure qu'il n'y a pas eu de la part du pouvoir en place une propagande affirmée.

Pourtant des querelles sont apparues pour l'édification de certains monuments.

Des conflits en tous genres

Gauche contre Droite

Dire que le monument à **Dreyfus** a enthousiasmé la municipalité parisienne de droite serait exagéré.

De longues discussions surgissent à propos de l'emplacement à désigner pour le monument. Le Palais de Justice avait été envisagé. Krieg, maire du 4e arrondissement est contre, et il le fait savoir à la direction des Affaires culturelles de la Ville : cela *« relève d'une certaine provocation ou tout au moins d'un humour que beaucoup ne sauraient accepter »*. En attendant de trouver un endroit convenable, le ministre de la Culture inaugure la statue au jardin des Tuileries - territoire de l'Etat- en 1988. Elle attendra 1994 pour être définitivement installée dans le 6e arrondissement.

Moins d'enthousiasme encore pour **Mendès France** que le conseiller Frédéric-Dupont n'est pas loin d'accuser d'être le fossoyeur de l'Indochine après la défaite de Diên Biên Phû. Aussi ne se précipite-t-on pas du côté de la Mairie de Paris pour trouver un emplacement susceptible d'accueillir la statue. Elle trouve refuge dans le jardin du Luxembourg qui n'appartient pas à la Ville.

Plus d'enthousiasme du tout s'agissant de **Blum**. Le gouvernement propose, logiquement, la place qui porte son nom pour recevoir le monument. La municipalité répond que c'est impossible du fait du réaménagement de l'endroit. Pour l'implanter, dit Jacques Chirac, maire de Paris, il ne faut *« pas s'occuper seulement du côté démagogique »*. Autre motif avancé par Alain Devaquet, maire du 11e arrondissement, la proximité d'élections législatives : *« C'est un chiffon rouge agité devant les hommes politiques de l'opposition »*. Il se plaint, en outre, que la statue ait été imposée par le ministre de la Culture *« dans des conditions que la Ville a jugé inadmissibles dans la mesure où elle n'avait été consultée ni sur l'œuvre, ni sur le site »*. Et Chirac de conclure : il s'agit d'une polémique créée par la gauche et *« dictée par des considérations purement partisanes »*. Jack Lang s'étonne de ce refus : comment soutenir qu'un homme d'Etat mort depuis 35 ans puisse troubler le climat politique du 11e arrondissement ? Et comment avoir accepté sans objection aucune que Pompidou, disparu depuis moins longtemps, soit installé ? Avant d'être inaugurée sur la place prévue à l'origine, la statue de Blum fera aussi un séjour aux Tuileries, dans le « carré des refusés », ironisera-t-on, allusion au « *Salon des refusés* » créé par Napoléon III pour montrer au public les toiles que le jury officiel avait repoussées au Salon de 1863.

Gauche contre Gauche

Le conflit se produit à propos de **Dreyfus**, non à cause de la « qualité » du héros, mais pour une question d'emplacement. La statue sera érigée après neuf ans de discussions et d'atermoiements. Jack Lang propose qu'elle soit installée dans la cour de l'Ecole militaire. De son côté Charles Hernu, ministre de la Défense, préfère les jardins de l'Ecole Polytechnique, libre d'accès alors que l'Ecole militaire est un endroit privé. En réalité, Hernu considère que la proposition de son collègue constituerait une provocation à l'égard des militaires. L'auteur de la statue, Tim, verrait bien son œuvre place Dauphine. Mais placer Dreyfus devant le Palais de Justice serait, cette fois, une pierre dans le jardin de la magistrature, ce qu'avait déjà noté Charles Krieg. Le monument échouera sur une petite place un peu retirée du 6e arrondissement.

C'est la statue de **Pompidou** qui est à l'origine d'un début de querelle. La commission des sites de Paris, froissée de ne pas avoir été consultée sur cette affaire, donne un avis défavorable à l'implantation du monument par 3 voix contre 2 et 8 abstentions. De son côté, le maire du 8e arrondissement écrit à Jean Tibéri, adjoint au maire de Paris, pour lui faire part de son opposition à l'installation de la statue dans les jardins des Champs-Elysées, déjà abondamment pourvus à son gré. L'intervention du préfet de Paris fera tout rentrer dans l'ordre. La Ville de Paris acceptera d'entretenir le monument qui appartient à l'Etat *« par respect pour ce grand personnage de la Ve République »*, écrit le directeur du Cabinet du Maire au directeur des Affaires culturelles de la Mairie de Paris.

LES HOMMAGES MUNICIPAUX

La deuxième guerre mondiale

Alphonse Juin est le dernier des trois maréchaux de la dernière guerre mondiale à être honoré par un monument dans la capitale, après Leclerc et de Lattre de Tassigny. Certains élus avaient fait part de leur inquiétude sur un possible remplacement de cette statue par une œuvre de Dubuffet[131] intitulée « *La Tour aux figures* ». La conseillère de Panafieu les rassure : la sculpture de Dubuffet sera bien à proximité, mais *« les représentants des associations d'anciens combattants n'ont pas estimé que le choix de cet endroit porterait ombrage à la statue du maréchal »*. Elle ajoute, afin de les tranquilliser totalement : *« le maire de Paris a des relations tout à fait privilégiées et personnelles avec les représentants d'associations d'anciens combattants »*. Au cours de l'inauguration du monument, Jacques Chirac rappelle les prouesses de Juin pendant la campagne d'Italie et Charles Hernu chante les louanges de ses qualités humaines : *« un militaire aimé de ses soldats, qualité qu'il faut placer au premier rang de nos armées »*.

Le général **Koenig** est le héros de Bir Hakeim, comme le rappelle Max Gallo, porte-parole du gouvernement. Jacques Chirac, maire de Paris, met en évidence son *« autorité rayonnante »* et son *« patriotisme exigeant »*. François Mitterrand demande que l'on se souvienne de ces temps difficiles *« où nous luttions en parfaite communion avec nos camarades combattants, en terre occupée pour sauvegarder le patriotisme national »*. Discours rassembleur comme il sied à un Président de la République, mais aussi rappel au passage qu'il fut lui-même du côté de la Résistance. La cérémonie d'inauguration a été importante si l'on en croit le journal *Le Figaro* qui parle d'une *« foule nombreuse »*, pour ajouter, petite pique au passage, que celle-ci

[131] Dubuffet Jean (1901-1985), peintre, créateur de formes, qui a voulu situer son œuvre en marge de la culture traditionnelle.

« a attendu en battant la semelle le Chef de l'Etat, arrivé avec trois quarts d'heure de retard ».

A côté de ces deux militaires, on trouve deux résistants.

Georges Lamarque, chef du réseau Druides-Alliance, fusillé avec deux de ses compagnons.

Honoré d'Estienne d'Orves, dont le médaillon sur stèle est inauguré par Maurice Schuman, Pierre Messmer et l'amiral de Gaulle. On cite pour la circonstance des extraits de ses écrits en prison, en mettant l'accent sur la pensée chrétienne du héros : *« Tout ce qui m'est arrivé ces jours derniers a été si inattendu, si heureusement combiné que je dois y reconnaître la main de Dieu [...]. La pensée de la mort me laisse très calme, car elle s'accompagne tout naturellement de l'idée de Dieu ».*

La première guerre mondiale

Ce titre pourrait surprendre. Le conflit lointain a, en effet, déjà donné lieu à plusieurs hommages.

Le maréchal **Lyautey** fut un éphémère ministre de la Guerre dans le cabinet Briand en 1916-1917. Le général **Gouraud** se distingua dans une contre-offensive victorieuse en 1918. **Guynemer**, chef de l'escadrille « *Cigognes* » fut abattu en 1917. Le général **Stefanik**, slovaque d'origine, naturalisé français en 1912, fut lieutenant d'aviation en 1915.

Mais, outre la guerre de 14-18, la question coloniale occupe le devant de la scène comme aux plus beaux temps de la IIIe République.

L'entreprise coloniale

Lyautey a fait la plus grande partie de sa carrière dans les colonies : Indochine, Madagascar, Algérie, Maroc où il fut résident général. L'une des inscriptions sur le socle du monument fait référence à ceux *« qui sont morts outre-mer pour la France ».* La statue faillit d'ailleurs ne pas voir le jour. Elle vint, en effet, en discussion au conseil municipal en 1953. Les élus avaient souhaité l'ouverture d'un concours afin de donner sa chance à un jeune artiste, mais le comité d'érection avait déjà passé un accord avec le sculpteur Cogné. L'adhésion des élus fut finalement obtenue en raison de la personnalité de Lyautey. **Gouraud** fit carrière au Soudan, au Maroc (où il fut appelé par Lyautey), avant d'être commissaire en Syrie. Sa fonction de gouverneur militaire de Paris est aussi, peut-être, une raison supplémentaire pour recevoir l'hommage de la capitale. Quant à **de Trentinian**, c'est en qualité d' «*Organisateur du Soudan Français* », comme il est indiqué sur le socle de son buste, qu'il est statufié.

On classera à part un autre maréchal de France, parce qu'il est… d'un autre âge : **Turenne**. C'est l'enfant qui est représenté mais en habit militaire. Le sculpteur a traduit ainsi l'esprit de son époque, le XIXe siècle, qui voulait découvrir dès l'enfance les premières manifestations du génie, lequel devait pleinement s'exprimer à l'âge adulte. La statue est destinée à décorer une place du 3e arrondissement.

Le Progrès

Air, mer, rail, route sont encore à l'honneur.

Pilâtre de Rozier et le marquis **d'Arlandes** effectuèrent le premier voyage en montgolfière du château de la Muette, dans le 16e arrondissement, à la Butte-aux-Cailles dans le 13e. Il fallut du temps pour que les deux stèles correspondantes soient acceptées. Trois projets, jugés d'une qualité esthétique insuffisante, furent repoussés. Pour le dernier, les services d'architecture de la Ville de Paris demandèrent un monument *« qui s'apparenterait moins aux obélisques égyptiens »*. **Garnerin** fit la première descente en parachute en 1797 en sautant d'un ballon à une altitude de 1000 mètres[132]. Son parachute était relié au ballon par une corde qu'il trancha. Il avait passé un contrat avec un organisateur de spectacles installé dans le jardin des Mousseaux, l'actuel parc Monceau. Le support choisi pour l'hommage, une stèle, n'était pas du goût du directeur des Parcs, Jardins et Espaces verts de la Ville de Paris, qui jugeait que cela ne convenait guerre au parc Monceau, mais qui, en définitive, minimisa l'inconvénient, car la stèle, dit-il, était appelée à disparaître dans les arbustes.

Les expéditions de **La Pérouse**, entreprises en 1785 sur ordre de Louis XVI, ont permis de comprendre la complexité des littoraux et d'améliorer la cartographie. C'est le gouvernement australien qui offre le buste du navigateur. Toutefois, la Direction des relations internationales de la mairie de Paris fait savoir à l'ambassadeur qu'il n'est pas indispensable de faire référence au bicentenaire de la Révolution française, puisque La Pérouse est mort en 1788 et qu'il a agi *« par ordre du Roy »*. Le buste est inauguré, en 1991, par le ministre australien de l'Industrie, de la Technologie et du Commerce. Un hommage de l'Australie à celui qui y écrivit sa dernière lettre avant de disparaître.

Un autre explorateur, **Samuel Champlain**, reçoit un buste en 2004, sur initiative canadienne. Il a enraciné la première colonie française au Canada, à Port Royal puis à Québec. Présenté comme un homme de la Renaissance mû par l'esprit des grandes découvertes, on rappelle que l'histoire lui a

[132] En 1799, Jeanne Labrosse, épouse de Garnerin, fut la première femme à sauter en parachute.

attribué le titre enviable de « *père de la Nouvelle France* », terme pour désigner les possessions françaises au Canada aux XVIIe et XVIIIe siècles.

Côté rail, le buste de **Marc Seguin** veut récompenser l'ingénieur, constructeur de ponts suspendus et de tunnels ferroviaires et inventeur de la chaudière tubulaire.

La route, c'est le domaine du grand capitaine d'industrie **André Citroën**, qui a fait honneur à la France avec sa « traction avant ».

Le progrès social est incarné par **Raoul Follereau** qui consacra sa vie à ce qu'il appelait « *un crime impardonnable* » de la société envers les lépreux. Il obtint de l'O N U le remplacement des léproseries-prisons où l'on se contentait d'isoler les malades, par des centres de traitement.

Les Latino-américains (suite... et fin ?)

Le patriote vénézuélien **Francisco Miranda** rejoint la population déjà bien fournie du square d'Amérique latine. Il combattit aux côtés de Dumouriez avec le titre de général et dès 1810 il fut à la tête du mouvement d'indépendance du Venezuela. Son installation dans le square ne soulève aucune difficulté, car il prend la place de la statue équestre de Bolivar transférée dans le 8e arrondissement. Le maire de Paris écrit à sa direction des Affaires culturelles qu'il est favorable à l'implantation du monument « *d'autant plus que les frais entraînés par cette opération seront pris en charge par l'ambassade du Venezuela à Paris* ». La statue de **Francisco Santander**, patriote colombien, est inaugurée par le maire de Paris et Virgilio Barco, ancien président de la République de Colombie. Après avoir noté que Santander est un parisien d'adoption, Jacques Chirac abandonne le héros pour aborder un autre sujet. Il rend hommage à Barco : « *Avec courage et détermination vous avez puissamment contribué à une mobilisation nationale contre ce fléau* [la drogue] ». Il ajoute : « *Il ne faudrait pas que l'accumulation des problèmes internationaux, liés à la crise du Golfe ou encore aux bouleversements intervenus à l'Est*[133]*, conduisent les Etats à faire passer la lutte contre la drogue au deuxième plan* ». Une fois encore, on saisit l'occasion de l'inauguration d'un monument pour traiter d'un sujet totalement différent. La remarque vaut pour l'inauguration du monument au **général Dumas**, victime de l'esclavage et, à ce titre, assimilé aux « sans papiers » d'aujourd'hui.

[133] Jacques Chirac s'exprime ainsi le 25 octobre 1990. Le 2 août 1990 les troupes irakiennes avaient envahi le Koweit. La réunification de l'Allemagne a eu lieu le 30 octobre 1990.

Les Lettres

Neuf écrivains occupent la voie publique : cinq français, quatre étrangers.

Marcel Aymé doit sa présence à sa famille dont la demande fut appuyée par la mairie du 18e arrondissement. **Albert Camus** vient couronner une opération d'urbanisme intitulée « *Zone d'aménagement concerté Jemmapes-Grange aux Belles* » dans le 10e arrondissement. **Montesquieu** hérite d'un petit buste dans un petit square à l'écart de la foule. **Saint-Exupéry** a eu quelque peine à trouver un endroit convenable. Le parc Monceau, envisagé un temps, est récusé par la direction des Affaires culturelles de la Ville : le lieu rassemble des œuvres du XIXe siècle et y ajouter un monument de style contemporain risquerait d'en détruire l'unité. Il ira dans le 7e arrondissement, non loin des Invalides. **Clotilde de Vaux**, traductrice des œuvres d'Auguste Comte, prolonge l'hommage accordé, le siècle dernier, au père du positivisme.

Du côté des étrangers, un monument au poète roumain **Eminescu** est proposé par un comité qui écrit au maire de Paris : *« En ces temps où, comme vous le savez, la communauté roumaine est très éprouvée par les évènements de Roumanie, la participation de la Ville de Paris à cet évènement sera vécue comme un témoignage de l'ancienne et profonde amitié qui relie nos peuples »* (le comité fait allusion à la chute du régime de Ceauscscu). **Pouchkine** est présenté par la municipalité parisienne comme *« l'un des très grands écrivains, sinon le plus grand écrivain russe »*, une *« immense figure de la littérature universelle, qui écrivit ses vers en français et auquel, hélas, un officier français ôta la vie »*. Il fut, en effet, tué en duel par le baron d'Anthès qui faisait la cour à sa femme. Et **Tagore**, dont les milliers d'écrits divers influencèrent la littérature moderne de l'Inde. Le portugais **Camoens**, enfin, avec une réplique de l'ancien monument.

Les Arts

Un seul peintre, **Soutine**, offert par l'auteur du monument et dont l'installation est encouragée par le maire du 14e arrondissement. Le sculpteur **Carpeaux** avait déjà son buste dans le square qui porte son nom. Il apparaît, en pied cette fois, dans le 15e arrondissement, représenté en train de travailler. C'est un cadeau à la Ville de Paris de la fille du sculpteur, Bourdelle.

Le compositeur **Bela Bartók** n'enthousiasme guère le directeur des Affaires culturelles de la Ville de Paris, qui parle d'un *« choix discutable sur le plan esthétique »*. Mais le monument est offert par la Ville de Budapest… L'hommage à **Stravinski** se fait par le biais d'une fontaine financée conjointement par l'Etat et la Ville. Son inauguration rassemble Jack Lang et Jacques Chirac. Le ministre de la Culture souhaite *« que cette fontaine soit celle des amitiés retrouvées »* et il se félicite de cette inauguration en commun, ajoutant toutefois qu'en deux ans le gouvernement socialiste a fait davantage que le gouvernement précédent en sept ans, ce qui déclenche l'hilarité du maire de Paris. La presse note qu'il n'applaudit pas le discours du ministre. Jacques Chirac saisit l'occasion de mettre en avant sa politique en faveur de la création artistique contemporaine qui vise à l'intégration de la sculpture moderne monumentale dans le cadre urbain de la cité. C'est la réponse au programme de commande publique mis en place par les socialistes. La fontaine est un bassin de 33 mètres sur 17, un inoxydable qui accueille des sculptures tournantes à moitié immergées, des personnages multicolores évoquant *L'Oiseau de feu* ou l'opéra *Le Rossignol* et qui crachent de l'eau. Malheureusement, au bruit de cette pluie permanente vient s'ajouter celui du grincement des figures métalliques : les voisins se plaignent et on envisage de limiter les heures de mise en route de tout ce petit monde. Et comme un malheur n'arrive jamais seul, le sculpteur Tinguely, auteur de l'œuvre avec sa collègue Niki de Saint-Phalle, n'est pas content lui non plus, car la fontaine n'est pas équipée pour affronter le froid et elle ne fonctionne pas quand il gèle. Un système anti-gel devra donc être prévu.

Trois vedettes de la chanson complètent la rubrique des Arts.

En 1981, le maire de Paris inaugure un médaillon **d'Edith Piaf** sur la place du 20e arrondissement qui porte son nom. En 2003, nouvel hommage à la chanteuse sous forme d'une statue en pied, cette fois. **Georges Brassens** doit son buste aux élus du 15e arrondissement. Une conseillère écologiste aurait préféré une statue entière où le héros aurait été représenté avec sa guitare et le pied sur une chaise, comme dans ses tours de chant. **Dalida** reçoit également un buste grâce à la fidélité de son frère, lequel a reçu l'accord de Bertrand Delanoë, sénateur et conseiller du 18earrondissement. La gauche socialiste ne pouvait qu'être favorable à celle qui soutint François Mitterrand lors des élections présidentielle de 1981. La proposition est appuyée par l'association gay « *Gigi et Bambino* » qui n'oublie pas que Dalila défendit la cause homosexuelle à travers certaines chansons. La municipalité financera le socle et l'implantation de la sculpture qui est l'agrandissement d'une partie de la statue se trouvant sur la tombe de l'artiste. Jean Tibéri, maire de Paris, inaugure le monument en rappelant que Dalida fut la *« seule artiste à être récompensée de* la *Médaille de la Présidence de la République Française* », offerte en 1968 par le général de Gaulle, précision destinée, peut-être, à ne pas laisser l'héroïne aux mains des seuls socialistes. Il enchaîne sur la vie et la carrière de la chanteuse : *« Tour* *à tour Napolitaine, enfant de Montmartre, reine des Tropiques, meneuse de revues, chanteuse réaliste ou orientale, madone ou reine de grands shows »*.

Deux héros hors norme

Le premier, **Winston Churchill**. Sa statue, proposée par une association dans laquelle figurent Pierre Messmer et un industriel français d'origine britannique, Brian Reeve, fait l'objet d'une souscription publique. La cérémonie d'inauguration est à la dimension du héros. Après une évocation historique par Jean Tibéri, maire de Paris, Pierre Messmer rappelle que cette statue est le pendant de celle dédiée au général de Gaulle, inaugurée à Londres en 1993. Le Président Chirac unit dans un même hommage Churchill et de Gaulle, deux incompris de l'avant-guerre. Et si Churchill doit être honoré, c'est surtout parce qu'il permit à de Gaulle de lancer son appel du 18 juin 1940. Il termine sur le thème récurrent de la nécessité de l'union. La reine Elisabeth II parle aussi des deux hommes, mais c'est pour mettre l'accent sur la vision commune qu'ils avaient de l'Europe. Comme pour appuyer ce propos, elle s'exprime dans les deux langues, français et anglais.

Autre héros d'envergure : le général **de Gaulle**. Les choses avaient mal commencé. En 1970, un vote avait eu lieu au conseil municipal pour attribuer à la place de l'Etoile le nom de Charles de Gaulle. Le conseiller Frédéric-Dupont, au nom du groupe centriste, avait demandé qu'on revienne sur cette décision et, en même temps, avait proposé que l'on érige un monument à de Gaulle à la porte Maillot, celle-ci appelée dorénavant « porte du général de Gaulle ». Son argument : c'est à cet endroit que le président du conseil municipal et le préfet de la Seine étaient venus saluer les maréchaux le 14 juillet 1919. Frédéric-Dupont précisait l'emplacement à réserver au monument, à mi-chemin entre le monument de la Défense, symbole du sursaut de 1870, et l'Arc de Triomphe, synonyme de celui qui le fit édifier, « le grand empereur ». Si les centristes applaudissent cette proposition, chez les gaullistes c'est la fureur. On reproche à Frédéric-Dupont de vouloir politiser le débat. Le conseiller Caldagues, après avoir rappelé que de Gaulle a évité la destruction de la capitale, enjoint son collègue de *« renoncer à nous proposer de nous renier, de renoncer à défaire l'unanimité »*. La place de l'Etoile recevra le nom de Charles de Gaulle et le principe d'un monument est acquis. Tout n'est pas résolu pour autant. En septembre 2000, le financement de l'opération n'est pas totalement assuré. La souscription lancée par la *Fondation de la France libre* n'a pas rapporté la somme nécessaire, et l'inauguration de la statue est retardée jusqu'en novembre 2000.

Au cours de celle-ci, Jean Tibéri insiste sur le lien essentiel, le *« pacte scellé par les siècles entre le général de Gaulle et Paris »*. Jacques Chirac, Président de la République, revendique l'héritage de de Gaulle. Il le revendique d'autant plus qu'il est attaqué, par les siens, vieux barons du gaullisme comme Olivier Guichard, qui lui reprochent de mettre fin aux institutions décidées par le général en réduisant la durée du mandat présidentiel de sept à cinq ans. Le discours de Chirac est à la fois ferme et ambigu. Ferme, quand il affirme la République comme une et indivisible, pour faire pièce aux projets du Premier ministre socialiste Lionel Jospin à propos d'une éventuelle autonomie de la Corse. Ambigu, lorsqu'il déclare que le legs du gaullisme est un *« héritage à plusieurs facettes »*. Le piquant de la situation c'est que devant la statue de Gaulle, rassembleur des Français, l'unité de la famille gaulliste n'est qu'apparente. Jacques Chirac et Jean Tibéri ne s'adressent plus la parole depuis que le député Philippe Seguin a été investi comme candidat officiel du RPR pour la mairie de Paris, en même temps que Tibéri était exclu de ce même parti !

La famille du général s'est montrée longtemps réticente à l'idée d'ériger un monument à sa mémoire. N'avait-il pas écrit : *« Je désire refuser d'avance toute distinction, promotion, citation, décoration, qu'elle soit française ou étrangère. Si l'une quelconque m'était décernée, ce serait en violation de mes dernières volontés* ». Le conseiller socialiste Georges Sarre, qui avait fait remarquer au conseil municipal que l'érection d'une statue serait contraire au souhait du général, s'était entendu répondre par le conseiller Marcus que dans les volontés du général il n'était pas question de mémorial ou de monument. Propos curieux si l'on s'en réfère à l'énumération des honneurs qu'il avait d'avance refusés.

Un martyr

Autres temps, autres mœurs ? Un ecclésiastique est statufié en 2003 : le père **Komitas**. Plus que d'honorer un personnage, il s'agit en fait de commémorer le 188e anniversaire du génocide arménien. Un *comité des Arméniens de Paris* est d'ailleurs à l'origine du monument.

Enfin Haussmann vint

On se souvient que toutes les propositions en faveur d'un monument à **Haussmann** se heurtaient, sous la IIIe République, à une fin de non-recevoir de la part de la gauche. En 1935, apparaît une lueur d'espoir pour le baron puisque le conseil municipal donne un avis favorable à l'érection d'une statue après un vibrant plaidoyer du conseiller Pointel qui n'hésite pas à voir dans son héros un Louis XIV municipal. La guerre enterrera cette intention. Puis, sous la Ve République, le maire du 8e arrondissement, François Lebel, découvre l'œuvre du sculpteur Cogné au dépôt des œuvres d'art de la Ville de Paris. Il obtient qu'elle soit exhumée. L'inauguration du monument a lieu en 1989, présidée par Jacques Chirac. Le maire de Paris rappelle ce que fut l'enterrement d'Haussmann, un petit cortège funèbre sans aucun représentant des pouvoirs publics, car alors *« les passions ne sont pas éteintes »*. Pourtant, il sut faire œuvre personnelle et *« ne fut pas l'exécuteur servile du plan dessiné par un Empereur qui connaissait mal la capitale pour n'y avoir pas vécu »*. Et Chirac s'engage à faire du Paris de demain *« une ville encore plus attirante que celle qu'il nous a léguée »*.

On retrouve aussi une vieille connaissance en la personne du poète **Camoens** qui avait été retiré de la rue privée où on l'avait installé, à la suite d'un conflit avec les propriétaires riverains. En 1987, le Portugal offre un nouveau buste qui sera inauguré par Mario Soares, Président du Portugal et Jacques Chirac, Premier ministre.

Les séquelles de l'Occupation s'estompent. Mais non le souvenir de certaines victimes d'alors que l'on fait revivre.

Les revenants

On a vu que le chef d'entreprise **Jean Leclaire** avait été rétabli sur son socle dans un square du 17e arrondissement.

Maria Deraismes se réinstalle au même endroit. Le moule de sa statue avait été conservé, et on peut procéder à une fonte en bronze. Sans la chaise sur laquelle elle s'appuyait, toutefois, la reproduction de l'accessoire semblant poser quelques difficultés techniques.

Une association dénommée *« Prestige et Beauté de Paris »* présidée par Georges Mesmin, député du 16e arrondissement, s'est constituée pour l'érection d'un monument à **La Fontaine**. Le projet aboutira avec une inauguration qui aura lieu également en 1984. A cette occasion, Paul Guth[134] cite, dans *Le Figaro*, deux vers de la fable « *La chauve-souris et les deux belettes*» : *« Je suis oiseau, voyez mes ailes – Je suis souris, vivent les rats »*, pour en déduire qu'il s'agit là d'une *« satire d'une actualité brûlante, de retournements de veste politicards*[135] *»*.

Que de discussions encore pour **Zola** : quel type de monument adopter ? Doit-on utiliser le socle existant ? Quel emplacement choisir ? Le socle de l'ancien monument est enlevé en 1982 pour permettre un réaménagement du terre-plein de la place. En 1983, un accord est trouvé entre les élus et les descendants de l'écrivain pour une stèle avec médaillon. L'inauguration, présidée par le maire du 15e arrondissement, a lieu en 1985.

---

[134] Guth Paul (1910-1997), enseignant et chroniqueur.

[135] La Fontaine termine sa fable ainsi : « Le sage dit, selon les gens : Vive le Roi ! Vive la Ligue ! »

Le chevalier de **La Barre** réintègre la Butte Montmartre. C'est la dernière installation avant les élections municipales de 2001. Diverses associations - *Libre Pensée, Franc-maçonnerie* - ont œuvré pour cette résurrection. Au discours très laïque de la présidente du comité d'érection le jour de l'inauguration, répond un propos aussi peu engagé que possible de Daniel Vaillant, ministre socialiste de l'Intérieur et des Cultes. Sans doute ne veut-il pas déplaire à un électorat modéré qui pourrait voir en lui un anticlérical convaincu. La IIIe République est bien loin. D'ailleurs le chevalier n'est plus figuré en victime.

Le **général Dumas** réapparaît, non sous la forme d'une effigie mais sous l'aspect de fers pour symboliser l'esclavage dont il fut victime.

On ose à peine parler de résurrection avec **Gambetta**. Les accessoires en bronze de l'ancien monument avaient été retirés sous l'Occupation pour être fondus. Restait le personnage en pierre qui, en 1954, fut remisé dans les caves du Musée national d'Art moderne. En 1982, les fragments sont restaurés et remontés sur un socle, mais des morceaux manquent : Gambetta n'a plus de bras droit[136], le marin et le soldat n'ont plus de tête, le combattant a perdu un coude, quant au Génie de la Patrie, il a tout simplement disparu. Le square Edouard Vaillant, dans le 20e arrondissement, hérite de ces dépouilles.

En septembre 2004, Bertrand Delanoë, maire de Paris et Anthony Williams, maire de Washington, ont signé un mémorandum de coopération entre les deux villes. L'un des aboutissements de cet accord se traduit, l'année suivante, par l'installation d'une statue de **Thomas Jefferson**, offerte par Guy, fils du sculpteur Daniel Wildenstein[137]. Jefferson, troisième président des Etats-Unis, rédigea la déclaration d'Indépendance. Sera-t-il, dans les rue de Paris, le dernier des…Américains ?

Des socles désœuvrés

Les séquelles de l'Occupation s'estompent, écrivions-nous. Pas totalement, toutefois. Car si l'élimination des héros n'a eu pour effet que de supprimer leurs sculptures envoyées à la fonte, les socles qui les supportaient n'ont pas été touchés. Que faut-il faire alors de ces socles vides ? Les

---

[136] C'est d'autant plus fâcheux que ce bras montrait le chemin à suivre à la « Défense nationale ».

[137] Wildenstein Daniel (1917-2001), membre de l'Institut, appartenant à une famille de négociants en tableaux, a œuvré pour l'amitié franco-américaine.

supprimer ? Les utiliser pour de nouvelles statues ? La question revient, lancinante, tout au long des IVe et Ve Républiques.

En 1947, le conseil municipal avait refusé de prendre en charge la construction de socles pour les nouveaux Corneille et Rousseau, considérant qu'il y avait des dépenses plus urgentes à engager. Il avait néanmoins donné son accord en 1950.

Le retour de Béranger en 1953, figuré non plus debout mais assis, nécessite un socle plus bas et plus large. Au contraire, le sergent Bobillot, représenté non plus en pied mais par un buste, a besoin d'un piédestal plus petit.

En 1959, l'association *Les Amis de François Arago* demande la pose d'un médaillon sur le socle pour évoquer la mémoire du savant et de l'homme politique. Le préfet de la Seine s'y oppose : la disproportion serait trop marquée entre un médaillon et la dimension importante du piédestal.

En 1981, il avait été envisagé de débarrasser les bas-reliefs du socle de Raspail pour les placer à l'Hôtel de Ville, en particulier le bas-relief qui montre le héros proclamant la République en ce lieu. On y renonce car ces bas-reliefs constituent un hommage et en dépouiller le socle ôterait à celui-ci toute signification. Circonstance aggravante, cela conduirait à supprimer le piédestal et entraînerait, avec la remise en état des sols, une dépense considérable, dit-on au conseil municipal.

A côté de ces questions ponctuelles, se pose un problème de fond : celui du maintien ou de l'enlèvement des socles vides.

En 1960, le préfet de la Seine penche pour la deuxième solution et il propose de débarrasser la voie publique de ceux de Bobillot, Charcot, Sedaine. Au conseil municipal, on n'est pas d'accord car on craint de voir l'oubli s'étendre sur ces hommes célèbres. Le conseil est, en revanche, favorable à l'enlèvement des piédestaux de toutes les statues allégoriques. Le préfet insiste : il faut maintenir les socles si un projet de remplacement de la statue est prévu. Sinon, il faut les supprimer comme des *« vestiges inutiles qui font offense à la beauté de Paris et qui provoquent un étonnement réprobateur chez nos visiteurs provinciaux et étrangers »*.

La conseillère Alexandre-Debray répond qu'il faut laisser les socles en place et passer des commandes aux statuaires dont la situation est misérable, pour qu'ils sculptent des effigies destinées à être placées sur ces socles. Son collègue Emmanuel Fleury suggère un mode de financement : *« Il faudrait demander aux Allemands des réparations pour les statues qu'ils ont déposées et fondues! »*.

En 1963, nouvelle offensive préfectorale. Cette fois, on demande l'ouverture d'un crédit pour l'enlèvement du socle de Charles Floquet, jugé inesthétique et encombrant la circulation. Le conseil s'y oppose. On ne doit pas effacer le souvenir de Floquet dont l'œuvre fut consacrée à la défense de la liberté, et *« la Ville de Paris n'a pas à parfaire l'œuvre de destruction des occupants »*.

En 1972, le préfet de Paris résume la situation. Les socles ont des formes et des proportions qui ne permettent pas la mise en place de sculptures pour lesquelles ils n'ont pas été prévus. Les socles vides sont inutilisables et, sauf exception, la conclusion s'impose : il faut les supprimer.

En 1979, les conseillers Sarre et Moulinet demandent qu'une politique soit définie afin *« de ne pas perpétuer l'existence d'autant de socles dépourvus de statues »*. Ceux de Ricord, Condorcet, Louis Blanc avaient déjà été enlevés. Ceux de Voltaire et de Zola suivront. D'autres sont demeurés en place.

Soixante deux monuments dressés depuis mai 1981, on est loin de l'âge d'or de la IIIe République, celui des années 1880 et suivantes. C'est un bilan honorable, sans plus, d'autant que dans nombre de cas, les élus n'y furent pour rien. Huit statues ont, en effet, été offertes par des gouvernements étrangers ou des villes étrangères : Australie (La Pérouse), Colombie (Santander), Inde (Tagore), Portugal (Camoens), Slovaquie (Stefanik), Venezuela (Miranda), Budapest (Bartók), Moscou (Pouchkine). Deux autres proviennent de dons : le sculpteur Blaty pour Soutine ; sa fille pour Carpeaux. Par ailleurs, on vient de le voir, Deraismes et Haussmann dormaient dans des réserves et Guynemer se trouvait au musée de l'Air du Bourget. Tout cela réduit quelque peu le nombre de monuments érigés sur intervention directe ou avec l'appui des pouvoirs publics.

Parmi les derniers statufiés, un héros à part : **Stephan Zweig**. Le Sénat, plutôt réticent à installer des statues dans le jardin du Luxembourg, jugeant sans doute le lieu suffisamment pourvu, fait une exception pour l'écrivain autrichien, et inaugure son buste en 2003, manière d'honorer l'essayiste dans l'œuvre duquel la France tient une grande place.

Le Sénat est encore présent puisqu'il est à l'origine de l'installation, en 2011, d'un buste à son ancien président, **Gaston Monnerville**. Le maire de Paris, Bertrand Delanoë, le président du comité d'érection, l'ancien sénateur Roger Lise et le président du Sénat, Jean-Pierre Bel, trouvent les mots pour honorer celui qui, adversaire du colonialisme, a défendu les peuples ultramarins, a milité pour la fermeture du bagne de Cayenne, a redonné à la Haute Assemblée l'essentiel de ses prérogatives. Au passage, allusion est faite à la vive opposition de Gaston Monnerville au projet de révision constitutionnelle qui prévoyait l'élection du Président de la République au suffrage universel. A l'occasion du Congrès radical tenu à Vichy en 1962, l'intéressé avait appelé l'Assemblée Nationale à voter la censure comme réplique à ce qu'il appelait une *« forfaiture »*. Cette vive querelle semble aujourd'hui oubliée : Roger Lise en veut pour preuve que les gaullistes du Sénat ont adhéré à l'association qu'il préside.

En 2013, Bertrand Delanoë dévoile le buste de **Habib Bourguiba**, en présence de l'ambassadeur de Tunisie. C'est un hommage à celui qui, Président de la République tunisienne de 1957 à 1987, laïcisa l'Etat et admit le multipartisme. Le lieu de naissance du maire de Paris, Bizerte, n'est peut être pas étranger à cet hommage.

Des interrogations subsistent. D'abord, pourquoi honorer les « Grands Hommes » par des statues ? D'autres formes d'hommages pouvaient être choisies. Ensuite, de quelle manière a-t-on statufié ? Quelles représentations a-t-on choisies pour figurer ces héros ? Viennet, pair de France, écrit en 1842 que la manie des statues se propage comme une épidémie. Le propos ne se limite d'ailleurs pas à Paris, mais il concerne évidemment la capitale. Et comme pour confirmer ce jugement, le Grand Dictionnaire universel de Pierre Larousse, paru dans les années 1880, emploie le néologisme sarcastique de « statuomanie » pour qualifier le phénomène.

Penchons-nous maintenant sur ce qu'aura été, selon certains, la marotte de la statuaire.

STATUES, STATUAIRES, STATUOMANIE

VUE D'ENSEMBLE

Elle peut s'appréhender d'au moins deux façons.

Soit considérer le nombre de monuments par époques :
Avant 1870 = 6%
1870-1918 = 46%
1918-1940 = 18%
1940 à nos jours = 30%

Soit identifier le nombre de monuments par genres :
Statues en pied = 56%
Bustes = 30%
Médaillons = 6%
Statues équestres =5%
Stèles, bassins, fontaines = 3%

Le pourcentage des statues en pied peut-être porté à 62% si l'on considère qu'une vingtaine de bustes appartient à des monuments importants du fait des personnages, allégories ou autres, qui les accompagnent.

Une analyse plus fine montrerait que les statues en pied, en diminution sous la IVe République, retrouvent droit de cité sous la Ve. C'est dû, on l'a dit, à l'action des socialistes au pouvoir. Que les médaillons sont en augmentation sous les IVe et Ve Républiques, peut-être parce qu'en des temps difficiles ce type de représentation coûte moins cher. Que la tranche 1918-1939 accueille davantage de bustes que les autres périodes, sans doute pour les mêmes raisons, mais aussi parce que les priorités vont aux monuments aux morts de 14-18.

S'agissant des matériaux utilisés, on notera que le bronze représente 60% de l'ensemble, sans que l'on sache ce qui a présidé aux choix : coût ? Décision des élus ou des comités ? Préférence du sculpteur ? Sauf lorsque les bronzes ont été récupérés pour servir à l'érection d'un monument : ceux fournis par les canons enlevés aux Autrichiens et aux Russes et qui serviront à la statue de Napoléon Ier ; ceux de la statue de Desaix utilisés pour Henri IV.

La raison peut être autre : le bronze correspondrait mieux, en certains cas, à la « qualité » du personnage. Ainsi, à propos du général Dumas, le sculpteur Moncel écrit à l'un de ses amis : *« Pourquoi donc voulez-vous qu'il soit en marbre ? Ignorez-vous donc qu'il était nègre ? »*. Ce que confirme un collaborateur du directeur des Beaux-arts dans une note à son supérieur : *« Elle est en bronze, comme une statue de nègre qui se respecte »*.

Pourquoi cette vogue de la statue publique aux Grands Hommes ?

LES RAISONS D'UN PHÉNOMÈNE

La ville agrandie, élargie, aérée, a multiplié les places, les boulevards, les promenades. La Monarchie de Juillet a donné le coup d'envoi d'un nouveau décor urbain qui s'est épanoui sous le Second Empire. Napoléon III a nommé Haussmann préfet de la Seine en 1853. Celui-ci s'est entouré d'ingénieurs pour mener à bien ses projets d'embellissement de Paris. Son goût pour la rectitude de larges avenues, pour les grandes perspectives, transforme la capitale avec un réseau de voies nouvelles, de carrefours, de boulevards. C'est la réalisation de places : Madeleine, Opéra, Château d'Eau (actuelle place de la République), Etoile, Nation, Trocadéro, Alma. C'est le percement de l'axe nord-sud avec les boulevards Saint-Michel et de Sébastopol. C'est l'aménagement de jardins publics : square de la Tour Saint-Jacques, des Arts et Métiers, des Batignolles, Vintimille, Montholon, Laborde, Monge, Sainte-Clotilde. C'est la création de grands parcs : Buttes-Chaumont, Montsouris, l'aménagement d'autres : bois de Boulogne et de Vincennes, parc Monceau, Tuileries... Autant d'espaces libres qui ne demandent qu'à être occupés, décorés.

Quoi de plus naturel que d'y placer des statues, à une époque caractérisée par un développement de l'art industriel. L'essor de la sculpture est dû aux progrès de reproduction des œuvres, grâce notamment à la technique de la fonte « à cire perdue ». Un modèle en cire, coulé au moyen d'un moule creux, est recouvert de matériaux réfractaires et de tuyaux d'évacuation, puis chauffé. La cire fond, s'écoule ; le métal en fusion est introduit par l'intermédiaire des conduits, dans l'espace laissé libre. Cette technique autorise la reproduction, à bas prix, de plusieurs exemplaires. Le XIXe siècle a ainsi été marqué par une promotion de la sculpture grâce à une diffusion importante des produits.

Il y a évidemment plusieurs façons d'ornementer une ville ; l'art dans la cité n'implique pas obligatoirement que l'on peuple rues et jardins d'effigies de célébrités. Mais l'humanisme rationaliste issu de la Révolution française veut perpétuer la mémoire des grands citoyens, entretenir le culte civique de leurs exemples et de leurs vertus. Le témoignage de la satisfaction nationale est supposé constituer un stimulant efficace à offrir au peuple. *« Les statues doivent avoir une mission éducatrice et être une leçon d'histoire en plein air »* affirme le conseiller Escudier en 1906. L'idée prévaut toujours en 1924 lorsque son collègue Riotor déclare : *« Nos rues, nos jardins, nos promenades ne doivent-ils pas être le véritable musée public, celui où l'on ne paie pour entrer, celui qui nous instruira chaque jour sans fatigue et sans ennuyeuse pédagogie ».* Par cette consécration de leurs actes et de leurs mérites, se dégagent, au profit de tous, des règles de conduite susceptibles de diriger une société émancipée, une démocratie. Lepelletier, secrétaire du conseil municipal, l'avait déjà souligné en 1900 pour Pelletier et Caventou : *« Quand le jeune écolier se rendant en classe voit un monument comme celui-ci, il est obligé un jour ou l'autre à réfléchir, à se demander pourquoi on a dressé sur un socle ces deux images »*. La statue est un élément de propagande. C'est un monument proclamatoire qui trouve sa place dans les batailles politiques, les batailles d'idées qui ont jalonné notre histoire. On veut aussi représenter des personnalités capables d'intéresser la postérité par l'exemple de leur vie. La Rome antique avait déjà affirmé cette nécessité. Dans sa *Correspondance*, Cicéron considérait qu'il faut honorer par des statues la mémoire des citoyens qui se sont dévoués pour la République. Et Salluste écrivait : *« Les statues des hommes illustres peuvent éveiller dans les âmes nobles le désir de les imiter »*. On souhaite honorer des hommes de courage, de désintéressement, de clairvoyance, des hommes de probité et d'honneur, en même temps qu'immortaliser le souvenir d'évènements mémorables. André Calmette, président de l'*Union des artistes*, le dit devant le monument à Victorien Sardou en faisant référence à la guerre de 14-18 : *« Les conséquences d'une catastrophe sans précédent secouent encore le monde : pendant cinq ans, la mort a traîné sa faux sur le beau sol de France. Une telle hécatombe devait fatalement affaiblir dans la mémoire des survivants, le souvenir même des plus illustres de ceux qui sont partis normalement, à leur heure. Honneur à qui maintenant s'efforce de le vivifier par le bronze ou la pierre »*.

Par cette consécration des actes et des mérites des Grands Hommes se dégagent une autorité morale et des règles de conduite.

Cette fonction pédagogique s'adresse à tout le monde, ce qu'exprime Tony Révillon, député de la Seine, devant l'effigie de Diderot. *« En passant devant cette statue, les menteurs et les méchants, détourneront la tête. Mais les braves gens s'arrêteront pour lever leur chapeau »*. A tout le monde, mais principalement aux jeunes : *« Nos enfants, à la sortie de l'école prochaine, auront devant les yeux des exemples de dévouement, de grandes pensées, de travail et de bon courage »*, dit le socialiste Paul Brousse, inaugurant la statue de Jean Leclaire. Et Georges Villain, président du conseil municipal, dit à peu près la même chose, en termes plus lyriques, devant le monument à Vulpian : *« Lorsqu'ils contempleront ce grave et pensif visage, les plus frivoles seront inclinés à la méditation et au retour sur eux-mêmes, et plus d'un adolescent sentira s'éveiller en lui la flamme des grandes ambitions intellectuelles et des sublimes dévouements»*. Son collègue René Fiquet va dans le même sens pour Reichel : *« Devant cette effigie, jeunes gens et jeunes filles ralentiront le pas pour déchiffrer le nom, contempler les traits d'un homme qui aura beaucoup fait pour le bonheur de ses semblables, en les entraînant à sa suite sur le chemin lumineux qui conduit au stade dispensateur de jeunesse, de force et de beauté »*. Argument utilisé par Villain pour convaincre ses collègues du conseil municipal d'ériger une statue à l'ouvrier Albert, car ce souvenir donné à un travailleur servirait d'exemple aux élèves des écoles du 10e arrondissement.

La jeunesse, mais aussi l'ouvrier et la mère de famille : *« Les fils et les petits-fils de ceux que Frederick Lemaître a fait frémir et pleurer défileront devant lui le matin en allant au travail. Le soir, après la rude journée de labeur dans la fournaise des ateliers, ceux qui viendront dans ce petit square humer quelques bouffées d'air frais évoqueront celui qui incarna Buridan, Kean, Ruy Blas, don César de Bazan* [138] *»*, nous dit le conseiller Lucipia. Et Rebeillard, autre élu municipal, inaugurant le haut-relief à Tarnier : *« En passant devant cette œuvre pour gagner leur lit d'hôpital, les pauvres mères de demain pourront jeter un regard de gratitude sur l'image de leur grand ami »*.

Voilà pour la philosophie. Mais comment donc fait-on pour transmettre le message ?

---

[138] Les deux premiers noms sont ceux de personnages d'Alexandre Dumas, les deux suivants ceux de Victor Hugo.

LES REPRÉSENTATIONS : LE MESSAGE DIRECT

« Il ne lui manque que la parole ». Cette phrase, entendue de la bouche d'une promeneuse devant l'effigie d'un héros, résume la philosophie des commanditaires : les statues des Grands Hommes doivent être ressemblantes. C'est la condition même pour que le message soit transmis. Il ne s'agit nullement de conférer à la sculpture un rôle décoratif mais de donner au personnage les traits du visage, l'attitude, les vêtements, les attributs qui correspondent à sa « qualité », à sa place dans la société. Si l'on veut toucher le plus grand nombre, l'éduquer, l'émouvoir, en un mot être pédagogique, il faut adopter l'art figuratif. C'est le moyen le plus simple, le plus sûr de guider le peuple, de l'éclairer. La statue doit établir un lien de compréhension entre le héros et le public. Pour cela, on proposera à ce dernier une sorte de photographie en relief.

A ce témoignage de la gratitude des vivants envers les glorieux anciens, s'ajoute donc le désir d'éduquer, d'impliquer la population. Un bon pédagogue doit être compris de ses élèves. C'est ce principe simple qui a guidé les élus dans le choix des représentations des héros et que les sculpteurs ont traduit. On offre un double du modèle, on copie ses traits, son attitude, les plis de ses vêtements. Le personnage est pris sur le vif, prêt à remuer, prêt à parler.

Le visage

Cette lecture directe est d'abord donnée par le visage. Les collaborateurs d'Alphand, tournés vers lui, sont attentifs dans l'attente de ses ordres. Louis Blanc, Charcot, Diderot, Franklin, Leclaire ont des traits bien rendus. Comme Chevreul, pour lequel Edmond Perrier, directeur du Museum, peut parler de la physionomie du centenaire *« tout illuminée de science souriante ».* Boujut, préfet de la Seine, relève que le *« beau visage »* de Vulpian a été bien traduit par le sculpteur. Aucune bienveillance apparente, en revanche, dans le sourire sarcastique de Voltaire. Pour Monnerville, le comité a voulu que les traits négroïdes du héros soient représentés. On note le regard expressif de Baudelaire et de Sainte-Beuve, perçant de Wells. On ne peut en dire autant d'autres aux yeux vides : Théophile Gautier, Laënnec, Reichel, Théophile Roussel, Waldeck-Rousseau et, dans leur version récente, Béranger, Lamartine, Villon. La *Virginie* de Bernardin de Saint-Pierre présente un visage d'autant plus figé que son *Paul* est au contraire vivant. Le regard de Léon Blum disparaît derrière ses lunettes. Est-ce pour cette raison qu'on a enlevé celles de Moréas, petite entorse à la « vérité » ? Bartók et Dalida semblent avoir les yeux fermés. L'éditorialiste du journal *Le Monde* regrette l'absence de regard chez Mauriac, tout en reconnaissant la difficulté pour l'artiste : *« Il est vrai que les yeux doivent poser de rudes problèmes aux statuaires »*. Mais, à en croire Eugène Guillaume, membre de l'Institut, le médaillon de Barye est une réussite avec *« son profil sévère, son front puissant, son œil investigateur, sa bouche et son menton où se lisent les traits distinctifs de son esprit : une volonté indomptable, une inflexible dignité »*.

Certaines critiques ne sont pas toujours fondées. Le sculpteur Betti s'insurge : « *M. d'Andigné* (conseiller municipal) *reproche à mon Camoens d'être borgne. Mais il est borgne ! Suis-je responsable de cela ? Cervantes était bien manchot ! »*

L'attitude

Elle peut être aussi parlante que le visage.

C'est celle des orateurs qui joignent le geste à la parole, comme Maria Deraismes et Ricord. Bailly prononce le discours du Jeu de Paume, Desmoulins harangue la foule, Ledru-Rollin désigne une urne du doigt, Lavoisier a le bras tendu comme pour défendre ses théories scientifiques. On veille à reproduire une attitude habituelle : celle de Floquet, la tête rejetée en arrière, ou de Claude Bernard, la main gauche sous le menton.

Le héros est souvent saisi « en action ». Ney charge sabre au clair. Danton et Mangin ont le bras pointé vers l'ennemi ; celui-ci est menacé du poing par Déroulède (le poing sera transformé en main ouverte dans la seconde version du monument). Le sergent Bobillot donne l'ordre de colmater une brèche. Baudin est sur la barricade où il fut tué. Le prince Eugène froisse dans sa main la proposition de reddition du tsar Alexandre Ier. Ferry dépose ses lois sur l'enseignement à la tribune de la Chambre des députés. Levassor et Serpollet conduisent leur véhicule, Farman est aux commandes de son avion.

Les médecins œuvrent : Broca examine un crâne, Pinel enlève des fers à une jeune aliénée, Tarnier vient de délivrer une mère.

Les écrivains rédigent : Alexandre Dumas, Tagore.

Les artistes peignent : Boucher, Carrière ; dessinent : Gavarni ; sculptent : Carpeaux, Frémiet, Gérôme modèlent leurs œuvres.

Les musiciens composent ou interprètent : Debussy et Chopin sont au piano, César Franck à l'harmonium.

Les chanteuses… chantent, comme Edith Piaf dans sa pose favorite, les mains croisées sur la poitrine dans la version « stèle », les bras levés vers le ciel pour la statue en pied.

Mme Boucicaut appuie une main affectueuse sur l'épaule d'un enfant et Jean Leclaire enlace un ouvrier d'un bras protecteur.

Illustration peut-être de l'humour montmartrois, Marcel Aymé traverse un mur, allusion à la nouvelle *Le passe-muraille*. Mais nous sommes là dans la fiction.

Les personnages peuvent être figurés dans la position de marcheur. Churchill pour montrer son assurance, sa détermination ; de Gaulle pour rappeler sa descente des Champs Elysées en 1944 ; Sartre, penché en avant les mains derrière le dos. Tous ces héros sont représentés debout et, en certains cas, les autorités affirment leur préférence en ce sens. Lorsqu'en 1879 le conseil municipal ouvre un concours pour une statue à Voltaire, l'article 2 du règlement précise que Voltaire sera représenté debout. Plus récemment, une proposition de figurer Mendès France assis fut refusée par les autorités. Une élue écologiste du 15e arrondissement a regretté le choix d'un simple buste pour Brassens. Elle aurait voulu voir le chanteur debout, le pied sur une chaise, s'accompagnant à la guitare. L'éditorialiste du journal *Le Parisien* justifie néanmoins le choix d'un buste : Brassens n'a jamais eu la grosse tête.

Représenter les héros assis est une façon de les rendre familiers, à condition qu'ils ne soient pas juchés trop haut comme Alexandre Dumas ou Pasteur. Plus proches, ils semblent même parfois s'adresser directement à nous, à l'image de Montaigne ou du Diderot du boulevard Saint-Germain.

Les sculpteurs ont aussi marqué leur prédilection pour une attitude pensive de leurs personnages. Daudet et Hugo sur un rocher, Lamarck sur un banc, Berlioz appuyé sur un pupitre, Champollion, Haüy, Condorcet, Renaudot, George Sand et bien d'autres : on n'en finirait pas de citer ces Grands Hommes qui s'abîment dans la méditation.

Le costume

Il traduit évidemment « la qualité » du statufié, sa profession, son activité.

Les militaires sont en tenue. Le prince Eugène est en général du Ier Empire, Larrey en chirurgien de la Garde, de Grasse en amiral, Francis Garnier en officier de marine. Les uniformes de la coloniale vêtent le sergent Bobillot, Marchand, Lyautey dans sa grande cape ; certains correspondent aux grades : Fayolle, Gallieni, Mangin, Leclerc, Juin, de Gaulle.

D'autres professions sont illustrées par l'habit : Tarnier en médecin hospitalier, Péan en frac sous la pelisse, pour rappeler qu'il portait cette tenue lorsqu'il opérait.

Les professeurs sont en robe : Budé, Pelletier et Caventou, Parmentier, Vauquelin.

Les vêtements de travail habillent Eugène Carrière, Palissy, Sedaine, Zola. Le Play est en sénateur, Sarah Bernhardt en Phèdre. Redingote, veston, blouse portés par les collaborateurs d'Alphand, permettent d'identifier des catégories sociales différentes.

Des vêtements célèbres rendent les personnages encore plus authentiques : la camisole, signe de ralliement des *Mille* pour Garibaldi, cache-col et chapeau pour Clemenceau, cache-col pour Blum, béret pour Sardou, chapeau pour Baudin.

On a respecté les costumes d'époque : XVe siècle pour Chartier, Gutenberg, Villon ; XVIe siècle pour Coligny, Montaigne, Shakespeare ; XVIIIe siècle pour Bailly, Beaumarchais, Jefferson, Paine, Voltaire. Le XIXe siècle est fidèle à la redingote et au pantalon collant : Arago, Berlioz, Chopin, Floquet... Les vêtements du XXe siècle sont endossés par Bartók, Mauriac, Mendès France, Pompidou, Schuman.

De familier, le héros devient presque intime lorsqu'il porte un habit d'intérieur. C'est le cas de ceux qui, assis, sont revêtus d'une robe de chambre : Balzac, Buffon, Diderot, Meissonier,... un peu comme s'ils nous recevaient chez eux.

On rappellera l'importance de la tenue vestimentaire s'agissant de Napoléon Ier représenté tour à tour vêtu à l'antique, puis en Petit Caporal, enfin de nouveau en Empereur.

Quant à la tenue d'Adam, si elle ne permet pas, en principe, d'identifier le héros, c'est pour d'autres raisons qu'elle est sévèrement condamnée : Desaix et Napoléon Ier en ont fait, on le sait, la triste expérience.

Les accessoires

Véritables commentaires éducatifs, ils complètent l'information sur le statufié.

Les médecins sont accompagnés d'instruments de chirurgie (Bichat), d'une pince hémostatique (Péan), d'un compas pour mesurer un crâne (Broca).

D'autres scientifiques sont escortés d'objets divers : la lunette qui servit à mesurer la méridienne de Paris (Arago), des ustensiles de laboratoire (Boussingault, Lavoisier, Pascal, Pelletier-Caventou, Raspail, Vauquelin), un télégraphe (Chappe), un masque égyptien (Champollion). Ses recherches sur les végétaux valent à Parmentier de tenir une pomme de terre, un épi de maïs et une grappe de raisin. Dans la main de Daubenton : un fascicule intitulé *L'instruction pour les bergers*.

Les outils indispensables sont encore là pour écrivains et penseurs. Des livres, des feuillets, une plume font l'affaire : Bobillot, pour rappeler qu'il écrivit un roman et un drame, Louis Blanc, Budé, Condorcet, Renaudot, Sedaine...

S'agissant des Arts, les peintres ont un...pinceau (Le Sueur, de Neuville) ; les musiciens, un piano (Chopin, Debussy), un harmonium (Franck) ou un pupitre (Berlioz) ; les architectes, une règle et un compas (Pierre de Montreuil) ; les émailleurs, un plat en céramique (Palissy). Le baron Taylor, créateur de nombreuses sociétés d'aide aux artistes, cumule un masque de théâtre, une palette, des livres, des objets d'orfèvrerie, des outils d'artisan.

Les compléments ne sont pas toujours liés à l'activité professionnelle, mais peuvent faire référence à une caractéristique précise du personnage. C'est la canne de ligueur de Déroulède, la médaille de Saint-Michel que Coligny portait en permanence, le fauteuil du bureau de Meissonier, la cigarette de Coppée. La particularité peut concerner un lieu ou un évènement précis, comme le rocher de Guernesey pour Hugo.

Les accessoires peuvent également être porteurs d'une signification symbolique. La lyre pour la Poésie est aux côtés de Théodore de Banville, de Béranger, de Godard. Les lauriers chantent la Gloire ou le succès pour Bobillot, Fayolle, Gallieni, Théophile Roussel. La palme exprime la Victoire pour Bobillot encore, Charlet, Delacroix, Floquet, Renaudot. Les drapeaux, patriotiques lorsqu'ils accompagnent Béranger et Meissonier, rendent parfois hommage à des nations étrangères : Etats-Unis pour Washington, Yougoslavie pour Alexandre Ier. Les fleurs des Antilles rappellent les origines de l'impératrice Joséphine, les fruits exotiques évoquent la politique coloniale de Ferry. Le bâton d'exil se réfère au bannissement de Mickiewicz en Russie ; le khatchkar, croix que porte le père Komitas, veut représenter l'âme chrétienne du peuple arménien ; le casque à pointe identifie les meurtriers d'Edith Cavell. *Le Dictionnaire philosophique* de Voltaire fait opposition à l'intolérance dont fut victime le chevalier de La Barre. Les chaînes rompues aux pieds de Villon rappellent les mauvaises fréquentations du poète et les malheurs qui en découlèrent ; celles brisées que Jeanne d'Arc foule aux pieds expriment la libération de la France.

Quelques symboles maçonniques informent, par ailleurs, sur les appartenances d'Arago et de Floquet.

Un seul bonnet phrygien : il coiffe la *Démocratie triomphante* du monument à Gambetta.

Les bas-reliefs

Autres « accessoires », ils ajoutent à l'identification du monument en illustrant l'histoire personnelle du héros.

Gloire et patriotisme sont évoqués avec le général Dumas (combat du pont de Brixen[139] et entrée à Alexandrie), avec Louis XIV (passage du Rhin par les troupes françaises), avec Moncey (combat de la barrière de Clichy), avec Déroulède (soldats partant en guerre au son de la musique).

Des épisodes de la vie de Henri IV (son entrée à Paris) et de Franklin (sa réception à la cour de France) sont reproduits. Dolet est montré suspendu à une potence au dessus du bûcher.

[139] Ville d'Autriche à l'époque, aujourd'hui italienne, où le général Dumas s'illustra en 1796 avec l'armée d'Italie.

Le socle de Gutenberg constitue un hymne à l'affranchissement de l'homme : esclavage, charte d'émancipation américaine, remise de traités imprimés aux rajahs de l'Inde et aux chefs de tribus d'Afrique.

Lavoisier expose ses découvertes à ses collègues de l'Académie des Sciences : Monge, Lagrange, Condorcet, Berthollet, Lamarck, …Une autre face du socle le montre travaillant dans son laboratoire, avec sa femme qui écrit sous sa dictée.

Victor Hugo hérite de quatre représentations où on le voit en orateur politique, en poète, en historien et au Panthéon.

Jules Simon est figuré à sa table de travail.

Lamarck est réhabilité face aux injustices qu'il a encourues.

L'art khmer, fait de fleurs et de plantes indochinoises stylisées, a inspiré les bas-reliefs de Francis Garnier. Ceux de Flachat rappellent l'un des domaines du génie civil où il a exercé son activité.

L'œuvre de Steinlen est abordée à travers une scène de rue et un groupe de mineurs.

Certains bas-reliefs occupent une partie importante du monument : travaux d'Alphand, marins derrière de Grasse, soldats et indigènes accompagnant Marchand. D'autres constituent le monument lui-même : Musset, qui contemple certaines scènes tirées de son œuvre ; Levassor, au volant de sa voiture reproduite avec des détails précis : manivelle, amortisseurs, garde-boue, lanternes.

Les seconds rôles

Ils éclairent un peu plus la vie et l'œuvre des statufiés. Certains ont réellement existé : Roland, près de Charlemagne ; Got, ancien doyen de la Comédie-Française, figuré par un masque près d'Augier ; deux autres masques, l'un de Sarah Bernardt, l'autre de Segond-Weber[140] pour Coppée ; l'ingénieur Huet, son adjoint Bouvard, le peintre Roll, collaborateurs d'Alphand ; le maréchal Franchet d'Esperey, près d'Alexandre Ier de Yougoslavie et Pierre Ier de Serbie.

D'autres figures sont empruntées aux œuvres des héros.

La Clorinde de *L'Aventurière*, pièce d'Augier ; Paul et Virginie, les deux adolescents du roman de Bernardin de Saint-Pierre ; Olivier de la *Chanson de Roland*, pour Charlemagne ; le Cid provoquant don Gormas, pour Corneille ; Eléonore d'Este et Torquato Tasso de la pièce *Le Tasse* de Benjamin Godard ; d'Artagnan aux côtés d'Alexandre Dumas ; visage convulsé d'un damné aux pieds de Dante ; le Chat botté pour Perrault.

Chez les peintres : un grenadier de l'Empire et un gavroche pour accompagner Charlet ; un tambour sorti du tableau *Le Réveil* pour Raffet ; un

---

140 Tragédienne du Français.

personnage tiré de la toile *L'embarquement pour Cythère* pour Watteau ; une grisette et un mendiant pour Gavarni.

Chez les sculpteurs : un gladiateur pour Gérôme.

Chez les compositeurs : les héroïnes des opéras de Gounod : *Mireille, Juliette, Marguerite* ; de Massenet : *Manon* ; d'Ambroise Thomas : *Ophélie.*

Certaines figures anonymes illustrent la vie du statufié.

On trouve, pêle-mêle : le laboureur de Boussingault ; l'ouvrier de Leclaire ou de Manuel ; les trois lecteurs de Dumas ; les trois soldats près de Mangin ; les quatre poilus en tenue de campagne autour de Fayolle ; les « conquêtes » de Gallieni : la Soudanaise, la Tonkinoise, la Malgache ; la jeune fille et le petit garçon pour Gréard ; la bergère de Ferdinand Fabre ; un groupe de fillettes déposant des fleurs pour la comtesse de Ségur ; l'aveugle aux pieds de Valentin Haüy ; l'enfant endormi d'Ernest Rousselle ; des figures préhistoriques accompagnant Gabriel de Mortillet ; le héros polonais, le vieux barde et les trois femmes pour Mickiewicz.

Le bloc supportant le buste de Verlaine est plus insolite : une sorte de madone au visage mystique enlace de son bras droit une muse sensuelle nue et soutient à gauche une vierge.

Parfois des figures viennent souligner un engagement précis : la présence de Yougoslaves en costumes de leurs régions d'origine symbolise l'unité de leur pays (Alexandre Ier).

En certains cas, on a complété le buste ou le médaillon des héros avec leurs œuvres sculptées : animaux pour Barye (le centaure terrassé par le Lapithe illustrerait la victoire de la civilisation sur la barbarie), Hercule gaulois pour Puget.

Les seconds rôles peuvent être joués par des animaux. En dehors de ceux porteurs d'une signification symbolique-le lion pour la force, par exemple-quelques monuments sont agrémentés d'animaux divers.

Certains ont « existé » réellement : le chien de Léon Cladel, le lévrier de Lamartine. Ils rendent le héros plus vivant, plus familier.

D'autres illustrent l'activité ou l'œuvre des statufiés. Pour Cuvier : un hibou, un crocodile, deux lions. Pour Daubenton : un mérinos. Pour Claude Bernard : un chien sur lequel on a pratiqué la vivisection. Pour Buffon : un oiseau mort. Pour Dejean : un cygne. Pour La Fontaine : les animaux de ses *Fables.*

« Message direct », écrivions-nous pour les représentations des statues en pied et des bustes. Voire.

On peut, en effet, s'interroger quant à la lecture que fera le public des personnages d'accompagnement.

Certes, même si on n'est pas au fait de la hiérarchie municipale, on comprend que ceux qui entourent Alphand sont ses collaborateurs ou que

Franchet d'Esperey, en tenue militaire, est bien pour quelque chose dans « l'affaire yougoslave ». Mais qui reconnaîtra Clorinde, exhumée de l'*Aventurière*, pièce en vers d'Augier, inconnue de nos jours – ce qui n'est pas grave puisque la statue de l'écrivain est aujourd'hui disparue – mais dont on peut se demander si elle était célèbre à l'époque. La remarque vaut pour les deux protagonistes de Benjamin Godard.

Les allégories

Mais que dire alors de toutes ces représentations allégoriques qui escortent ces Grands Hommes !

Certaines semblent directement accessibles : la Mort tenant sa faux (Pasteur), la Comédie légère et la Comédie sérieuse qui entourent Molière, la France armée sous la forme d'une effigie casquée près de Fayolle. Peut-être comprendra-t-on que les femmes de Francis Garnier se rapportent à la colonisation en Extrême-Orient…

Mais les autres ?...Les exemples fourmillent. On ne s'étonnera pas de voir la Science souvent présente : nous sommes dans le droit fil de l'idéologie républicaine du XIXe siècle.

Et aussi…Les Muses inspiratrices pour écrivains et artistes : Hugo (quatre à lui seul), Leconte de Lisle, Verlaine, Chopin, Corot, Debussy, Houdon.

Quelques Génies : celui des Arts pour Delacroix, de la Satire pour La Fontaine, de l'Eloquence pour Floquet.

Un Ange pour César Franck, un Angelot pour Gounod.

Et encore : la Comédie et la Tragédie pour Augier, Corneille, Larroumet ; la Patrie (Coligny, Moncey) ; la République (Ferry) ; la Démocratie triomphante (Gambetta) ou jeune (Floquet) ; la Misère (Boucicaut – de Hirsch) ; la Vérité et la Force (Gambetta) ; la Vérité et la Justice (Scheurer-Kestner) ; la Fécondité (Zola) ; la Prospérité qui console un Lamarck découragé ; l'Astronomie et la Météorologie, avec en prime le dieu Saturne qui porte « sa planète » (Le Verrier) ; la Chimie qui montre le sol ingrat à un paysan (Boussingault) ; la Douleur qui pleure aux pieds de Chopin, romantisme oblige.

Pourra-t-on saisir, sans autre explication, que l'Amitié et l'Amour conjugal correspondent à deux moments essentiels de la vie de Berthelot ? Reconnaîtra-t-on auprès d'Auguste Comte, le Prolétariat qui s'éclaire au flambeau de la Science tandis que l'Humanité dépose des palmes ? Que la Ville de Paris relève la Libre Pensée (Etienne Dolet) ? Qu'elle intervient encore avec Moncey ? Que Zola est cerné par le Travail et la Fécondité, le Travail symbolisé par un forgeron, soit, mais accompagné d'un préteur romain pour figurer la Justice ? Verra-t-on dans les deux forgerons de Waldeck-Rousseau le symbole de l'union syndicale et professionnelle ?

Mithra, déesse de la Lumière, qui accompagne Paul Adam, veut illustrer le culte de l'écrivain pour la latinité. Pour qui ce rapprochement sera-t-il intelligible ?

Le recours aux allégories ne va pas toujours sans difficulté. Pour Moncey, les élus demandent que la Ville de Paris tienne le drapeau de la main droite et s'enveloppe dans son manteau de la main gauche, car, dans la position proposée par le sculpteur, elle semble menacer Moncey. Concernant Zola, l'artiste avait prévu de représenter la Vérité. Il y renonce, jugeant que cette allégorie, empruntée à l'Antiquité, aurait constitué un anachronisme choquant avec les personnages modernes qui l'auraient entourée.

S'il y a bien quelques allégories masculines : le Travail qui accompagne Trarieux et Zola, le dieu messager Mercure pour Chappe, les allégories sont généralement des femmes.

C'est que les sujets choisis sont eux-mêmes du genre féminin : République, Démocratie, Science, Vérité, Humanité, Bienfaisance, Comédie, Tragédie,...

C'est aussi que, lorsqu'elles ne jouent pas un rôle de muses inspiratrices, elles interviennent auprès d'enfants à titre de mère ou de protectrice. La Paix protège une mère et son enfant (Aristide Briand). La République conduit un enfant à l'école primaire (Jules Ferry), lui montre la voie de l'Instruction publique (Jean Macé). La France tend une petite fille à Floquet. La Misère serre douloureusement un enfant contre elle (Mme Boucicaut). Des enfants sont portés dans les bras de l'Humanité qui implore Pasteur. Une mère tient son bébé qui vient de naître (Tarnier), une autre mère regarde une petite-fille qui sollicite son aide (Théophile Roussel). Plus optimiste : la Fécondité où Zola est entouré de trois enfants en bonne santé, l'un occupé à téter. Autant de comportements féminins liés à ce qui est considéré comme l'instinct maternel. Et si un homme est attentif au sort de l'enfant, il l'est en tant qu'homme politique, en tant que législateur, comme Ernest Rousselle accompagné d'un gamin abandonné, endormi sous son buste. Protectrice, bienfaiteur : l'enfant est porteur de toutes les espérances.

Les médaillons

Placés sur des stèles, on peut les considérer comme appartenant au domaine « figuratif » puisque ces petits bas-reliefs reproduisent fidèlement les visages des héros.

Ils sont en faible nombre sous la IIIe République. L'hommage rendu par ce moyen n'est sans doute pas jugé assez élevé eu égard à ceux que l'on veut honorer. Deux exceptions néanmoins avec Barye et Scheurer-Kestner sur des monuments imposants.

Les deux-tiers des médaillons sont placés après 1950 : l'époque est aux économies. Parfois, ils viennent remplacer les statues fondues sous l'Occupation : Bobillot, Coppée, Macé, Pelletier- Caventou, Zola.

Les stèles

Elles présentent également l'avantage de coûter moins cher qu'une statue. Leur facilité d'implantation plaide aussi en leur faveur.

Elles commémorent souvent des exploits aériens : Santos-Dumont, Farman, Pilâtre de Rozier et le marquis d'Arlandes. Quelques cas isolés : le résistant Lamarque, le général Stefanik, l'écrivain Saint-John Perse. Selon les cas, elles comportent un texte ou reproduisent des images, comme le parachute de Garnerin ou le visage de Stefanik accompagné de représentations diverses liées à ses activités.

Les statues équestres

On leur doit évidemment une place à part.

A l'origine réservées à la catégorie « hors norme » des monarques, la République les a étendues à des chefs de guerre, à l'exception du cas particulier de Vélasquez destiné à décorer le Louvre.

La distribution régalienne de l'espace en vigueur sous l'Ancien Régime n'a pas été totalement annulée, mais elle a été complétée, après le Restauration, par de nouvelles figures.

Avec Henri IV, Louis XIV – ce dernier autant sinon plus chef de guerre que roi-, Louis XIII, sont venus s'installer d'autres souverains : Charlemagne, Alexandre Ier de Yougoslavie, Albert Ier de Belgique, Edouard VII, celui-ci à la suite d'une initiative privée.

Chefs de guerre, donc. D'abord Jeanne d'Arc, trois statues à elle seule[141], dont une il est vrai discutable, discutée aussi, et provenant de l'initiative d'un gouvernement étranger, comme pour Bolivar et San Martin. La Fayette et Washington sont liés à la guerre d'Indépendance américaine. Joffre et Foch sont héros de 14-18. Tous sont en uniforme, en cuirasse le cas échéant. Des critiques surgiront après coup concernant la tenue de Foch, figuré sans képi. Les gardiens d'une certaine orthodoxie feront connaître leur réprobation. Ainsi en 1957, le conseiller Armand Massart s'insurge : *« Comment s'étonner que se généralise la disparition du port des chapeaux chez les hommes, à l'imitation de ce qui se passe chez la gent féminine ? Est-ce que l'exemple le plus symptomatique et le plus monstrueux n'est pas donné sur une place publique par la statue équestre du maréchal de France, représenté tête nue en grande tenue »*. L'Administration s'en tiendra à cette représentation pour des raisons esthétiques et compte tenu de la difficulté matérielle qu'il y aurait à rajouter un képi sur le monument.

[141] La quatrième, en pied, tête nue, plus féminine, fut installée dans un quartier « populaire ».

Le monument à Etienne Marcel n'a pas fait l'unanimité à gauche. Certains élus, mettant en cause le caractère royal ou militaire de la représentation, auraient préféré une statue en pied.

On hésite à ranger le centaure de Picasso dans la catégorie des statues équestres. On notera, en tout cas, qu'il ne participe ni de la sacralité d'Etat, ni de la prouesse guerrière.

Le message délivré par les statues équestres repose sur les mêmes ingrédients que ceux des autres monuments. Le costume intervient : guerrier, d'époque, éventuellement de l'Antiquité, comme pour Louis XIV habillé en Achille…mais coiffé d'une perruque XVIIIe siècle.

Les fontaines et les bassins

Les réalisations, peu nombreuses, sont de nature très différente les unes des autres.

Les premières ont été construites sous la Monarchie de Juillet. C'est l'hommage à Cuvier, qui n'est d'ailleurs pas représenté lui-même mais figuré au travers de l'allégorie de la Science. On y ajoutera les quatre prédicateurs de la place Saint-Sulpice : Bossuet, Fénelon, Fléchier, Massillon, qui habillent la fontaine de Visconti. Et surtout Molière, véritable début de la statuaire publique à un homme du commun ou presque.

Sous la IIIe République, la fontaine du puits artésien de Grenelle abrite quatre figures par référence aux noms de rues voisines : Bonheur, Bouchut, Haüy, Mulot. Des douze fontaines offertes par Dejean pour encourager la tempérance, une lui est consacrée, ce qui est la moindre des choses. Delacroix, Gréard et Debussy héritent d'un bassin ; celui de Debussy est particulièrement imposant. La IVe République offre à Pelletier et Caventou deux médaillons enrichis d'une femme allongée dont on peut espérer une amélioration de son état si l'on en croît l'intitulé du monument : « *Fontaine de la Guérison* ».

La Ve République réalise un bassin rempli de sculptures animées pour honorer Stravinski.

Le réalisme ne résout pas tout. Il préserve les choix possibles pour incarner les héros. La pédagogie peut prendre des formes diverses.

Etienne Dolet et le chevalier de La Barre sont représentés en victimes, manière de condamner l'intolérance religieuse. A cet égard la nouvelle statue du chevalier, dressée en 2001, est très neutre, hormis le texte qui figurait sur l'ancien socle et qui a été conservé. Les autorités actuelles auraient-elles accepté une statue de combat présentant un martyr de l'Eglise ? Pour Ney, on sait qu'il en alla autrement car Napoléon III préférait un vainqueur à un vaincu.

Pour tempérer le propos qui a pu paraître un peu sévère concernant l'allégorie, on admettra volontiers que celle-ci se justifie dans la mesure où elle participe à la glorification du personnage en voulant montrer la synthèse de son œuvre. Elle vient, en même temps, mettre un peu de chaleur dans la froide exhibition d'un individu en redingote. L'allégorie disparut après 1945.

Quant au réalisme sculptural, il est justifié d'une phrase prononcée par le directeur des Beaux-arts de la Ville de Paris analysant la statue d'Alexandre Dumas : *« C'est bien lui aux heures du travail : le col nu, le vêtement flottant autour de son buste robuste, pour que sa large poitrine puisse librement respirer ».*

LES REPRÉSENTATIONS : LE MESSAGE CACHÉ

Il ne s'agit pas du langage masqué propre aux allégories dont on vient de parler, mais bien du monument principal destiné aux héros. Nous ne sommes plus dans le figuratif, dans le réalisme, mais dans le non figuratif, dans l'abstraction.

Après 1945, allégories, personnages secondaires, bas-reliefs disparaissent. Statues équestres, statues en pied, bustes, médaillons continuent à occuper le décor. Mais après 1981, apparaissent des monuments non figuratifs : Albrecht, Bernanos, Breton, Camus, Koenig, Moulin, Rimbaud, Saint-John Perse. Certes le réalisme est encore présent avec Bartók, Mendès France, Pompidou, Robert Schuman, Churchill, Mauriac, Haussmann.

Mais les temps ont changé. Les goûts aussi, sans doute. Donner une image ressemblante semble difficilement compatible avec l'art contemporain. On ose moins proposer des effigies vêtues à l'antique, un habit du 18e siècle, une redingote du 19e siècle, et on hésite devant le veston démocratique. La difficulté est de confronter l'art nouveau avec la cité. En 1976, le conseil municipal souhaite remettre en place un buste de La Fontaine et demande que l'on choisisse pour cela un jeune sculpteur. Le préfet de Paris intervient alors pour savoir si l'œuvre doit être interprétée librement, ce qu'aurait tendance à faire un jeune sculpteur, dit-il, ou s'il convient de s'inspirer de représentations existantes, ce qui conduirait à éviter la précision *« jeune »* pour désigner l'artiste.

En inaugurant le monument à Bertie Albrecht, le Président Mitterrand déclare : *« Nous sommes conviés à voir dans ce marbre comme un symbole de la flamme qui habitait Bertie Albrecht, qui l'animait dans les combats qu'elle a menés. Elle éclairait, elle réchauffait, elle guidait ceux qui l'ont connue. C'était une âme : c'était une flamme ».*C'est donc le marbre blanc qui vient symboliser cette flamme intérieure dont parle le Président de la

République, et le double portrait de l'héroïne figurant sur le socle veut traduire le sentiment de pleine lumière qu'elle avait en elle, en même temps que son action de résistante.

Bernanos est seulement identifiable par son nom inscrit sur le socle.

Dans l'hommage à André Breton, la femme africaine accroupie portant dans ses mains un masque de type animal à cornes est une référence au surréalisme à travers l'art africain.

Pour Albert Camus, l'interprétation n'est pas plus simple. L'écrivain est debout, dressé sur ses pieds, bras étendus, doigts écartés vers le ciel. Le sculpteur a voulu exalter l'écrivain dans sa sensualité, buvant la vie par tous ses pores et s'offrant généreusement à elle, d'où les bras tendus. Cet élan de tout le corps veut traduire aussi le jaillissement d'un sentiment de liberté.

Jean Moulin possède un médaillon, mais il fait partie d'un ensemble de cinq stèles, figures ornementées en bronze : les larmes, le murmure de la Résistance, l'emprisonnement muet, la disparition, la renaissance. Des lettres en relief rappellent *Le Chant des partisans*. C'est autant une évocation de la Résistance que de Jean Moulin qui est proposée.

Les blocs de grès de Koenig symbolisent les étapes de la carrière du général et les montants en acier qui s'entrechoquent veulent évoquer une armée en marche, tandis que la pierre intégrée à l'acier viendrait, selon le sculpteur, rappeler la victoire de Bir Hakeim.

Si le visage de Rimbaud est visible, le corps est coupé en deux et les pieds occupent la place qui devrait être celle de la tête. Le sculpteur veut y voir le symbole d'un homme à la recherche de lui-même.

Saint-John Perse est figuré par trois stèles qui retranscrivent trois états d'un poème testamentaire de l'écrivain, intitulé *Nocturne*.

On ne reviendra pas sur l'hommage à Picasso matérialisé par un centaure hérissé d'aspérités variées et burlesques (une horloge à la place du cœur, une statue de la Liberté dans la cuirasse, un Mickey au creux du tibia gauche, une queue figurant la Tour Eiffel transperçant une palette), ni sur la fontaine Stravinski peuplée d'automates.

Que percevra l'homme de la rue devant ces représentations ? En retirera-t-il un message quelconque ? On n'est plus dans la pédagogie directe de la sculpture réaliste. A des reproductions jugées passivement plastiques, on préfère un non figuratif supposé contenir une évocation intellectuelle plus vivante et qui correspond à la volonté d'insérer l'art moderne dans l'espace public.

Le réalisme n'a toutefois pas disparu et, à défaut de redingote et de cravate lavallière, on trouve encore le complet-veston.

Parfois, on a opté pour un moyen terme avec Léon Blum, certes reconnaissable, mais qui n'est pas sans rappeler la facture du Balzac de Rodin.

On notera qu'à l'exception de la IVe République, les monuments en bronze sont les plus nombreux à toutes les époques. D'un coût moins élevé, la pierre présente l'inconvénient de se dégrader assez rapidement du fait des intempéries et de la pollution, même si elle a l'avantage d'assurer l'éternité à ses héros si l'on en croit le conseiller Frédéric-Dupont qui déclarait en 1962 : *« Ceux qui désirent que leur effigie ne soit jamais démolie ont intérêt à se faire représenter en pierre ».* Réminiscence de l'Occupation, sans doute.

Statues équestres ou en pied, bustes ou stèles, réalisme sculptural ou abstraction, la sculpture remplit d'autant mieux son rôle éducatif qu'elle comporte des renseignements directement lisibles : c'est le rôle des inscriptions qui figurent sur les piédestaux. L'intervention de l'écriture aide à la compréhension du message.

Les inscriptions

Elles seront utiles à condition qu'elles ne comportent pas d'erreurs, ce qui est loin d'être toujours le cas.

Erreurs de dates pour le général Dumas : on a gravé 1760-1804 au lieu de 1762-1806 ; pour Baudin né en 1811 et non en 1801, ce qui vaut une question écrite du conseiller Le Troquer à l'Administration ; pour d'Estienne d'Orves décédé un 29 août et non le 19.

Des fautes d'orthographe sur le monument à Eugène Carrière : *« la destiné humaine »* et *« l'homme par sa cruelle inclination de ses semblabes ».* Le conseiller Torchaussé interpelle le préfet de la Seine pour faire remarquer que la statue *« est située tout près d'une école où nos instituteurs apprennent l'orthographe à leurs élèves, et la présence des fautes sur le piédestal n'est respectueuse ni pour ceux qui reçoivent, ni pour ceux qui donnent l'instruction ».* On note, ailleurs, un accent circonflexe incongru (« *Châteaubriand* »).

Certains textes ne font pas l'unanimité et sont refusés par les autorités. On l'a vu pour Marat à propos de la phrase tirée de *L'Ami du Peuple*, de Servet dont on ne veut pas préciser qu'il fut brûlé sur ordre de Calvin, de Mangin dont on répugne à écrire que sa stèle fut détruite par les Allemands.

Autre texte, celui proposé en 1878 par le conseiller Martin qui s'inquiète des manifestations royalistes et cléricales autour de la statue de Jeanne d'Arc et demande que l'on porte sur le socle les deux textes suivants :

« A Jeanne la Lorraine, à la paysanne de Domrémy, libératrice d'Orléans, le dernier boulevard de la France contre l'invasion étrangère en l'an 1429 ».

« A l'héroïne de la défense nationale au quinzième siècle, à Jeanne la fille du peuple, abandonnée par le roi qui lui devait sa couronne, trahie et livrée par la noblesse, jugée et condamnée par le clergé, sur le réquisitoire de Pierre Cauchon, évêque de Beauvais, le 30 mai 1431 ». La proposition ne sera pas acceptée.

En 1958, la commission centrale des monuments commémoratifs du ministère de l'Intérieur, émet un avis défavorable à la proposition du conseil municipal qui souhaite inscrire sur le nouveau monument à Jean Macé : *« en remplacement de celui qui, érigé en 1900, fut mutilé par l'ennemi en 1943 au cours de l'Occupation »*.

En 1905, la revue *La Construction moderne* regrette que l'on ait fait disparaître de la statue à Charles Garnier l'inscription *« fils de forgeron »*. L'architecte du monument justifie ce choix dans une réponse au journal : selon lui, il a paru plus judicieux de faire figurer les œuvres de Garnier, et il ajoute un peu perfidement : *« Qui est-ce qui n'est pas fils de forgeron dans notre société démocratique? »*.

Les refus ne sont pas tous d'ordre idéologique. Le piédestal de la statue de Rousseau porte la décision de l'Assemblée nationale : *« Il sera élevé à l'auteur d'Emile et du Contrat social une statue... »*. Or, avec le temps, les lettres sont devenues illisibles. En 1917, l'Inspecteur général des services d'Architecture de la préfecture de la Seine s'interroge sur la nécessité d'y remédier : *« Est-il absolument indispensable d'engager aujourd'hui une dépense de 900 francs pour reproduire des mentions qui n'ajoutent ni diminuent rien à la gloire du Philosophe, non plus qu'elles ne manquent à ses admirateurs »*. Ce qui revient à mettre en cause l'utilité d'inscriptions sur les monuments. En fait, les raisons son prosaïques : *« le temps est aux économies pour les Administrations publiques »*, ajoute-t-il.

Beaucoup d'inscriptions sont « neutres ». Elles reproduisent simplement le nom du héros, éventuellement ses dates de naissance et de mort (Arago, Balzac, Beaumarchais, Eiffel, Laënnec…). Souvent, l'origine du monument figure. Origine anonyme : on indique l'hommage des amis, des admirateurs, des concitoyens, des disciples. Origine identifiée : congrès médical de France pour Bichat ; directeurs, artistes et abonnés de l'Opéra pour Ambroise Thomas ; comité franco-belge pour Verhaeren ; le Sport français pour Reichel ; Ville de Paris pour Etienne Marcel. Pour ajouter à la grandeur du statufié, on précise l'importance de la participation populaire : souscription nationale pour Molière, souscription universelle pour Lamarck. La fonction politique peut être mentionnée : Broca sénateur, Emile Chautemps ancien ministre, Prache conseiller municipal et député, Haussmann préfet de la Seine.

D'autres qualités peuvent figurer. Darío est poète, Dierx poète français, Rodó prosateur, Métivier docteur, Wells dentiste…

Plus précises sont les inscriptions qui donnent les titres des œuvres des statufiés (Alexandre Dumas, Le Play), avec des extraits de citations (Baudelaire, Carrière, Montaigne, Sainte-Beuve). Les activités renseignent davantage : Flachat est l'Initiateur du génie civil en France, Jean Macé le Créateur des bibliothèques municipales et le Fondateur de la Ligue française de l'enseignement ; Pinel le Bienfaiteur des aliénés ; Santander l'Organisateur des institutions de la République de Colombie. Les inventions et découvertes sont portées pour Chevreul, Ferrié, Pelletier-Caventou.

L'information se fait plus militante lorsqu'on veut délivrer un message. On cite alors volontiers le héros lui-même : Albert Ier sur la nécessité impérieuse pour un pays de se défendre ; Goldoni sur son amour pour la France ; Renaudot sur la solidarité ; Danton à travers ses discours devant les assemblées révolutionnaires. Au besoin, on utilise le jugement louangeur prononcé par d'autres (phrase de de Gaulle à propos de Koenig).

Les prouesses militaires se prêtent à des indications plus ou moins pompeuses : on apprend ainsi que Fayolle *« En 1918 a saisi l'ennemi à la gorge »*.

Les bienfaits distribués à l'humanité par les civils, philosophes ou scientifiques, ne sont pas oubliés : Chappe, Auguste Comte, Fourier, Raspail...

Cas particulier : La Pérouse, qualifié de « Grand navigateur » hérite d'un texte en deux langues : en français côté Seine, en anglais côté ambassade d'Australie, donatrice du monument.

Le texte devient particulièrement engagé lorsqu'il s'agit de monuments réparateurs, ceux à Etienne Dolet, au chevalier de La Barre ou au père Komitas, par exemple.

Il est plus insolite de trouver des inscriptions en latin. Celles pour Henri IV et Louis XIV, qui datent de la Restauration, s'expliquent. Peut-être justifiera-t-on le texte accompagnant, en 1938, Albert Ier de Belgique parce qu'il s'agit d'une statue équestre. Mais s'agissant de Taine, plus encore de Dolet, on comprend mal. En 1924, le conseiller d'Andigné s'était élevé contre cette pratique car *« malgré les incontestables progrès de l'enseignement secondaire, les profanes de la langue de Cicéron sont encore relativement nombreux! »*. La Convention, en son temps, était allée dans le même sens puisque, dans son désir d'éduquer le peuple, elle avait décidé que toutes les inscriptions figurant sur des monuments publics devaient être écrites en français.

On est un peu dans un cas semblable à celui des allégories : peut-on toucher le plus grand nombre en faisant appel à des références culturelles qui sont le fait d'une minorité ?

Quelques monuments, peu en vérité, ne comportent aucune inscription : Albrecht, Marcel Aymé, Mendès France, Sartre. Les trois derniers, « figuratifs », sont des personnages contemporains, sans doute connus du public, du moins du public d'aujourd'hui.

Visage, attitude, habillement, accessoires, bas-reliefs, allégories, inscriptions, l'attirail pédagogique est complet pour permettre un enseignement historique et civique efficace.

Mais il est un autre élément de la pédagogie, c'est celui des cérémonies d'inauguration des monuments, aboutissement normal du processus d'héroïsation. En principe, les débats en tous genres sont dépassés. Le temps des consécrations est venu.

Les inaugurations

Elles constituent le point d'orgue du long processus de la statuaire publique aux Grands Hommes. Tous les obstacles, financiers, politiques, esthétiques, ont été surmontés.

L'inauguration, aboutissement espéré de toutes les parties prenantes – celles qui ont porté le projet sur les fonts baptismaux, celles qui l'ont défendu avec conviction (ce ne sont pas obligatoirement les mêmes), celles qui l'ont réalisé – est donc comme une récompense.

Les cérémonies veulent susciter l'enthousiasme populaire, entraîner l'adhésion des citoyens, créer une solidarité civique. Pour cette raison on essaie de choisir des dates symboliques d'installation. L'année du centenaire de la Révolution française pour Coligny, Dolet, Le Verrier, de Neuville, Raspail, Rousseau. Le 14 juillet pour Gambetta, Etienne Marcel, Pasteur. D'autres jours historiques : le 4 juillet pour La Fayette, le 24 février pour Louis Blanc, le 11 novembre pour Churchill, le quatrième centenaire de la prise de possession du Canada pour Jacques Cartier. Certaines dates sont directement liées à la vie du personnage : 9 octobre pour l'assassinat d'Alexandre Ier de Yougoslavie ; année de naissance : cinquante ans pour Baudin et Bolivar, cent ans pour Hugo, trois cents ans pour Corneille, quatre cents ans pour Montaigne ; année de décès : cent ans pour Condorcet, Diderot, Laënnec…

Il n'est pas toujours facile de respecter le calendrier prévu. L'inauguration de la statue d'Arago est retardée à cause des disparitions du sculpteur Oliva et de l'amiral Mouchez, président du comité. Pour La Fayette, on doit se contenter de dresser, en 1900, une maquette en plâtre car le sculpteur a pris du retard et la statue en bronze ne sera définitivement mise en place qu'en 1908. Heureux homme, Bolivar sera inauguré deux fois : en 1933, puis en 1946 après avoir échappé à la rafle des bronzes durant l'Occupation.

Les cérémonies sont d'inégale importance, liées à la place occupée par les statufiés dans la hiérarchie des valeurs, et que l'on peut mesurer à l'aune de la qualité des participants.

Le Chef de l'Etat en préside vingt-six. Louis XVIII pour Henri IV, Louis-Philippe pour Napoléon Ier, Napoléon III pour Ney. Sous la République, le Président s'est déplacé pour des héros divers : politiques (Gambetta, Floquet, Baudin, Waldeck-Rousseau, Ferry, Clemenceau, Briand, Mendès France,

Churchill, de Gaulle) ; scientifiques (Pasteur, Lamarck) ; militaires (Fayolle, Joffre, Foch, Leclerc, Koenig) ; un musicien (Debussy) ; une résistante (Albrecht) ; un écrivain doublé d'un politique (Hugo) ; d'autres Chefs d'Etat (Alexandre Ier de Yougoslavie, Albert Ier de Belgique).

Des élus participent aux cérémonies : président du Conseil, ministres, parlementaires, conseillers municipaux.

Les membres de la famille du statufié sont évidemment présents. Les veuves de Mangin, Apollinaire, Leclerc assistent aux hommages décernés à leurs héros ; seule exception : la veuve de Paul Adam qui s'est retirée dans les ordres.

Les familles jouent d'ailleurs un rôle essentiel dans l'édification des monuments.

La femme de Courteline, la fille de Valéry, ont fait don de la sculpture. Gérôme est sauvé de la fonte sous l'Occupation grâce à la vigilance de sa fille et de sa petite-fille. Le Play doit de retrouver la place après la guerre à l'opiniâtreté de son fils. Amour filial lorsque Jean-René sculpte Eugène Carrière, son père, que Philippe fait de même avec Albert Besnard. Parfois, le sculpteur est choisi directement par la famille : Derbré pour Pompidou, Cardot pour de Gaulle. Les affaires sont suivies de près : Francis Perrin fait partie du comité d'érection pour son père Jean ; Marcel Aymé doit son « passe- muraille » à l'action conjointe de la mairie du 18e arrondissement et de sa famille ; les descendants de Zola sont consultés quant au choix d'un emplacement de la stèle ; Sacha Guitry demande l'ajout d'une inscription sur le piédestal du buste de son père Lucien ; la maréchale Leclerc manifeste son impatience devant les lenteurs à dresser la statue de son mari…

Les cérémonies d'inauguration, ponctuées de discours élogieux et militants, s'accompagnent de manifestations plus ou moins importantes.

Pour les personnages jugés de grande envergure, on ne lésine pas, et l'armée est volontiers mobilisée.

Le défilé devant le monument à Alexandre Ier de Yougoslavie comprend la garde royale yougoslave, l'Ecole militaire de Saint-Cyr, plusieurs bataillons d'infanterie, deux batteries hippomobiles d'artillerie, trois escadrons de cavalerie, un détachement motorisé, des batteries d'artillerie. Au pied de la statue d'Albert Ier a pris place une garde d'honneur faite d'un détachement de fusiliers marins et d'un détachement d'un régiment belge ; défileront ensuite, un bataillon d'infanterie coloniale et un bataillon de l'armée de l'air. D'autres cortèges peuvent intervenir : celui d'élèves des écoles Polytechnique et Saint-Cyr pour Fayolle tandis qu'un groupe de marines en armes rend les honneurs à de Grasse.

Armée encore avec les musiques militaires dont la présence est requise, ne serait-ce que pour exécuter les hymnes nationaux. On fait souvent appel à la Garde républicaine (Floquet, Mickiewicz, Fayolle…) sinon à des musiques de régiment (Renaudot, Auguste Comte, Beaumarchais,

Briand,...). Ney bénéficie en plus d'une salve d'artillerie. Des drapeaux, français ou étrangers selon les cas, sont déployés pour l'occasion.

Les musiques civiles interviennent aussi : *La Voltairienne* du 11e et *La Muette* du 16e exécutent des airs de la période révolutionnaire devant le monument à Danton. Pour Carpeaux, on joue l'ouverture de l'*Enlèvement au Sérail* de Mozart. Watteau a droit à une cantate de Charpentier sur des vers de Verlaine. *La Chanterie de la Renaissance* interprète plusieurs textes de Ronsard mis en musique.

Des lectures, généralement des poésies, ajoutent à la fête. Mounet-Sully est particulièrement mis à contribution : ode de Mistral en provençal (Daudet), strophes de Sully Prudhomme (Gambetta), poésies diverses (Berlioz), *Une soirée perdue* (Musset). Sa collègue Béatrix Dussane déclame plusieurs textes de Ronsard. D'autres artistes de la Comédie-Française participent aux inaugurations de Dumas père, Danton, Verhaeren. Pour rendre hommage à Lamartine, Clovis Hugues récite quelques strophes du poète et Jean Richepin lit un de ses propres textes devant le buste de Théodore de Banville.

L'inauguration s'intègre à l'action pédagogique entreprise, aussi les enfants peuvent-ils être conviés aux cérémonies : ceux des écoles pour Berthelot et Briand, auxquels se joignent jeunes gens et jeunes filles de patronages laïques pour Ferry, les bataillons scolaires pour Bobillot. Hommage est rendu à la comtesse de Ségur par des chœurs d'enfants et des artistes en herbe qui interprètent *Un bon petit diable* et *Le Général Dourakine*.

On n'hésite donc pas, le cas échéant, à faire appel à des comédiens, manière de rendre la cérémonie plus vivante, plus spectaculaire. Devant le monument à La Fontaine, en 1984, quatre artistes interviennent pour réciter des Fables. Claude Piéplu : *Les Animaux malades de la Peste* ; Micheline Dax : *L'Amour et la Folie* ; Roger Carel : *Le Chat, la Belette et le Petit Lapin* ; Martine Sarcey : *La Chauve-souris et les deux Belettes*.

Les comités d'érection sont évidemment particulièrement actifs. Les gens du sérail, à l'origine des monuments, sont là et interviennent par leurs discours d'inauguration.

La liste des comités littéraires est longue : Jules Claretie[142] intervient souvent (Armand Silvestre, George Sand, Ferdinand Fabre, Théophraste Renaudot). D'autres prennent aussi la parole : Coppée pour Sainte-Beuve ; Richepin pour Coppée et Heredia ; Heredia pour Leconte de Lisle ; Sully Prudhomme pour La Fontaine ; Victorien Sardou pour Alexandre Dumas, père et fils. De son côté la *Société des Gens de Lettres* a parrainé Alphonse

[142] Claretie Jules (1840-1914), romancier et auteur dramatique, fut président de la Société des Gens de Lettres et Administrateur général de la Comédie Française.

Daudet, Théophile Gautier, Maupassant ; *l'Académie française* a fait de même pour Ronsard et Montesquieu…

Quelques exemples montrent des interventions semblables de comités artistiques : le peintre Carolus Duran pour Watteau et Puvis de Chavannes ; son confrère Edouard Detaille pour Alphonse de Neuville ; le sculpteur Eugène Guillaume pour Barye ; les musiciens : Massenet pour Chopin et Benjamin Godard ; Vincent d'Indy pour César Franck ; Ambroise Thomas pour Gounod ; des chefs d'orchestre de l'Opéra pour Wilhem.

Les comités scientifiques sont peuplés d'anciens élèves venus manifester leur reconnaissance à leurs maîtres (Claude Bernard, Tarnier, Ricord, Vulpian, Wells), de professeurs qui honorent leurs anciens collègues : enseignants du Muséum d'histoire naturelle (Chevreul, Lamarck), de membres de l'*Académie des Sciences* (Pasteur, Pelletier-Caventou, Le Verrier, Ferrié), de la *Société médico-physiologique de Paris* (Pinel), de la *Société d'Anthropologie* (Broca), du *Congrès médical de France* (Bichat)…

Les militaires s'intéressent aux…militaires. Les généraux Weygand pour Foch, de Larminat pour Mangin, Glavany pour de Lattre, de Bénouville pour Gouraud, le commandant de l'Hôtel des Invalides pour Larrey…

Divers groupements ou associations : Femmes américaines (Washington), Coureurs automobiles (Wimille), Secours mutuels entre artistes dramatiques (Taylor), Télégraphistes de France (Chappe), Ligue des Droits de l'Homme (Trarieux), Ligue française de l'enseignement (Ferry, Macé), Libre Pensée (Dolet, La Barre) ou Loges maçonniques (Diderot)…

Et bien entendu le monde politique intégré à ces comités. Les Présidents de la République Emile Loubet et Albert Lebrun patronnent respectivement les monuments à Berthelot et Briand ; les présidents du Sénat Fallières et Dubost ceux de Jules Simon et Théophile Roussel, tandis que Brisson, président de la Chambre, s'est engagé pour Scheurer-Kestner. Une foule d'élus républicains : Steeg pour Rousseau, Spuller pour Gambetta, Martin Nadaud pour Raspail …présents dans des rassemblements divers : *l'Alliance républicaine démocratique*, le *Parti républicain socialiste de la Folie Méricourt*, des citoyens du 11e arrondissement, pour la gauche ; la *Ligue des patriotes* pour la droite.

Tous ces comités remettent les monuments à la Ville qui en prend possession.

Les actions des comités ne doivent pas faire oublier l'importance des interventions de l'Etat et de la Ville de Paris.

L'Etat a agi par commandes directes, dans les années 1900, pour peupler les espaces situés près du Louvre, à l'initiative de Dujardin-Beaumetz, sous-secrétaire d'Etat aux Beaux-arts, après 1945 pour remplacer quelques statues fondues sous l'Occupation et après 1981, date de l'arrivée des socialistes au pouvoir. Des interventions, au coup par coup, sont, en outre, venues honorer quelques grandes figures : Vélasquez, Perrault, Buffon, Champollion, la Jeanne d'Arc de la place Saint-Augustin…

La Ville de Paris n'a pas été en reste avec Villon, Sedaine, Palissy, Baudin, Beaumarchais, Musset, Danton, Dante, Chartier, la Jeanne d'Arc du boulevard Saint-Marcel… par commandes directes, ou par l'ouverture d'un concours : Moncey, Etienne Marcel, Etienne Dolet.

Ces installations n'ont d'ailleurs pas toutes fait l'objet d'une cérémonie officielle, les autorités jugeant peut-être que certaines effigies étaient plus décoratives que politiques : celles du pourtour du Louvre ou d'Alain Chartier, par exemple.

L'absence d'inauguration peut-être motivée par d'autres raisons. Ainsi la veuve de Broca, craignant une contre-manifestation hostile de la part d'éléments cléricaux – son mari était libre penseur- demande aux autorités que la statue soit installée un dimanche matin, à l'heure de la messe. On a vu la discorde survenue à propos de sainte Geneviève qui a conduit à dresser le monument tôt le matin, à la sauvette.

Des incidents plus ou moins sérieux accompagnent parfois les cérémonies. On ne reviendra pas sur l'épisode Baudin. Pour Gambetta, quelques cris de *« Vive Boulanger »* sont vite étouffés et remplacés par *« Vive la République »*. Pour Floquet, une manifestation socialiste s'en prend à Clemenceau qualifié de briseur de grèves[143] ». Les Ukrainiens de Paris font entendre leur désapprobation devant le buste de Chevtchenko, leur compatriote. Aristide Briand est agressé par un Camelot du Roy en inaugurant la statue de Jules Ferry. Le discours de Marcelin Berthelot pour Claude Bernard est interrompu à plusieurs reprises par des sifflets, ceux d'une femme appartenant à la ligue antivivisectionniste. Elle est conduite au poste par des agents de police.

Lorsque les autorités manifestent peu d'empressement à inaugurer les monuments, d'autres le font à leur place. Lassé d'attendre, le sculpteur Ludovic Durand enlève le voile qui couvre la statue de Philippe Pinel. Des habitants impatients du 8e arrondissement « inaugurent » la statue d'Haussmann. La mairie la fera recouvrir d'une toile en attendant l'installation officielle.

Les intempéries apportent leur lot de désagréments. Le froid vif qui sévit en décembre 1933 conduit les officiels à se réfugier à l'Hôtel de Ville pour prononcer leurs discours à la gloire de Bolivar. Pour avoir négligé cette précaution, Victorien Sardou prit froid à l'inauguration du buste d'Henry Becque, tout comme le sculpteur Bourdelle devant le monument à Mickiewicz : on dit qu'il en mourut quelques mois plus tard.

[143] Dans les grèves que connait alors la France, Clemenceau a fait intervenir la troupe et procéder à des révocations d'agents de l'Etat.

Le Paris aéré, ses larges avenues, ses places agencées, ses jardins et ses squares aménagés, n'attendaient donc qu'à être occupés. Les statues y trouvent refuge. Mais comment ces sites d'accueil furent-ils choisis ?

Les lieux d'implantation

Dans une chanson intitulée *« Chacun son état »,* Aristide Bruant donne la parole à Napoléon 1er. Celui-ci est mécontent de monter la garde sur sa colonne, au bout de la rue de la Paix, lui, un soldat. Il aurait souhaité être installé pont d'Arcole ou rue de Rivoli, mieux encore place des Victoires occupée par Louis XIV.

Laissons Bruant et cette amusante fantaisie pour en venir à des critiques moins aimables, celles des élus et de la presse.

En 1906, le conseiller Paul Escudier déclarait au conseil municipal : *« Il ne faut pas oublier que les statues doivent avoir une mission éducatrice et être une leçon d'histoire en plein air que l'emplacement doit justifier et expliquer ».*

On essaya, tant bien que mal, d'appliquer cette recommandation.

Le premier critère de choix, le plus simple, est de considérer l'endroit où le personnage a vécu. Ainsi Bobillot est un enfant du 11e arrondissement ; Chappe, Dumas fils, Lucien Guitry, Soutine avaient leurs habitations proches ; Eugène Manuel demeura longtemps à proximité du petit lycée Janson de Sailly ; Lavoisier vécut les dernières années de sa vie près de la place de la Madeleine ; Frédérick Lemaître résida non loin du boulevard du Crime et du théâtre de la porte Saint-Martin où il joua de nombreuses pièces ; Jefferson logea au palais de la Légion d'honneur ; Apollinaire fréquenta assidument le café de Flore[144] à Saint-Germain-des-Prés ; Gustave Charpentier justifie pour Massenet le choix du jardin du Luxembourg qu'il *« contempla tant de fois de sa fenêtre, lorsque de bon matin, il l'ouvrait toute grande pour rafraîchir son front brûlant d'un travail depuis l'aube commencé ».* Le lieu de décès est pris en compte de la même manière : quai des Célestins pour Barye, avenue de Friedland pour Balzac…

Autre justification directe : l'installation à un endroit qui porte déjà le nom du héros : square Tolstoï, place du maréchal Juin, place Vauban, rue de Turenne…

Le lieu de l'activité professionnelle intervient : jardin d'acclimatation pour Daubenton ; voisinage d'hôpitaux pour Métivier, Péan, Tarnier ; Collège de France pour Claude Bernard ; Palais de la Découverte pour Jean Perrin ; quartier de l'Observatoire, où existent beaucoup d'œuvres d'assistance relatives à l'enfance, pour Théophile Roussel ; Champ-de-Mars qui accueillit le poste radiotélégraphique de Ferrié ; proximité de l'Hôtel de

[144] Il y tenait ses assises tous les mardis.

la Monnaie dont Condorcet fut directeur ; environs du bois de Boulogne pour Alphand...

Des événements historiques expliquent d'autres emplacements.

Ney est près de l'endroit où il a été fusillé ; Coligny proche de Saint-Germain-l'Auxerrois d'où partit le signal de la Saint-Barthélemy ; Charlet a popularisé dans ses toiles les combats de l'armée napoléonienne : il est installé prés de l'une des barrières de l'ancien Paris, théâtre des affrontements ; même explication donnée pour Moncey avec la barrière de Clichy ; Brosset est à côté du pont Bir Hakeim ; Leclerc à la porte d'Orléans pour évoquer l'entrée de la 2e DB à Paris en 1944.

Des raisons plus politiques interviennent.

Le 11e arrondissement, berceau de sa vie politique, est accordé à Floquet ; Schuman, père de l'Europe, vient narguer l'ambassade d'URSS dans le square Victorien Sardou ; Ferry aux Tuileries voisine avec Gambetta et Waldeck-Rousseau, façon de récompenser les trois hommes pour leur œuvre politique, économique et sociale ; le conseiller Grébauval juge que Jean Macé est installé où il faut dans le 19e arrondissement : *« Il est bien là dans son cadre, au milieu des travailleurs chez lesquels l'enseignement laïque et obligatoire rend tous les services ».* Raison identique avancée pour Ledru-Rollin lorsque le préfet de la Seine (Charles Floquet) est favorable à l'érection de sa statue place Voltaire, dans un quartier qu'il juge laborieux et profondément attaché aux institutions républicaines.

La proximité d'édifices particuliers conduit aussi à l'installation de certains monuments. C'est le cas de l'ambassade d'Australie pour La Pérouse ; celle des Etats-Unis pour Herrick ; du Paraguay pour Caballero ; le pavillon argentin de la Cité universitaire pour San Martin ; le site de l'Armée de l'Air pour Guynemer ; le magasin du Bon Marché pour Boucicaut et de Hirsch ; le théâtre de la Gaîté Lyrique pour Scotto ; l'église orthodoxe roumaine pour Eminescu...

Les installations n'ont pas toujours été définitives. Certains monuments ont été déplacés à la suite de travaux. Ney a du être réinstallé de l'autre côté du carrefour de Port-Royal à la suite de la construction du chemin de fer de Sceaux[145], en 1892. Le boulevard périphérique a fait migrer Reichel, comme la construction du pont de l'Alma pour Mickiewicz. L'aménagement de la voirie dans le 6e arrondissement envoie Diderot de l'autre côté de la place Saint-Germain-des-Prés. Ce qui permet, en 1975, au conseiller Pierre Bas d'ironiser : *« Diderot, c'est bien connu, n'a pas eu de chance dans ses rapports avec l'Eglise. Lui qui détournait la tête pour ne pas voir les processions a été condamné par le statuaire à avoir constamment les yeux fixés sur l'église Saint-Germain-des-Prés ».* Le dégagement de l'ensemble

[145] Aujourd'hui la ligne B du RER.

architectural du Palais du Louvre (le « Grand Louvre ») oblige La Fayette à quitter les lieux, après négociation avec l'ambassade des Etats-Unis car la statue est située en territoire américain. Victorien Sardou abandonne la place de la Madeleine pour le square qui porte son nom.

Une difficulté particulière pour Jules Simon. Le comité d'érection, à la tête duquel se trouve Fallières, président du Sénat, veut l'installation place de la Madeleine, près de la maison où il habita. Le conseil municipal a donné son accord en 1898, mais les habitants de la place pétitionnent contre cette décision : le monument constituera une gêne pour l'accès aux maisons et aux boutiques. Un accord est finalement trouvé, car les riverains ont vu certaines de leurs revendications aboutir : on élaguera les arbres les plus rapprochés des immeubles pour en dégager les façades, on remaniera chaussées et trottoirs afin de rendre plus aisée la circulation et l'accès aux magasins. Beaucoup d'efforts pour rien quand on sait qu'ultérieurement la statue sera installée boulevard Malesherbes pour permettre des travaux d'urbanisation

La circulation automobile pèse dans le choix des emplacements.

Alphonse de Neuville change de lieu pour faciliter le passage des voitures. Brosset est implanté sans réserve aucune parce qu'à l'endroit envisagé il ne saurait gêner la circulation, dit un conseiller en 1954. On se félicite de la disparition du Victor Hugo parce qu'il n'est plus dans le tourbillon d'une place dont il embarrassait la circulation, déclare un autre conseiller.

Quoiqu'on en ait dit, les élus municipaux firent intervenir des considérations d'ordre esthétique.

Dès 1911, le conseiller Chérioux regrette que certaines statues soient écrasées par les maisons environnantes et que d'autres semblent abandonnées au hasard. Il demande qu'une étude préalable soit effectuée pour que le monument s'harmonise avec le site environnant, étude qui devrait s'appuyer sur une maquette grandeur nature.

Avant de le dresser quai Malaquais, il avait été envisagé d'installer Voltaire sur la place Médicis[146]. Le conseil municipal refuse car l'effet de perspective serait désastreux.

En 1899, la Jeanne d'Arc de la place Saint-Augustin est offerte par l'Etat. Un conseiller s'en réjouit car la statue prendra la place d'un bassin rempli d'une eau nauséabonde ; pour cette raison, dit-il, elle fait *« œuvre de salubrité et d'embellissement en supprimant cette informe cuvette et en la remplaçant par un monument admirable ».* Le conseil aura moins de chance avec Rimbaud : réticent à l'implantation de la statue devant la bibliothèque de l'Arsenal, il s'incline car le terrain appartient à l'Etat.

Souci logique, sinon esthétique, celui de rassembler les gloires sud-américaines à l'instar du square des Etats-Unis où sont groupés des

[146] Aujourd'hui la place Edmond Rostand.

monuments aux « Américains » Washington (avec La Fayette) et Horace Wells. Ce sera chose faite avec huit bustes et une statue en pied dans le square bien nommé de l'Amérique Latine.

Les jardins constituent un cas à part. Leurs espaces dégagés sont évidemment propices à accueillir des statues.

On craint, toutefois, des abus, et en 1906 le conseiller Escudier, traitant à l'assemblée municipale de la statuaire publique, n'hésite pas à citer Diderot qui écrivait à Sophie Volland : *« Il ne faut pas qu'il y ait beaucoup de statues dans un jardin, il faut regarder les statues comme des êtres qui aiment la solitude et qui la cherchent ».* Point de vue partagé par le Sénat, si l'on en croit une lettre du président de la Haute Assemblée adressée en 1960 au comité pour un buste à Edouard Branly, lettre par laquelle un emplacement est accordé au jardin du Luxembourg *« à titre exceptionnel et compte tenu du fait qu'il s'agit de remplacer un motif décoratif existant et non un nouveau monument ».*

Le lieu est pourtant prisé puisque Léon Bourgeois, ministre de l'Instruction publique en 1898, se félicite que la statue de Leconte de Lisle soit installée *« dans ce noble jardin que la jeunesse de nos écoles anime à toute heure de son pas rapide et de sa voix joyeuse ».* De son côté, Jules Claretie, inaugurant le monument à George Sand en 1904, déclare qu'après avoir érigé des statues aux souveraines[147], *« c'est aux poètes maintenant et aux penseurs que le Luxembourg réserve une place ».* Affirmation démentie quatre-vingts ans plus tard par l'arrivée de Mendès France.

En 1933, le conseiller Fernand-Laurent apprécie que Théophile Gautier soit placé dans le jardin des poètes du 16e arrondissement : *« Dans les temps terriblement troublés où nous vivons, il y a quelque douceur à évoquer ce coin tranquille ».*

En 1989, Maurice Druon, secrétaire perpétuel de l'Académie française, souhaite faire du square Honoré Champion, dans le 6e arrondissement, un « Jardin des Ecrivains » qui, outre Voltaire déjà présent, recevrait Montesquieu et Chateaubriand. Ce dernier, toutefois, demeurera dans le 7e arrondissement.

On rappellera qu'André Malraux, ministre des Affaires culturelles, voulut créer un Musée Maillol dans le jardin des Tuileries et qu'en 1964 il fit installer, parmi d'autres statues, l'*Hommage à Cézanne*.

Une photographie globale des lieux d'installation montre que, outre le centre intellectuel des 5e et 6e arrondissements, c'est l'ouest de la capitale qui se taille la part du lion. Sans doute parce que les espaces y sont plus nombreux. Peut-être aussi parce qu'on craint d'attiser exagérément les ferveurs populaires de l'est parisien.

---

[147] Il s'agit des statues de reines et de femmes illustres, réalisées entre 1856-1860.

Malgré ces soucis d'embellissement, de prise en compte de l'environnement, nous verrons que nombre d'implantations de monuments soulevèrent la critique.

Parmi les arguments avancés pour justifier l'installation des statues à nos Grands Hommes, l'un revient sans cesse : les héros sont parisiens. Et s'ils ne le sont pas de naissance, ils le sont d'adoption. On en profite pour faire accompagner ces brevets de parisianisme de propos louangeurs à l'égard de la capitale.

Les Parisiens

Pour moitié environ, nos statufiés sont nés ou morts à Paris. On honore ainsi des compatriotes, élément à prendre en considération si l'on veut montrer que l'on veille à ne pas récompenser n'importe qui.

Est évidemment hors hiérarchie la quinzaine de rois et chefs d'Etat, français ou étrangers, auxquels il faut ajouter Jeanne d'Arc et sainte Geneviève.

S'agissant des étrangers, on ne se donne pas le ridicule d'examiner l'acte de naissance d'un Shakespeare ou d'un Vélasquez. On juge bon, tout au plus, de préciser au conseil municipal que Franklin fut le plus parisien des étrangers et d'attribuer à Goldoni le surnom de Parisien de Venise.

Le conseiller Escudier résume devant la statue de Balzac, en 1902, le rôle de la capitale dans cette statuaire publique : *« C'est la prérogative et c'est l'orgueil de la ville de Paris de consacrer, en accueillant leurs effigies sur des places publiques, le nom des hommes qui ont illustré la France »*. Le conseiller Guyot avait dit un peu la même chose en 1884, lorsqu'il considérait Diderot comme un génie national dont Paris ne peut se désintéresser. Paris a donc un rôle particulier en la matière, celui de flambeau.

On relève ce qui peut rattacher ces héros à la capitale, les lieux de naissance ou de décès donc, au besoin ce qui touche à leur vie quotidienne. Lalou, président du conseil municipal, évoque en Victorien Sardou l'enfant de Paris, l'amoureux de Paris, le peintre émouvant de Paris. Pierre de Gaulle, qui dirige une séance du conseil en 1950, insiste sur le fait que Coppée était connu et aimé dans son quartier où il se promenait. D'autres exemples nombreux seraient à citer.

On retient l'activité précise de ceux qui ont œuvré pour la capitale. Capitan collabora au sein de la *Commission du Vieux Paris* pour les fouilles archéologiques ; des œuvres de Puvis de Chavannes ornent l'Hôtel de Ville ; Clemenceau, maire de Montmartre en 1870-1871, fut aussi président du conseil municipal en 1875 ; Dierx officia comme conservateur au musée de

Cluny ; un conseiller demande pour Gallieni une marque de reconnaissance parce qu'il défendit Paris en 1914 ; un autre remercie Eiffel d'avoir doté la ville lumière d'un phare éblouissant ; Floquet n'a cessé de revendiquer pour Paris ses libertés et ses franchises. Plus généralement, certains ont consacré leur vie au mieux-être des habitants : Raspail a mis sa science plus particulièrement au service de la population parisienne ; Branly a passé toute sa carrière de savant à Paris.

A lire les interventions et les discours des élus, on est frappé de leur ton triomphaliste, empreint d'une fierté un peu naïve, qui vante les qualités de Paris. Quelques extraits suffisent à nous en convaincre :

- Bobillot était un enfant de Paris : *« il en avait le courage légendaire, il courait au danger avec l'insouciance proverbiale du Parisien »* (Darlot, président du conseil municipal, 1888).
- L'œuvre d'Alphand intéresse Paris, la France *« et l'humanité, car rien de ce qui touche Paris n'est indifférent au monde »* (Mesureur, vice-président de la Chambre des députés, 1899).
- Frédérick Lemaître était *« l'incarnation même du peuple de Paris ; il en avait l'enthousiasme, la fougue, la sensibilité et aussi la raillerie mordante»* (Achille, délégué du bureau du conseil municipal, 1899).
- A propos de Lamarck : *« Paris fut de tous temps le pôle attractif des intelligences et des génies »* (Fleurot, Secrétaire du conseil municipal, 1909).
- Waldeck-Rousseau : son monument est un bel emblème offert *« dans le plus bel endroit de la plus belle des villes »* (Briand, président du Conseil, 1910).
- Berthelot, chez qui on aime reconnaître *« les mœurs de ces vieilles familles parisiennes où règne autour du foyer l'atmosphère morale la plus pure, où l'honnêteté de l'esprit est un point d'honneur »* (Mithouard, président du conseil municipal, 1917).
- Montaigne c'est *« tout l'esprit parisien qui est comme la quintessence de l'esprit français »* (Brandon, conseiller municipal, 1931).
- Lucien Guitry a *« honoré, exalté, réchauffé les foyers incomparables de lumière spirituelle que sont nos scènes parisiennes »* (Latour, président du conseil municipal, 1931).

Désignation des héros, choix des emplacements des statues, décisions quant aux types de sculptures à adopter, les hommes politiques et les comités d'érection en sont juges.

La réalisation des œuvres, le parti-pris esthétique qui l'accompagne, appartiennent aux artistes, auteurs des monuments. C'est aux sculpteurs qu'il nous faut maintenant porter attention.

Les sculpteurs

Sur nos 364 monuments on comptabilise l'intervention de 249 sculpteurs. C'est dire que beaucoup ont travaillé pour une statue seulement, alors que quelques uns d'entre eux ont été très sollicités. Landowski vient en tête avec 10 statues, puis 8 pour Boucher, 6 pour Barrias, Dalou et Puech, 5 pour Aubé, 4 pour Bourdelle, Falguière, Frémiet, Mercié, Real del Sarte, Rodin, Sicard. Treize sculpteurs ont ainsi œuvré pour le cinquième des monuments.

Les organismes ou groupement divers qui sont intervenus se répartissent en services officiels : -Ville de Paris ou Etat- pour le quart des statues, en comités pour les deux tiers. Les dons de particuliers ou de gouvernements étrangers représentent quelque 10% du total.

Il est malaisé de déterminer avec précision les procédures qui ont conduit au choix des statuaires. Des concours ont été ouverts, généralement à l'initiative de la Ville de Paris. Parfois des achats directs d'œuvres ont été effectués. Mais les critères d'appréciation qui ont amené à sélectionner telle ou telle œuvre demeurent souvent obscurs. La remarque vaut pour l'activité des comités d'érection.

Les artistes retenus appartiennent à l'establishment. La majorité est issue de l'*Ecole des Beaux-arts*. Instruits par des professeurs reconnus, ils sont devenus à leur tour des sculpteurs en vogue : Fagel formé par Cavelier, Falguière par Jouffroy, Landowski par Barrias, Bourdelle par Falguière, Boucher par Mercié. Ces cinq statuaires ont instruit quelques soixante futurs artistes. Les prix de Rome sont nombreux : une cinquantaine d'entre eux peuple les jurys de concours. Quelques exceptions : Baffier qui a fait les *Arts décoratifs de Paris* et Raymond Martin, les *Arts appliqués* ; Michèle Forgeois qui a fréquenté des ateliers indépendants ; Derbré ou Devilliers, autodidactes.

Les sculpteurs étrangers, peu nombreux, sont le plus souvent choisis par les gouvernements intéressés, en dehors de toute procédure.

On sait que l'esprit de famille a joué en plusieurs cas : les fils pour Albert Besnard et Eugène Carrière ; la fille de Bourdelle pour Beethoven ; les gendres pour Jean-Louis Gérôme et Gustave Larroumet. Dans d'autres cas, les familles des héros interviennent directement et choisissent Derbré pour Pompidou, Cardot pour de Gaulle.

L'amitié tient aussi sa place : Gustave Michel pour Eugène Manuel ; Fagel pour Carpeaux ; Doublemard pour Béranger ; Singery pour Flatters ; Jean Marais pour Marcel Aymé. Proche de Clemenceau, Cogné l'est aussi du directeur des Beaux-arts de la Ville de Paris ; Raffet sera sculpté par Frémiet : son ami Gérôme préside le comité. Vannier est décédé avant de pouvoir achever le monument à Steinlen : son ami Becquerel en exécutera les bas-reliefs. Vulpian est réalisé par son collègue Richier. Pech est choisi pour Perrault sur intervention de Jaurès, Albigeois comme lui.

On peut, par ailleurs, supposer que la désignation des artistes a tenu compte de travaux exécutés antérieurement pour la Ville de Paris : Cavelier pour l'Hôtel de Ville[148], Bizette-Lindet pour le Musée d'art moderne[149], Granet pour diverses écoles.

Des motifs plus politiques, plus idéologiques auraient-ils influé ? Ainsi, Bloch auteur du chevalier de La Barre, est libre penseur ; Boverie radical affirmé, à sculpté Baudin ; Dalou, dreyfusard convaincu, a réalisé Scheurer-Kestner ; Moreau, auteur du buste de Métivier au square Tenon, a été maire du 20° arrondissement ; Meunier, sensible à ce qui touche à la mine et habitant une région de charbonnages, a été choisi pour Zola, en référence à *Germinal*, peut-être ; Delhomme, élu de gauche au conseil municipal et mêlé au mouvement ouvrier, a sculpté Louis Blanc...

On peut supposer aussi que Chastenet, auteur de nombreux sujets religieux (Sainte Thérèse, Jésus prêcheur, ...) était, plus qu'un radical bon teint, destiné à représenter François Coppée ; que Cogné ayant déjà répondu à de nombreuses commandes officielles de bustes – ceux de Clemenceau et Lyautey en particulier- était tout désigné pour sculpter les monuments de ces deux hommes ; que Devilliers, spécialisé dans la représentation de visages, pouvait évoquer celui de Piaf ; que Fix-Masseau, célèbre pour ses bustes, s'imposait pour celui de Baudelaire.

Défions-nous, toutefois, d'un excès de rationalisation. Car Bloch, libre penseur, a aussi réalisé une sculpture sur bois de saint Joseph ; Michel qui a statufié Jules Ferry, est aussi l'auteur d'une statue du Sacré-Cœur au dessus de la basilique de Montmartre ; Morice, choisi pour Raspail par un comité marqué à gauche, est connu pour ses compositions religieuses ; Massoule, désigné pour Jean Macé, est l'auteur d'une Jeanne d'Arc écoutant ses voix.

On ne peut donc automatiquement déceler le lien qui existerait entre les éventuels engagements politiques d'un sculpteur et sa désignation comme exécutant d'une œuvre. On peut légitimement supposer que les motivations d'un artiste, l'intérêt qu'il porte à un personnage, relèvent plus du parti-pris esthétique que de l'idéologie.

En 1902, le conseiller Quentin-Bauchart se fait le rapporteur d'une pétition de la Chambre syndicale des sculpteurs praticiens qui demande que l'exécution des travaux d'art et de décoration soit réservée à des Français. *Le Service d'architecture de la Ville de Paris* répond qu'il traite avec des artistes ou praticiens de son choix, sans aucune clause restrictive. Il indique toutefois, sans doute dans un souci d'apaisement que, pour les travaux de sculpture décorative exécutés pendant les dernières années à la Sorbonne et à

---

[148] Deux figures surmontant l'horloge de l'édifice : la Seine et le Rhin.
[149] Des figures ornant les portes de bronze.

l'Ecole de Médecine, aucun nom italien ne figure sur les états de paiement. On voit où se situe la concurrence.

La question est encore pendante en 1908. La même Chambre syndicale se plaint de la rivalité entretenue par les entrepreneurs italiens qui embauchent des ouvriers dans leur pays d'origine moyennant un salaire dérisoire. Le conseiller Guibert intervient pour qu'à l'avenir on décide de n'acquérir dans les salons que des œuvres d'art françaises, demande d'autant plus justifiée que pour lui la supériorité de la valeur des artistes français sur celle des artistes italiens ne paraît pas douteuse.

En 1921, le conseiller Dausset propose de procéder tous les dix ans à la révision des statues et de ne rien faire entre-temps. Son collègue Massard répond qu'il faut songer aux sculpteurs et aux professionnels annexes, tels que les mouleurs ou metteurs au point : on ne peut leur interdire pendant dix ans tout espoir de travailler.

En 1960, la conseillère Alexandre-Debray défend l'idée d'utiliser les socles vides pour y installer de nouvelles sculptures, compte tenu de la situation misérable des statuaires.

En 1962, la publication *Arts, Lettres et Spectacles* note que le conseil municipal a voté le principe de l'installation d'une œuvre de Rodin dans un jardin parisien et, tout en s'en félicitant, regrette que nos sculpteurs soient honorés partout sauf en France, où ils attendent qu'on leur donne du travail.

On se rappelle que cette préoccupation avait été celle de Dujardin-Beaumetz, sous-secrétaire d'Etat aux Beaux-arts, qui voulait créer autour du Louvre un Panthéon des maîtres de l'art français, manière de donner du travail aux artistes.

Conditions précaires ou pas, les sculpteurs ont été englobés dans la vague de critiques qui a déferlé sur cette pratique monumentale baptisée statuomanie et qui a touché aussi bien les décideurs que les exécutants.

Ponctuellement toutefois, en dehors de toute agression à l'égard des statuomaniaques, certains monuments ont été victimes de vandalismes, pour des raisons politiques…ou sans raison autre que la bêtise.

Les vandales

On laissera de côté les plaisanteries de potache. Celles qui consistent à affubler Pasteur d'une casquette et d'un foulard rouge ou à placer une bouteille vide au ceux du bras de la femme allongée symbolisant la *Fontaine de la Guérison* du monument à Pelletier et Caventou. Loin d'être guérie elle semblerait plutôt avoir rechuté.

Les actions pensées, motivées, sont plus destructrices.

En 1923, des monarchistes nostalgiques inscrivent *« Vive le Roi »* sur le monument à Waldeck-Rousseau, slogan que l'on avait déjà vu en 1909 pour Scheurer-Kestner, accompagné de *« A bas la Gueuse »*.

En 1933, la statue de Déroulède est brisée par des objecteurs de conscience.

En 1977, des néo-nazis du *« Groupe Peiper*[150] *»* plastiquent le général Leclerc. La statue, arrachée du socle, tombe à terre.

En 1983, des anticolonialistes détruisent le colonel Marchand. Sa figure est à peu prés intacte, mais ses jambes sont brisées.

A peine installé, Churchill a les mains et la canne recouvertes de peinture rouge, couleur sang. L'inscription « *Des morts sur la conscience* » rappelle les bombardements des populations civiles allemandes.

Les testicules du Centaure-Picasso accueillent des tracts révisionnistes.

Quelques jours après l'inauguration de son monument, le père Komitas voit son socle recouvert de drapeaux turcs.

A côté de ces motivations idéologiques, on trouve des agressions qui relèvent du simple acte gratuit.

Madame Milon-Capitan, fille du docteur Capitan, écrit à La Ville de Paris pour la remercier d'avoir accepté le monument à son père, mais ajoute : *« Un mois après des vauriens avaient déjà arraché le binocle et j'ai récemment constaté que le socle de pierre était couvert de dessins faits sans doute par de jeunes apaches »*.

Chateaubriand a le nez cassé et des balafres sur le visage. Le buste de Léon Dierx est jeté au sol.

Le parc Monceau semble être le lieu de prédilection des iconoclastes et les musiciens en font la triste expérience.

Le nez de Gounod subit le même sort que celui de Chateaubriand, le Chérubin qui l'accompagne est décapité, des instruments de musique sont détériorés. Comble de malchance, un des bras du compositeur s'était détaché au cours d'un nettoyage. Il avait heureusement été rangé dans le dépôt des jardiniers.

Chopin n'est pas mieux traité : il est lui aussi décapité et sa Muse est amputée du bras droit. Il avait auparavant connu quelques désagréments avec la perte de trois doigts de la main. Ce qui pourrait sembler anodin ne l'est pas. Car l'entreprise chargée de la restauration fait savoir à la Ville de Paris que le travail est compliqué s'agissant du pouce de la main gauche et de l'auriculaire de la main droite qui retombent dans le vide. S'ensuit un échange de correspondance entre l'entreprise et les différents services de l'administration parisienne. Devis, fiches de dépenses, arrêté autorisant la remise en état, facture. L'affaire commencée en 1962 trouve son aboutissement en 1971. Près de dix ans pour trois doigts !

---

[150] Peiper Joachim (1915-1976), officier d'un régiment de Panzers dans les Ardennes en 1944.

Un habitant du 16ᵉ arrondissement s'émeut de la dégradation progressive de la statue de Lamartine et écrit aux autorités municipales : *« J'ai vu maintes fois des gamins (de 13 à 15 ans) se faire la courte échelle pour saisir soit la main, soit le pied qui, l'un et l'autre, font un peu saillie, et s'y balancer ; d'autres se hissaient à l'aide des arêtes du socle pour caresser Fido*[151]*. J'ai effacé, plusieurs fois, des dessins et des mots blessant la morale publique et il est à craindre que, bientôt, la pointe du couteau remplace le crayon ; alors, il serait honteux de voir des obscénités sur le piédestal qui porte un immortel ».* La lettre est datée de…1887.

Pour Montaigne un bronze noir a remplacé le marbre blanc : le héros échappe ainsi aux tags et inscriptions diverses.

Nos héros n'ont donc pas fait l'unanimité.

Mais à côté des attaques de nature politique visant les personnages ou du vandalisme gratuit opéré sur les monuments, est venue s'ajouter la réprobation de ceux qui, pour des raisons « philosophiques » ou esthétiques, refusaient cette statuaire publique.

Les opposants

En inaugurant le monument à Montaigne, en 1933, l'ancien ministre Barthou déclare : *« Cette fois – mais pourquoi n'est-ce pas coutume ? – on ne regrettera pas que la Ville de Paris, ait une statue de plus».* Louange pour ce cas particulier, mais critique non voilée à l'égard de la marotte statuaire. Le conseiller Charles des Isnards allait dans le même sens lorsqu'il trouvait curieux que Montaigne n'ait pas de monument à Paris *« alors qu'y foisonnent des statues d'illustres inconnus ».*

DES EMPLACEMENTS FANTAISISTES

Les états d'âme des élus

Lorsqu'ils se préoccupent des lieux d'implantation, les élus parisiens hésitent, discutent et ne font pas taire la critique.

En 1891, le conseiller Cochin s'oppose à la place du Palais-Royal pour l'installation de la statue du Balzac de Rodin, parce qu'il lui préfère la tranquillité d'un jardin public. Son collègue Longuet voit, au contraire, l'effigie de l'écrivain au milieu du tourbillonnement de la vie parisienne qu'il a bien restituée. On sait comment la question sera résolue…

En 1905, le conseiller Quentin-Bauchart exprime son désaccord sur l'implantation du monument à Trarieux au Cours-la-Reine : *« Les*

[151] Le lévrier de Lamartine.

promenades des berges de la Seine réclament des monuments plus en harmonie avec les fleurs qui les habillent ».

Au lendemain de 1918, le bois de Boulogne est refusé pour un hommage à Santos-Dumont, au motif que Paris est déjà rempli de monuments encombrants et qu'il n'est pas souhaitable d'enrichir un lieu de promenade où les familles dominicales peuvent trouver un peu d'air à peu près pur. Une stèle sera finalement dressée.

En 1928, le conseiller Besombes constate un regain de la statuomanie depuis la fin de la guerre et souhaite que soit assurée la protection des promenades qui constituent la parure de la capitale et contribuent à son renom universel de beauté et de charme. Il demande, en conséquence, que l'on réserve le Champ-de-Mars aux seuls promeneurs et que l'on ne rompe pas la perspective de l'Ecole militaire.

Plus près de nous, en 1979, le conseiller Jeanneret s'adresse au directeur du Cabinet du maire de Paris pour ironiser sur la disposition des héros d'Amérique latine dans le square du même nom : *« La double série de bustes d'illustres sud-américains se présente sous la forme d'un jeu de massacre d'un effet comique un peu déplacé »*. La rangée de têtes des héros évoquerait donc certains stands de fêtes foraines.

Le parc Monceau est l'objet d'attentions particulières. En 1895, l'architecte des Promenades de la Ville de Paris, qui voit se profiler des demandes de différents comités, s'inquiète : *« Nous allons avoir quatre ou cinq cénotaphes dans le parc Monceau, ce qui va le faire confondre avec le Père Lachaise ; cela va-t-il continuer et attrister les petits enfants ? »* Dix ans plus tard, le conseiller Escudier s'oppose à l'installation d'une statue de Benjamin Godard dans le parc déjà pourvu de Maupassant, Ambroise Thomas, Gounod, Chopin : *« Si on continue on va en modifier l'aspect en le convertissant en nécropole »*.

Ces préoccupations traduisent, certes, l'intérêt que les élus portent aux statues. Elles indiquent, néanmoins, sinon une opposition affirmée, du moins une certaine réserve devant un phénomène qui semble aller grandissant.

L'attitude de la presse

Contrairement à ce que nous verrons plus loin s'agissant de l'esthétique, les journaux ont été relativement discrets quant à la critique du choix des emplacements.

En 1896, *L'Echo de Paris* regrette la désignation du jardin du Luxembourg pour Watteau : *« On aurait choisi un décor plus harmonieux avec le peintre des fêtes galantes en installant son image au Petit Trianon, au milieu des bergeries coquettes et pimpantes »*.

La revue *La Nature* n'apprécie pas l'installation de Bernardin de Saint-Pierre au Jardin des Plantes, en 1907 : *« Son rôle dans les sciences naturelles a été absolument nul »*.

Le choix infondé d'emplacements a, par ailleurs, renforcé les reproches d'opposants qui n'ont pas manqué de relever que Perrault n'a rien à voir avec les perspectives de Le Nôtre dessinées au jardin des Tuileries, que le square d'Anvers est aussi étranger à Diderot que le 6e arrondissement l'est à Mauriac ou la rue de Tocqueville à Alain Chartier. La tour Saint-Jacques évoque les expériences de Pascal sur le vide, expériences qui se sont déroulées en réalité au Puy-de-Dôme et sur les tours de Notre-Dame. Le prince Eugène a été muté au Camp des Loges de Saint-Germain-en-Laye sans autre motif qu'il s'agit d'un lieu militaire. On s'est élevé aussi contre l'installation de Rimbaud qui vient rompre l'harmonie de la Bibliothèque de l'Arsenal.

Les emplacements ne constituent qu'un élément dans le débat sur la statuomanie. Le discours sur le beau est venu s'inviter dans la contestation.

UNE ESTHÉTIQUE EXTRAVAGANTE

Les états d'âme des élus

En 1926, le conseiller Riotor rappelle qu'il s'est élevé maintes fois contre le désordre des places, rues, squares et jardins encombrés de monuments disparates. Dans un long mea culpa, il regrette d'avoir cédé, comme ses collègues, à la pression des comités. Alors, dit-il, on s'aperçoit que *« le futur monument masque une perspective consacrée, offusque un édifice admiré, encombre sottement un décor parfait, gêne une circulation nécessaire, dépare une allée d'arbres, chahute avec les immeubles voisins... »* Et il conclut : *« périsse le décor d'une ville plutôt que l'admiration hypocrite et mutuelle des vivants »*. Critique des emplacements, sans doute, mais aussi grief d'ordre artistique pour des statues dont la facture ne s'intègre pas à l'environnement citadin.

De longs débats ont lieu à propos du monument à Beethoven, aux dimensions impressionnantes : 9 mètres de long, 6 mètres de large, 7mètres de haut, ce qui fait dire au conseiller Habert, en 1909 : *« Si l'on mettait un monument aussi lourd dans les balances de la justice, elles seraient pour toujours faussées »*.

Le Musset de la place du Théâtre-Français ne fait pas l'unanimité. Le préfet de la Seine ayant proposé, en 1936, l'installation de la sculpture à un autre endroit, est appuyé par le conseiller de Castellane qui juge la statue *« hideuse »* et par le conseiller Rivet qui la considère comme ridicule avec *« un être lamentable qui semble sortir du café d'en face »*. L'élu Becquet, souhaitant intervenir en tant qu'élu du quartier, est interpellé par son collègue Trochu : *« Comme conseiller des Halles, vous êtes compétent en navets ».*

En 1965, le conseiller Collet voit dans le monument à Leclerc *« une sorte de château d'eau peu esthétique ».*

Les attaques de la presse

Dès 1888, le journal *L'Évènement* s'en prend à Gambetta, *« monument laid », « funéraire à se suicider »,* avec *« un lion qui porte la victoire et qui a la dysenterie ».*

En 1897, *Le Figaro* brosse un panorama peu flatteur des effigies. Bobillot *« qui a l'air d'appeler son chien pour le corriger »* ; Shakespeare *« pour qui l'on redoute des rhumes »* ; à l'inverse du lion de Gambetta : *« Un Diderot constipé qui semble avoir le travail bien pénible »* ; et Beaumarchais ressemblant à *« un camelot qui fait un boniment ».*

L'Aurore, en 1902, à propos du Hugo de Barrias parle d'un *« gigantesque et informe amalgame de choses innommables ».*

L'Eclair, en 1907, s'en prend à Zola : *« Cette statue est hideuse, c'est un Zola hydrocéphale à la tête énorme, aux jambes minces, au corps étriqué, ridicule ».*

La revue d'architecture *La Construction moderne*, en 1908, dénigre Jules Simon *« dans sa redingote contaminée, à deux larges rictus, comme un futur pensionnaire de Dranem*[152] *».* Elle n'est pas plus tendre pour le Musset du Palais-Royal : *« L'effigie de Musset a semblé refuser comme désormais inutile, la tasse de tisane que lui offre la Muse compatissante ; cette douloureuse impression s'accentue avec l'âge et on s'attendrit de plus en plus à voir un si aimable poète, si souffrant, et exposé si imprudemment aux pluies qui ruissellent de sa robe de chambre sur son pantalon ».* Le monument, situé devant la façade du Théâtre-Français, suscitait d'ailleurs toutes sortes de plaisanteries. L'une consistait à décrire le héros comme inquiet du mouvement des entrées au théâtre et que la Muse rassurait quant aux recettes enregistrées. De son côté, le dessinateur Forain[153] transformait le monument à sa façon : une femme en toilette de mariée (la Muse) dit à son jeune époux affalé (Musset), au sortir du repas nuptial, sur le banc d'une avenue : *« Un peu de courage, tu rendras à la maison ».*

Le Journal se contente de juger *« pantagruélique »* le buste d'Armand Silvestre (1909).

En 1916, *L'Œuvre* se déchaîne à son tour en un inventaire qui n'est pas sans rappeler celui du Figaro vingt ans plus tôt. Shakespeare est décrit *« en caleçon »,* Pelletier et Caventou *« en chemise de nuit »* ; Charles Garnier est

---

[152] Ménard Armand, dit Dranem (1869-1935), chanteur de café-concert, à la silhouette burlesque.

[153] Forain Jean-Louis (1852-1931), caricaturiste caustique des scènes de la vie parisienne.

« tout gluant d'or » ; Jules Simon *« déshonore par son voisinage jusqu'aux vespasiennes du boulevard ».*

L'Ami du Peuple, en 1930, voit dans le vêtement des héros la cause de la laideur des statues et il en tire les conséquences : *« Le seul vêtement qui soit propice à la statuaire, c'est celui du paradis terrestre ».*

En 1934, Marcel Aymé commente dans l'une de ses chroniques du journal *Marianne*, la destruction de la statue de Déroulède par des objecteurs de conscience : *« C'était, sans considération de mobile politique, un geste vraiment méritoire, car le monument était d'une laideur navrante(...). Cette statue n'était pas plus laide que cinq cents autres de la même veine qui encombrent les places de Paris ».* Et l'écrivain se félicite de ce *« commencement d'épuration ».*

Plus près de nous, les *« semelles devant »* du sculpteur Ipoustéguy ne plaisent pas au *Figaro*, qui écrit en 1985 : *« En effet, elles étaient bien devant. Devant Rimbaud qui les respirait ».* Et le *Canard enchaîné*, fidèle à ses calembours, parle d'une inauguration du monument *« en grandes pompes »*, ajoutant : *« On a l'impression que Jack Lang va se faire appeler Arthur*[154] *».* Calembour pour calembour puisque Ipoustéguy, reprenant le jugement de Verlaine sur Rimbaud qu'il qualifiait de « l'homme aux semelles de vent », a traduit le propos par « l'homme aux semelles devant » afin de représenter le poète coupé en deux[155].

En 1989, *Le Parisien* donne également dans le jeu de mots à propos du monument à Picasso : *« Centaure mais pas sans reproches»,* et se fait l'interprète d'habitants du quartier qui trouvent la statue obscène *« avec son attirail de jardinier dans les fesses ».*

La critique générale peut s'accompagner d'une louange particulière, témoin le journal *L'Opinion* qui, en 1909, s'en prend à la statuaire publique pour mieux honorer Rodin, auteur du Victor Hugo dressé dans les jardins du Palais-Royal : *« Pour donner à son Victor Hugo l'allure surhumaine qui convient à l'image glorificatrice du plus puissant lyrique dont s'enorgueillit la France, Rodin a employé de plus simples moyens et n'a pas eu besoin de recourir au magasin d'accessoires de l'allégorie ; la trompette de la Renommée, la branche du laurier de la Gloire, le miroir de la Vérité, etc, etc, lui ont paru aussi inutiles que les personnes plus ou moins dévêtues à qui les règlements de voirie et les canons de ce que l'on appelle la statuaire monumentale les confient d'ordinaire, sans se soucier de les voir en faire, depuis si longtemps, un si déplorable usage ».*

---

[154] Jack Lang est ministre de la Culture.

[155] Les jambes détachées du tronc font malheureusement penser à l'amputation subie à Marseille par le poète.

Aux hésitations des élus, aux critiques de la presse, peuvent venir s'ajouter, ça et là, des appréciations plus ou moins désobligeantes. Ainsi, Dreyfus à une tête minuscule et des pieds gigantesques ; le cheval est parfois plus expressif que le cavalier (Louis XIII) ; Paine semble remonter sa culotte ; le socle supportant de Gaulle, beaucoup trop haut, dessert la grandeur du héros ; les textes figurant sur les stèles en forme de feuilles de Saint-John Perse sont illisibles ; Bartók n'a rien d'un compositeur animé par l'inspiration ; Gouraud et Follereau ressemblent à des hommes-troncs ; Bernanos a une tête en forme de blockhaus. Pour ce dernier, un habitant d'Antony a écrit à la mairie de Paris pour dire qu'il ne félicite pas la famille de l'écrivain *« d'avoir trouvé beau ce polyèdre »*. On a pu juger étrange la présence de lions qui accompagnent les prédicateurs de la place Saint-Sulpice ou brocardé la position de Desmoulins : *« Attention, voilà la chaisière qui arrive ! »* Le Pompidou, athlétique, a été perçu comme une statue menhir ; Léon Cladel a été assimilé à un mendiant accompagné de son chien ; le piédestal de sainte Geneviève a été jugé disgracieux avec ses deux pinces de crabe.

Le Ney de Rude a essuyé quelques boulets : le héros semblerait s'envoler sur la pointe du pied gauche et la jambe paraîtrait plus longue que nature car elle se confond avec le pied. On s'est plu, cependant, à reconnaître les qualités d'expression et d'exécution de l'œuvre, le sculpteur ayant imprimé un élan qui fait oublier la pesanteur.

On a raillé le destrier de la Jeanne d'Arc de Frémiet, jugé épais, fruste et qualifié de percheron, de cheval de ferme. L'artiste a répondu qu'il serait surprenant que ce fut un cheval de course, ajoutant que le seul cheval qui vaille est celui qui peut faire guerre et labour.

Quant aux allégories féminines, elles ne sont pas du goût de Jules Romains qui écrit dans *« Les Hommes de bonne volonté »* : *« Même s'ils statufient un politicien, c'est pour lui faire une litière de femmes nues ».*

Quelques reproches objectifs parmi ce concert de railleries.

Le crocodile de la fontaine Cuvier est figuré dans une position que sa morphologie lui interdit. Et les accessoires accompagnant Louis XIII – une béquille dans la jambe du cheval et un tronc d'arbre sous le ventre de l'animal – sont sans doute nécessaires pour supporter le poids du marbre de la statue : ils n'embellissent pas l'œuvre.

Tous ces dénigrements, toutes ces réprobations visent des statues clairement identifiées. Mais il est une autre forme d'attaque qui, elle, ne s'attache pas à un monument bien défini mais qui s'en prend au phénomène de la statuaire publique aux Grands Hommes.

En 1812, Denon, directeur des Musées, écrit au ministre de l'Intérieur à propos du monument à Desaix : *« Est-il concevable que la statue d'un général occupe une place publique de la capitale ? Cet honneur ne doit-il pas être réservé au Souverain et aux trophées consacrant sa victoire et sa puissance »*. Pour Denon, seuls les rois devraient appartenir à cette catégorie hors norme et mériteraient d'être statufiés, sans doute parce qu'ils ont reçu de Dieu l'autorité de gouverner les hommes.

Plus tard, pour un certain nombre d'élus, c'est le trop-plein. En 1880, le conseiller Hericy prend cause pour les vivants qui ne pourront bientôt plus circuler dans les rues. Ce que confirme son collègue Faillet en 1889, jugeant que plus les hommes diminuent, plus le nombre des statues augmente. Conscients de cet envahissement, désireux aussi de ne pas céder à la précipitation pour rendre des hommages, les conseillers avaient décidé, dans la séance du 25 novembre 1904, qu'aucun monument ou statue destinée aux hommes politiques ne pourrait être élevé que dix ans après leur mort. On pensait que le temps pourrait faire son œuvre, venir peut-être modifier tel jugement sur un grand homme politique, voire apaiser les querelles. Cette résolution ne fut pas appliquée. Tandis qu'en 1950 le conseiller de Véricourt s'inquiète de revoir s'échelonner tout le chapelet des statues démolies.

Dans une lettre adressée en 1905 au président du comité pour le monument à Beethoven, un Bavarois (anonyme) s'emporte : *« Tous les monuments sans distinction sont superflus, inutiles, futiles, frivoles »* et il suggère : *« je vous prie instamment d'employer votre argent plutôt à la fondation de quelques soupes populaires pour vos parisiens affamés »*.

Les élus socialistes tiennent le même discours.

En 1882, le conseiller Joffrin exprime son désaccord : il affirme que l'argent serait mieux employé à équiper les hôpitaux en lits. C'est une prise de position d'autant plus notable qu'il s'agit, en la circonstance, de voter une subvention pour une statue à Barbès dont-on pourrait penser que celui-ci trouverait des sympathies à l'extrême gauche de l'assemblée municipale. En 1887, Joffrin récidive contre la statuaire publique et, jugeant la statuomanie comme *« une véritable maladie »*, demande que l'on donne de préférence du pain à ceux qui en manquent. L'année précédente, Charles Longuet, en se prononçant comme ses amis politiques contre une statue à Arago, vise *« la statuomanie, la partialité avec laquelle les dévots de ce nouveau culte rendent hommage à leurs saints et à leurs dieux »*.

Même registre chez Proudhon[156] qui écrit dans *Du principe de l'art et de sa situation sociale* : *« Qu'est-ce qu'un grand homme ? Y-a-t-il des grands*

---

[156] Proudhon Pierre-Joseph (1809-1865), journaliste, père de l'anarchisme, fondateur du syndicalisme ouvrier et du système mutualiste.

hommes ? Peut-on admettre dans les principes de la Révolution française, et dans une république fondée sur le droit de l'homme, qu'il en existe? »

De l'autre bord, Veuillot[157] s'insurge contre les orateurs qui ont inauguré une statue de Gutenberg (à Strasbourg, mais le propos concerne la statuaire publique) : *« Ils ont débité flegmatiquement ces sornettes, sans songer à se demander même pourquoi les hommes décernent encore des apothéoses à des guerriers, à des gagneurs de batailles, à des tueurs d'hommes ».* Une tonalité que ne désavouerait pas un politique d'extrême gauche, mais ne nous y trompons pas. Dans ce culte des Grands Hommes, notre ultramontain donne les vraies raisons de son emportement : *« J'ai même quelque idée que ces monuments auront le destin du reste, et que les grands hommes traités d'aristocrates, seront démolis et fondus, le marbre pour être utilisé en chaux, le bronze pour être utilisé en gros sous et sanctifié en ustensiles de ménage. La réponse de l'orgueil et de la chair aboutit à la destruction des idoles de l'orgueil et de la chair. Dieu retournera contre ces fausses divinités, le marteau protestant et révolutionnaire qui, à deux reprises en trois siècles, a mutilé les chefs d'œuvre des âges de foi. J'avoue que, si je suis là, je laisserai faire. Il est florissant, ce culte des « Grands Hommes » qui ont enlevé un corps de garde, inventé une mécanique, faufilé des sophismes, carillonné des rimes, il efface quasi le culte de Dieu et des Saints! ».* On notera, au passage, l'attaque directe à l'encontre de la religion réformée et de la Révolution française. On relèvera aussi l'hypothèse concernant le destin probable des monuments, hypothèse confirmée dans les années 1940, mais que Veuillot ne pouvait évidemment prévoir. Le bronze ne fut d'ailleurs pas utilisé pour des ustensiles de ménage. Le vrai motif du courroux tient dans la dernière phrase de la diatribe : une statue doit relever de la sacralité, sinon nous sommes dans l'idolâtrie blasphématoire.

Albert Mousset, érudit et écrivain sur Paris, proteste en 1934 contre un projet de monument à Haussmann, non sans une pointe anti-radicale : *« On nous propose un retour à des errements qu'on croyait abandonnés et qui consistent à caser des statues comme un député du midi case ses électeurs ».*

Avant d'être lui-même statufié, François Coppée[158] avait composé un couplet « antistatuomaniaque » sur fond d'antiparlementarisme :

« C'était un bavard de talent très mince
Et pendant trente ans il avait été
Fameux à Paris, grand homme en province
Ministre deux fois, toujours député

---

[157] Veuillot Louis, journaliste catholique, rédacteur en chef de *L'Univers*.

[158] Coppée François (1842-1908), poète très populaire à la fin du XIXe siècle, a participé à la création de la Ligue de la patrie française.

Traité d'éminent et de sympathique
Il avait trahi deux ou trois serments
Ainsi qu'il convient dans la politique
Bref, c'était l'honneur de nos Parlements

Il mourut. Sa ville, elle était très fière
D'avoir enfanté ce contemporain,
Quand il fut enfin muet, dans sa bière,
Le fit sans tarder revivre en airain

J'ai vu sa statue : elle est sur la place
Où se tient aussi le marché couvert.
C'est bien l'orateur : son geste menace
Et sa redingote est en bronze vert

Mais les bons ruraux, vile multitude,
Vendant les produits du pays natal,
Sans y voir malice et par habitude
Laissent leurs baudets près du piédestal

Et tous les lundis quand les paysannes
Sous les piliers noirs viennent se ranger
Le tribun d'airain harangue les ânes
Et ça ne doit pas beaucoup le changer ».

Les surréalistes se devaient d'intervenir dans le débat.

Le Louis Aragon première manière, celui du groupe d'André Breton, écrit dans *Le Paysan de Paris,* en 1926 que *« des religions secrètes finissent par s'établir en l'honneur de nouvelles idoles »*, et de citer *« un rite imprécatoire observé envers l'incroyable Gambetta, de la cour du Carrousel »*, avant de parler des *« fétichistes de la voie publique »* et d'affirmer : *« C'est de la statuomanie qu'elle périra l'humanité ».*

Propos relativement modérés au regard de la vaste enquête lancée en 1933 par ces adversaires des idées reçues, sous le titre : *« Sur certaines possibilités d'embellissement d'une ville ».* Les résultats en seront publiés dans la revue *Le Surréalisme au service de la révolution.*

Plusieurs personnalités liées au mouvement sont invitées à répondre à la question : *« Doit-on conserver, déplacer, modifier, transformer ou supprimer »* trente-et-un monuments ou statues parisiennes.

Les réponses sont celles que l'on pouvait attendre.

André Breton propose de détruire Gambetta. Benjamin Péret souhaite abattre Clemenceau pour *« mettre à la place une des pissotières dont parle Lénine ».* Maurice Henry veut remplacer Louis XIV *« par une botte d'asperges décorées de la Légion d'Honneur »* et, s'agissant de Jeanne d'Arc, celle de Frémiet, lui *« mettre une fausse barbe et remplacer le cheval par un énorme porc »*. Il installerait volontiers le chevalier de La Barre place de l'Opéra où on *« l'entourerait d'un cimetière de prêtres et dans lequel de très belles femmes nues joueraient sans cesse au cerceau »*. Paul Eluard verrait bien Desmoulins dans une station de métro, transformé en une machine utile : *« une mécanique lui ferait poinçonner les billets et fermer les portillons »*. Eluard résume les raisons de ces provocations en quelques mots : les statues sont presque toujours celles *« d'individus dérisoires ou néfastes »*.

Dans ce registre du refus de toute statuaire aux Grands Hommes, la presse est également là.

En 1891, l'éditorialiste de *L'Eclair* écrit : *« La sculpture historique et politique, avec quelque conscience et ingéniosité qu'on l'exécute, n'approchera jamais, même de très loin, de la sculpture pure, de celle qui n'a d'autre but qu'elle-même, que sa propre satisfaction »*. Pour lui, les statues immortelles sont celles du Nu, de la Beauté *« telle qu'on la comprend et l'aime »*. Et après avoir constaté qu'il ne manque pas de belles filles dignes de servir de modèles à nos sculpteurs, il demande que l'on dresse dehors *« leurs chastes nudités, plus agréables à voir que les culottes de messieurs qui n'ont rien d'esthétique »*, tout en étant conscient ajoute-t-il, du risque encouru en raison d'une magistrature aux *« verdicts pudibonds »*.

L'Art décoratif, en 1902 : *« Tous les ridicules, toutes les folies semblent animer les hommes de pierre qui gesticulent sur nos places publiques. Si le grotesque pouvait tuer, il semble bien que les formules de statues publiques encore aujourd'hui en cours auraient dû depuis longtemps disparaître»*.

CONCLUSION

Elevées aux hommes qui ont servi leur pays ou l'humanité, les statues sont le témoignage de la reconnaissance publique. Elles veulent montrer aux générations nouvelles, comme un exemple, la vie et l'œuvre de ceux qui se sont distingués par leur bravoure sur les champs de bataille, par leur fidélité à l'Etat, par leur activité scientifique ou créatrice, par leur désintéressement, par leur dévouement. Le monument est l'image exemplaire d'une éminente dignité politique, sociale ou culturelle.

L'histoire de France est celle de batailles politiques, singulièrement au XIXe siècle, entre les défenseurs des principes de la Révolution française et les tenants de la Contre-révolution. Pour les premiers, il s'est agi de fortifier le régime. La glorification de personnages incarnant les valeurs de la République et reflétant un modèle social fondé sur le mérite personnel a été une manière d'y parvenir. Les statues ont été un moyen symbolique de mobilisation, d'instruction civique, d'édification morale.

Le comte Rambuteau, préfet de la Seine, déclarait devant le statue de Molière, qu'en honorant leurs grands hommes les nations « sont sensiblement conduites à trouver unité de forces d'intérêt là où il y a communauté de gloire et d'admiration ». Ce que confirmait Dubost, président du Sénat, en 1907 : *« Plus que tout autre régime politique, les démocraties ont le devoir de perpétuer la mémoire des grands citoyens et d'entretenir le culte civique de leurs exemples et de leurs vertus ».*

Grands citoyens, certes, et on insiste sur le caractère national du héros, manière de souder les maillons de la communauté. Cependant, sont mis aussi en évidence les grands thèmes universels. Les glorifiés appartienne ainsi à l'Humanité tout en restant Français.

On a tout critiqué dans cette statuaire publique. Le choix des personnages, évidemment, puisque nous nous trouvons dans le registre politique. Et *Le Journal des Débats*, républicain très conservateur, n'a pas fait taire ses antipathies : Etienne Dolet, un *« vulgaire émeutier »* doublé d'un *« louche coquin »*, Danton, un *« terroriste sanglant »,* Diderot, un *« prêcheur d'immoralité ».*

Mais on a aussi contesté les représentations des héros, les emplacements des monuments, les modalités de choix des artistes, l'abondance des sculptures.

Les jugements assassins ont fleuri : navets académiques, mythologies d'ateliers, allégories pour Palais Dufayel[159].

---

[159] Magasin qui était situé au 26 rue de Clignancourt (18e). En 1865, il avait pris la succession du *Palais de la Nouveauté.*

Le défaut de ressemblance n'a pas été apprécié. Le poète Albert Mérat, membre du *Cercle des Parnassiens*, l'a dit pour la statue d'Alphonse Daudet :

« Malgré le talent du sculpteur
Et la vérité de la pose
Ce n'est pas le divin conteur
Qu'était alors le Petit Chose

Tu n'as pas plus de quarante ans
Dans ce beau marbre de souffrance ;
Pourquoi ces gestes attristants
De mortelle désespérance? ».

Des vers sans agressivité, qui s'adressent à une représentation un peu morose, résignée, de l'écrivain.

L'académisme, la copie du vrai, l'approche au plus près du modèle, ont été le parti-pris adopté tout au long des XIXe et XXe siècles. Le non figuratif n'a fait qu'une timide apparition à partir des années 1980. On a aussi accusé l'Institut, l'Ecole des Beaux-arts et les Salons d'exercer une tyrannie sur la sculpture. Qualifiés de pontifes, on a dénoncé les professeurs de l'Ecole comme les protecteurs inconditionnels de leurs élèves. L'administration des Beaux-arts aurait ainsi fonctionné en circuit fermé, comme une institution sclérosée ayant la haute main sur la commande publique.

On connaît les raisons du réalisme sculptural, sa finalité pédagogique. Il s'agit de recourir à un langage émotionnel pour mieux communiquer. On demeure aussi attaché aux anciennes formes dont les aspects connus nous conviennent. On peut, certes, s'interroger : en art, la ressemblance importe-t-elle ? On a pu reprocher à Michel-Ange de ne pas avoir rendu avec exactitude les traits dans ses figures pour les tombeaux des Médicis[160]. On lui prête cette réponse : dans mille ans, personne ne sera plus à même de juger de la ressemblance.

Mais nos républicains travaillaient pour l'immédiat, et la similitude avait donc de l'importance. D'autant plus qu'on craignait de voir confondre une statue non figurative d'un héros avec une sculpture simplement décorative.

En 1798, la Commission des Inspecteurs du Conseil des Anciens au Corps Législatif écrivait : *« Si le burin de l'histoire doit consacrer l'immortalité de ceux qui ont éminemment servi la société, les arts doivent*

[160] Dans la basilique de Saint-Laurent à Florence.

également concourir à cette apothéose, et le ciseau du sculpteur ne peut avoir un plus noble emploi que celui de présenter à la postérité les grands hommes ». Cette noblesse de l'emploi trouvera-t-elle à s'exprimer dans l'avenir ?

Un poète amateur, Julien Gault, semblait penser le contraire dans un texte écrit en 1942, en hommage à François Coppée, sur le même modèle que celui-ci avait composé :

« De la poésie il fut l'humble prince
Riche de tendresse et de charité
Pour lui Paris fut comme une province
Il y promenait son rêve enchanté.

Aux pauvres il fut toujours sympathique
Puis abandonnant vers, drame, roman
Il se fourvoya dans la politique
Les meetings houleux, les vains boniments.

Il mourut : la ville étant assez fière
D'avoir enfanté ce contemporain
A peine fut il cloué dans la bière
Le fit, souriant, revivre en airain.

J'ai vu la statue où le bon poète
De fientes d'oiseau est souvent couvert
C'est bien son allure... et sa cigarette
Comme son veston est en bronze vert.

Mais hélas hier avec promptitude
Le pauvre Coppée au geste banal
Au sourire tendre à l'humble attitude
Fut déboulonné de son piédestal.

L'image n'est plus et la fleur se fane
Tout meurt, disparaît. Pourquoi s'affliger ?
L'ombre du poète en son Paris flâne
Et nos cœurs sont là pour la protéger ».

Paul-Jean Toulet[161] ajoute un couplet à sa façon :

« Industrieux fils de Dédale
Qui ressuscitez dans Paris

[161] Toulet Paul-Jean (1867-1920), poète et romancier.

-Pourquoi, j'y entrave que dale-
Tant de singes en vain péris ;
Et de quoi sert que Dieu les tue
Si vous nous fichez leur statue ?
Il faut vivre, se faire un nom.
-Et ! Qui de savoir s'évertue,
Par la racine ou non,
Comment vous mangez la laitue ».

Résignation empreinte d'affection ou insouciance mêlée de causticité, nos deux auteurs nous disent, chacun à sa manière, qu'il n'y a pas lieu de s'émouvoir de la disparition des statues de Grands Hommes. Ce n'était pas le sentiment de Baudelaire qui, dans *Le Peintre de la vie moderne* défend l'usage de la poudre de riz parce que celle-ci fait disparaître des taches outrageusement semées par la nature et qu'elle crée ainsi une unité dans le grain et la couleur de la peau, unité qui rapproche l'être humain de la statue, *« c'est-à-dire d'un être divin et supérieur ».*

Il existe quelque 1400 plâtres abrités au dépôt des sculptures de la Ville de Paris, à Ivry[162]. Certains serviront-ils à donner naissance à des statues qui viendraient occuper des espaces de la capitale ?

C'est peu probable. Le temps a passé. On est loin des Camelots du Roi défilant, au début du XXe siècle chaque 8 mai, devant la Jeanne d'Arc de Frémiet, relayés pendant la Seconde Guerre mondiale par des « collabos » anglophobes. Il y a bien encore des manifestations rituelles autour de quelques effigies : Clemenceau le 11 novembre ; Leclerc le 24 août ; Jeanne d'Arc (de Frémiet) encore, point de rassemblement des militants du Front National, le 1er mai; le chevalier de La Barre à des dates diverses. Mais le cœur n'y est plus. Peut être parce que la moralisation par l'exemple rencontre moins la faveur des foules.

D'autant moins que certains monuments son inaccessibles au promeneur : ceux de Washington, de Pasteur, installés sur un terre-plein autour duquel tourbillonnent les automobiles. Des jumelles sont le seul recours pour les contempler.

Les statues disparaissent quand on les déboulonne. Elles meurent aussi lorsqu'on ne fait plus attention à elles.

Essayons, toutefois, de sauvegarder ce qui reste de ce musée public, manière de préserver un peu notre mémoire collective. Dans le domaine

[162] La Ville de Paris a aménagé en réserve le hall des machines de l'ancienne usine de traitement des eaux à Ivry. Le local abrite des œuvres achetées par la municipalité et le conseil général de la Seine entre 1870 et 1914 et, parmi elles, des modèles en plâtre de monuments en bronze fondus sous l'Occupation.

politique comme dans celui de l'esthétique, ne recommençons pas la querelle des Anciens et des Modernes.

Nos Grands Hommes appartiennent à notre patrimoine. Considérons les comme un bien de famille à protéger.

ANNEXES

INVENTAIRE DES PERSONNAGES STATUFIÉS

L'astérisque signifie que le monument est visible aujourd'hui à Paris

*Paul ADAM (1862-1920), écrivain, par Landowski, statue en pied.
Initiative : comité présidé par La Barra ancien président du Mexique.
Avec bas-reliefs représentant Mithra déesse de la Lumière et le lion d'Arras (titre d'un ouvrage de Paul Adam).
Inscription : *« L'Art est l'œuvre d'inscrire un dogme dans un symbole ».*
Jardin du Trocadéro (16e) – 1931.

*ALBERT Ier (1875-1934), roi des Belges, par Martial, statue équestre.
Initiative : comité présidé par le maréchal Lyautey.
Inscriptions : *« MDCCCLXXV nobilissimo Belganum Reg Alberto Fide et gladio ejus firmata Gallia memor hoc erexit monumentum MCMXXXIV. Un pays qui se défend s'impose au respect de tous. Il ne saurait périr. Albert Ier ».*
Cours la Reine (8e) – 1938.

*Bertie ALBRECHT (1893-1943), Résistante, par Michèle Forgeois, stèle.
Initiative : commande de l'Etat.
Flamme en marbre sur un socle de bronze portant un double portrait de l'héroïne.
Place du Bataillon du Pacifique (12e) – 1988.

*ALEXANDRE Ier de Yougoslavie (1888-1934) et PIERRE Ier de Serbie (1844-1921), rois de Yougoslavie, par Real del Sarte, statue équestre.
Initiative : comité présidé par Edouard Soulier, député et conseiller de Paris.
A leurs côtés : Yougoslaves en costume de leurs régions d'origine et le maréchal Franchet d'Espérey.
Inscriptions : *« Aux rois Pierre Ier de Serbie le libérateur et Alexandre Ier de Yougoslavie l'unificateur. Conservez la Yougoslavie, conservez l'amitié franco-yougoslave, dernières paroles du roi Alexandre expirant à Marseille le 9 octobre 1934. Hommage de Paris et de la France à leurs deux grands amis ».*
Place de Colombie (16e) - 1936.

*Jean-Charles ALPHAND (1817-1891), ingénieur, par Dalou, statue en pied.
Initiative : comité présidé par le sénateur Lavallée.

Alphand est entouré de ses collaborateurs dont Dalou ; bas-reliefs représentant ses travaux
Inscription : *« Ses amis et ses admirateurs ont élevé ce monument avec le concours de la Ville de Paris, du Département de la Seine et de l'Etat »*.
Avenue Foch (16e) – 1899.

*Guillaume APOLLINAIRE (1880-1918), écrivain, par Picasso, buste.
Initiative : comité présidé par l'écrivain André Salmon et plâtre offert par Picasso.
La tête, qui date de 1941, est celle de Dora Maar, qui fut la compagne de Picasso.
Square Laurent Prache (6e) – 1959.

François ARAGO (1786-1853), savant et homme politique, par Oliva, statue en pied.
Initiative : Comité présidé par l'amiral Mouchez, astronome et directeur de l'Observatoire de Paris.
Tient la lunette qui servit à mesurer la méridienne de Paris.
Fondu sous l'Occupation.
Boulevard Arago (14e) – 1893.

*Marquis d'ARLANDES (1742-1809), aéronaute. Voir Pilâtre de Rozier.

*José ARTIGAS (1764-1850), militaire, par Zorilla de San Martin, buste.
Initiative : offert par le gouvernement uruguayen.
Inscription : *« Fondateur de l'indépendance de l'Uruguay »*.
Place de l'Uruguay (16e) – 1962.

Emile AUGIER (1820-1889), écrivain, par Barrias (1895), buste.
Initiative : Comité présidé par le peintre-sculpteur Gérôme.
La femme assise est la Clorinde d'une pièce d'Augier, l'autre femme représente la Comédie. Un petit génie tient le masque de Got, doyen de la Comédie-Française et principal interprète d'Augier.
Fondu sous l'Occupation.
Place de l'Odéon (6e) – 1895.

*Marcel AYMÉ (1902-1967), écrivain, par Jean Marais.
Initiative : Comité.
Le monument figure « Le passe-muraille », nouvelle de Marcel Aymé.
Square Marcel Aymé (18e) – 1989.

Jean-Sylvain BAILLY (1736-1793), homme politique, par Aubé, statue en pied.
Initiative : commande de l'Etat.

Fondu sous l'Occupation.
Jardin du Luxembourg (6e) – 1883.

*Honoré de BALZAC (1799-1850), écrivain, par Falguière, statue en pied.
Initiative : Société des Gens de Lettres.
Avenue de Friedland (8e) – 1902.

*Honoré de BALZAC (1799-1850), écrivain, par Rodin, statue en pied.
Initiative : Société des Gens de Lettres.
Inscription : *« A Balzac, A Rodin ».*
Boulevard Raspail (6e) – 1939.

*Théodore de BANVILLE (1823-1891), écrivain, par Roulleau, buste.
Initiative : Comité présidé par Leconte de Lisle.
Lyre sur le socle.
Jardin du Luxembourg (6e) – 1892.

*Bela BARTÓK (1881-1945), compositeur, par Varga, statue en pied.
Initiative : don de la Ville de Budapest.
Square Bela Bartók (15e) – 1982.

*Antoine-Louis BARYE (1796-1875), sculpteur, par Marqueste, médaillon accompagné de sculptures.
Initiative : Comité présidé par le sculpteur Eugène Guillaume.
Avec œuvres de l'artiste : le lapithe et le centaure ; lion écrasant un serpent ; les deux groupes en pierre reproduisent ceux du pavillon Denon au Louvre.
Inscriptions : *« A Antoine-Louis Barye ses admirateurs de France et d'Amérique. 1894 ».*
« Ce nouvel exemplaire du groupe en bronze détruit en 1942 a été fondu grâce au mécénat de la Chi Mei Culture Fondation Taiwan R. O. C. 2011. » (cette dernière inscription également en chinois).
Bronzes fondus sous l'Occupation.
Square Barye (4e) – 1894.

*Maryse BASTIÉ (1898-1952), aviatrice, par Joffre (1971), stèle.
Initiative : Comité présidé par l'aviatrice Jacqueline Auriol.
Ailes symboliques de part et d'autre du buste.
Inscription : *« Maryse Bastié héroïne de l'Air ».*
Square Victor (15e) – 1971.

*Charles BAUDELAIRE (1821-1867), écrivain, par Fix-Masseau, buste.
Initiative : Comité présidé par Paul Valéry.
Inscription : *« Car c'est vraiment Seigneur le meilleur témoignage Que nous puissions donner de notre dignité Que cet ardent sanglot qui coule d'âge en*

âge Et vient mourir au bord de votre éternité » (vers extraits des « Phares »).
Jardin du Luxembourg (6e) – 1941.

Alphonse BAUDIN (1811-1851), homme politique, par Boverie, statue en pied.
Initiative : commande de la Ville de Paris.
Debout sur la barricade où il fut tué.
Fondu sous l'Occupation.
Avenue Ledru-Rollin (11e) – 1901.

Eugène de BEAUHARNAIS (1781-1824), militaire, par Dumont, statue en pied.
Initiative : Comité présidé par le général Schramm, sénateur.
Jardin des Invalides (7e) – 1863. Transféré au Camp des Loges à Versailles en 1978.

*Pierre Augustin Caron de BEAUMARCHAIS (1732-1799), écrivain, par Clausade, statue en pied.
Initiative : commande de la Ville de Paris.
Rue Saint Antoine (4e) – 1897.

*Henri BECQUE (1837-1899), écrivain, par Rodin, buste.
Initiative : Comité présidé par Victorien Sardou.
Boulevard de Courcelles (17e) – 1908.
81.
*Ludwig van BEETHOVEN (1770-1827), compositeur par Bourdelle, buste.
Initiative : don de la fille du sculpteur.
Jardin du Luxembourg (6e) – 1978.

*Andrès BELLO (1781-1864), écrivain, par Fuhes, buste.
Initiative : offert par le gouvernement vénézuélien.
Square d'Amérique Latine (17e) – 1968.

Jean BÉRANGER (1780-1857), écrivain et chansonnier, par Doublemard, statue en pied.
Initiative : Comité présidé par le député Spuller.
Lyre entourée d'une palme et d'un drapeau.
Inscription : *« A Béranger ses admirateurs ses concitoyens ».*
Fondu sous l'Occupation.
Square du Temple (3e) – 1885.

*Jean BÉRANGER (1780-1857), écrivain et chansonnier, par Lagriffoul, statue en pied.

Initiative : commande de l'Etat.
Square du Temple (3e) – 1953.

Hector BERLIOZ (1803-1869), compositeur, par Lenoir, statue en pied.
Initiative : Comité présidé par le secrétaire général de l'Académie des Beaux-arts.
Inscriptions : Titres d'œuvres du compositeur.
Fondu sous l'Occupation.
Square Hector Berlioz (9e) – 1886.

*Hector BERLIOZ (1803-1869), compositeur, par Saupique, statue en pied.
Initiative : commande de l'Etat.
Square Hector Berlioz (9e) – 1946.

*Georges BERNANOS (1888-1948), écrivain, par Chattaway, buste.
Initiative : commande de l'Etat.
Boulevard de Port-Royal (5e) – 1990.

Claude BERNARD (1813-1878), physiologiste, par Guillaume, statue en pied.
Initiative : Société de Biologie présidée par Paul Bert.
Inscription : *« Ses collègues, ses amis, ses disciples ».*
Fondu sous l'Occupation.
Square Marcelin Berthelot (5e) - 1886.

*Claude BERNARD (1813-1878), physiologiste, par Couvegnes, statue en pied.
Initiative : commande de l'Etat.
Square Marcelin Berthelot (5e) – 1946.

*Tristan BERNARD (1866-1947), écrivain, par Hebert-Coeffin, buste.
Initiative : Comité présidé par Roland Dorgelès.
Place Tristan Bernard (17e) – 1972.

*Jacques BERNARDIN DE SAINT-PIERRE (1737-1814), écrivain, par Holweck statue en pied.
Initiative : legs d'un particulier.
Piédestal orné des figures de Paul et Virginie.
Inscription : *« Intendant du Jardin des Plantes 1792-1793. Professeur à l'Ecole Normale AN III. Membre de l'Institut 1795 ».*
Jardin des Plantes (5e) – 1907.

*Sarah BERNHARDT (1844-1923), tragédienne, par Sicard, statue en pied.

Initiative : Comité présidé par Gabriel Alphand, directeur du journal *Comoedia.*
Représentée en Phèdre.
Inscription : *« Ses camarades ses admirateurs ».*
Square Malesherbes (17e) – 1926.

*Paul BERT (1833-1886), physiologiste. Voir Horace Wells.

Marcelin BERTHELOT (1827-1907), chimiste, par Saint-Marceaux, statue en pied.
Initiative : Comité international présidé par Emile Loubet, Président de la République.
Se trouve devant une stèle de granit sur laquelle sont représentés l'Amitié (jeunesse fraternelle avec Renan) et l'Amour conjugal (union avec sa femme).
Fondu sous l'Occupation.
Square Marcelin Berthelot (5e) – 1917.

*Albert BESNARD (1849-1834), peintre, par Philippe Besnard, buste.
Initiative : Comité.
Square Albert Besnard (17e) – 1967.

*Xavier BICHAT (1771-1802), médecin, par David d'Angers, statue en pied.
Initiative : Congrès médical de France.
A ses pieds : instruments de chirurgie et écorché enveloppé dans un drap.
Inscriptions : *« A Xavier Bichat, le Congrès médical de France 1845 ».*
Cour de l'Ecole de Médecine (6e) – 1857.

Louis BLANC (1811-1882), homme politique, par Delhomme, statue en pied.
Initiative : Comité présidé par le député Etienne Lagrange.

Fondu sous l'Occupation.
Place Monge (5e) – 1887.

*Léon BLUM (1872-1950), homme politique, par Garel, statue en pied.
Initiative : commande de l'Etat.
Place Léon Blum (11e) – 1991

Sergent BOBILLOT (1860-1885), militaire, par Paris, statue en pied.
Initiative : Comité présidé par le député Eugène Farcy.
Sur le socle : lauriers, palme et un sabre-baïonnette ainsi que feuillets et plume d'écrivain pour rappeler que Bobillot écrivit un roman et un drame.

Inscription : *« Au sergent Bobillot et à ses compagnons d'armes morts pour la patrie dans l'Extrême-Orient »*.
Fondu sous l'Occupation.
Boulevard Richard Lenoir (11e) – 1888.

*Sergent BOBILLOT (1860-1885), militaire, par Gilioli, buste.
Initiative : Fédération nationale des anciens sapeurs.
Square Paul Verlaine (13e) – 1959.

*Simon BOLIVAR (1783-1830), homme politique, par Frémiet, statue équestre.
Initiative : Comité France-Amérique présidé par Gabriel Hanotaux, ancien ministre.
Inscriptions : *« Les Républiques Bolivariennes du Venezuela, Colombie, Equateur, Pérou, Bolivie et Panama à la Ville de Paris. Né à Caracas le 24 juillet 1783. Libéra l'Amérique comme il en avait fait le serment. Il la voulut indépendante pour qu'elle fût le grand foyer de l'humanité et la gloire de la race latine. Il fut un citoyen du monde ami de la culture française. Le libérateur Simon Bolivar »*.
Cours la Reine (8e) – 1933.

*Rosa BONHEUR (1822-1899), peintre, par Loiseau-Bailly, médaillon.
Initiative : commande de la Ville de Paris.
Fontaine avec Bouchut, Haüy et Mulot.
Place Georges Mulot (15e) – 1907.

*Jacques Bénigne BOSSUET (1627-1704), prélat, par Feugère, statue en pied.
Initiative : décision royale.

Avec les armes de son évêché. Fontaine avec aussi Fénelon, Fléchier et Massillon.
Place Saint-Sulpice (6e) – 1847.

François BOUCHER (1703-1770), peintre, par Aubé, statue en pied .
Initiative : commande de l'Etat.
Appuyé sur un pilastre décoré d'arabesques.
Jardin de l'Infante (1er) – 1894. Transféré à Longwy.

*Jean BOUCHUT (1818-1891), médecin, par Michelin, médaillon.
Initiative : commande de la Ville de Paris. Fontaine avec aussi Bonheur, Haüy et Mulot.
Place Georges Mulot (15e) – 1907.

*Marguerite BOUCICAUT (1816-1887) et Clara de HIRSCH (1833-1899), bienfaitrices, par Moreau-Vautier, statue en pied.
Initiative : Legs d'un particulier et concours ouvert par la Ville de Paris.
Les deux femmes se penchent sur un enfant malheureux ; au bas des marches : la Misère serre douloureusement son enfant dans ses bras.
Square Boucicaut (7e) – 1914.

*Habib BOURGUIBA (1903-2000), Président de la République de Tunisie, par Macunluoglu, buste.
Initiative : Mairie de Paris.
Esplanade Habib Bourguiba (7e) – 2013.

*Jean-Baptiste BOUSSINGAULT (1802-1887), chimiste, par Dalou, statue en pied.
Initiative : Comité présidé par Schloesing, membre de l'Institut.
La Science montre des instruments de chimie à un paysan qui s'appuie sur une houe.
Square du Général Morin (3e) – 1895. Transféré à Saint-Denis.

*Edouard BRANLY (1844-1940), physicien, par Sarrabezolles, buste.
Initiative : Comité présidé par Legendre, membre de l'Institut.
Jardin du Luxembourg (6e) – 1960.

*Georges BRASSENS (1921-1981), auteur-compositeur de chansons, par Greck, buste.
Initiative : Elus du 15e arrondissement.
Square Georges Brassens (15e) – 1989.

André BRETON (1896-1966), écrivain, par Alberola, statue en pied.
Initiative : commande de l'Etat.
Femme africaine corpulente, accroupie, bras levés vers le ciel, portant dans ses mains un masque africain de type animal à cornes.
Transféré à Marseille – 1986.

*Aristide BRIAND (1862-1932), homme politique, par Landowski, bas-relief.
Initiative : Comité sous le patronage d'Albert Lebrun, Président de la République.
Bas-relief représentant un groupe : mère, enfant et travaux agrestes rendus possibles par la paix.
Inscriptions : *« Chaque fois qu'une nation peut faire l'économie d'une guerre elle a remporté une victoire. Le Président Aristide Briand a bien mérité de la patrie. Loi du 30 mars 1939 ».* Extraits de discours.
Quai d'Orsay (7e) – 1937.

Paul BROCA (1824-1880), médecin, par Choppin, statue en pied.
Initiative : Société d'Anthropologie.
Tient un compas de la main droite, un crâne de la main gauche.
Inscription : *« Fondateur de la Société d'anthropologie. Sénateur ».*
Fondu sous l'Occupation.
Boulevard Saint-Germain (6e) – 1887.

*Diego BROSSET (1898-1944), militaire, par Delamarre, buste.
Initiative : Association des Français Libres présidée par le général de Larminat.
Inscription : *« A Diego Brosset et aux soldats de la 1ère Division Française Libre ».*
Quai Branly (7e) – 1955.

*Guillaume BUDÉ (1467-1540), humaniste, par Bourgeois, statue en pied.
Initiative : commande de l'Etat.
Cour du Collège de France (5e) – 1882.

*Georges Louis Leclerc, comte de BUFFON (1707-1788), naturaliste, par Carlus, statue en pied.
Initiative : commande de l'Etat.
Jardin des Plantes (5e) – 1909.

*Juan CABALLERO (1785-1820), héros de l'indépendance, par Michel, buste.
Initiative : offert par le gouvernement paraguayen.
Inscription : *« Libérateur du Paraguay 24 mai 1811 ».*
Place du Paraguay (16e) – 1961.

Luis de CAMOENS (1524-1580), écrivain, par Betti, buste.
Initiative : Comité composé d'écrivains (Léon Dierx, Anatole France, Jean Richepin, …).
Boulevard Delessert (16e) – 1912.

*Luis de CAMOENS (1524-1580), écrivain, par Clara Meneres, buste.
Initiative : offert par le gouvernement portugais.
Boulevard Delessert (16e) – 1987.

*Albert CAMUS (1913-1960), écrivain, par Poix, lames en métal.
Initiative : commande de la Ville de Paris.
Place Albert Camus (10e) – 1987.

*Joseph CAPITAN (1854-1929), médecin, buste.

Initiative : Institut International d'Anthropologie.
Square Capitan (5e) – 1930.

*Jean-Baptiste CARPEAUX (1827-1875), sculpteur, par Fagel, buste.
Initiative : Comité présidé par Sarradin, conservateur du musée de Compiègne.
Sur le socle : médaillons de Louis et Charles Carpeaux, ses fils.
Square Carpeaux (18e) – 1929.

*Jean-Baptiste CARPEAUX (1827-1875), sculpteur, par Bourdelle statue en pied.
Initiative : statue du musée Bourdelle.
L'artiste est au travail.
Place Adolphe Chérioux (15e) – 1988.

Eugène CARRIÈRE (1849-1906), peintre, par Jean-René Carrière, statue en pied.
Initiative : Société du Salon d'Automne présidée par Frantz Jourdain, architecte et critique.
Les bas-reliefs évoquent les joies familiales, sujets de plusieurs tableaux de l'artiste.
Inscriptions : diverses pensées du peintre, dont : *« L'amour sincère pour les autres hommes nous donne la force invincible qui triomphe de tout ».*
Fondu sous l'Occupation.
Place Constantin Pecqueur (18e) – 1936.

*Eugène CARRIÈRE (1849-1906), peintre, par Jean-René Carrière, statue en pied.
Initiative : Comité sous le patronage d'Edouard Herriot, Président d'honneur de l'Assemblée Nationale et d'Albert Sarraut, Président de l'Assemblée de l'Union Française.
Réplique en pierre du monument précédent fondu sous l'Occupation.
Place Constantin Pecqueur (18e) – 1959.

*Jacques CARTIER (1494-1554), navigateur, par Drivier, buste.
Initiative : Comité France-Amérique présidé par Gabriel Hanotaux, ancien ministre.
Inscription : *« Le 24 juillet 1534 Jacques Cartier de Saint-Malo aborde la terre du Canada et prend possession de la nouvelle France au nom de François 1er ».*
Place du Canada (8e) – 1934.

Edith CAVELL (1865-1915), infirmière, par Pech, bas-relief.

Initiative : Journal *Le Matin* et Comité présidé par Paul Painlevé, ministre de l'Instruction publique et des Beaux-arts.
L'héroïne git à terre, un casque à pointe sur son genou ; au fond : architecture en flamme ; armes de la Belgique, de l'Angleterre, de la France.
Détruit sous l'Occupation.
Jardin des Tuileries (1er) – 1919.

*Joseph CAVENTOU (1795-1878), pharmacien. Voir Pelletier.

*Paul CÉZANNE (1839-1906), peintre, par Maillol, statue en pied.
Initiative : Comité présidé par Frantz Jourdain, architecte et critique.
Femme nue allongée qui tend une palme à Cézanne.
Une statue en plomb a remplacé celle en pierre en 1964.
Jardin des Tuileries (1er) – 1927.

*Samuel CHAMPLAIN (1567 ? – 1635), explorateur, par Alfred Laliberté, buste.
Initiative : Power Corporation Canada.
Inscription : « *Le 20 juin 1604 Samuel Champlain de Brouage en Saintonge avec Pierre Dugua de Mons et ses compagnons fondèrent en Acadie le premier établissement français permanent au Canada et ensuite s'établira à Québec en 1608* ».
Copie du buste situé à Port-Royal au Canada.
Cours la Reine (8e) – 2004.

*Jean-François CHAMPOLLION (1790-1832), savant, par Bartholdi, statue en pied.
Initiative : commande de l'Etat.
Masque égyptien à ses pieds.
Cour du Collège de France (5e) – 1907.

Claude CHAPPE (1763-1805), ingénieur, par Damé, statue en pied.
Initiative : les Télégraphistes de France.
Adossé à un modèle de télégraphe, lunette d'approche dans une main. Sur le socle : Mercure, dieu messager.
Inscriptions : « *Claude Chappe présente l'invention du télégraphe aérien à l'Assemblée Législative le 22 mars 1792 ; Il est nommé ingénieur-typographe par la Convention Nationale le 26 juillet 1793. Premières nouvelles télégraphiques reçues à Paris quelques heures après ces évènements. Reprise du Quesnoy et de Condé 15 et 30 août 1794* ».
Fondu sous l'Occupation.
Boulevard Saint-Germain (6e) – 1893.

Jean CHARCOT (1825-1893), médecin, par Falguière, statue en pied.

Initiative : Comité présidé par le docteur Brouardel.
Sujet étendu à ses côtés. Inscriptions : *« A Charcot, ses élèves, ses amis »*.
Fondu sous l'Occupation.
Boulevard de l'Hôpital (13e) – 1898.

*CHARLEMAGNE (742-814), roi des Francs, par Rochet, statue équestre.
Initiative : commande de la Ville de Paris.
De chaque côté : Roland et Olivier.
Square Charlemagne (4e) – 1882.

Nicolas CHARLET (1792-1845), peintre, par Charpentier, statue en pied.
Initiative : Société des Artistes lithographes de France.
Visage de Charlet en médaillon sur stèle dont la partie supérieure est couronnée d'un coq ; au pied de la stèle : grenadier de l'Empire vers lequel un gavroche tend la main.
Fondu sous l'Occupation.
Jardins Denfert-Rochereau (14e) – 1897.

Alain CHARTIER (1385-1433), écrivain, par Moncel, statue en pied.
Initiative : achat par la Ville de Paris.
Fondu sous l'Occupation.
Rue de Tocqueville (17e) – 1894.

*François René de CHATEAUBRIAND (1768-1848), écrivain, par Gambier, buste.
Initiative : Comité.
Square des Missions étrangères (7e) – 1949.

Emile CHAUTEMPS (1850-1918), homme politique, par Landowski, buste.
Inscription : *« Ancien Président du Conseil Municipal, Ancien Président du Sénat, Ancien Ministre »*.
Fondu sous l'Occupation.
Square Emile Chautemps (3e) – 1938.

*Eugène CHEVREUL (1786-1889), chimiste, par Fagel, statue en pied.
Initiative : Muséum d'histoire naturelle.
Inscriptions : les découvertes de Chevreul.
Jardin des Plantes (5e) – 1901.

*Taras CHEVTCHENKO (1814-1861), écrivain, par Lissenko, buste.
Initiative : don du gouvernement de l'URSS.
Square Taras Chevtchenko (6e) – 1978.

*Frédéric CHOPIN (1810-1849), compositeur, par Dubois, buste.

Initiative : Comité.
Une Muse lève un regard éploré vers le buste du compositeur.
Inscription : *« A Péru son élève je dédie cette œuvre. G. Dubois ».*
Jardin du Luxembourg (6e) – 1900.

*Frédéric CHOPIN (1810-1849), compositeur, par Froment-Meurice, statue en pied.
Initiative : Comité présidé par Massenet.
Le compositeur est entouré des allégories de la Musique et de l'Harmonie.
Parc Monceau (8e) – 1906.

*Winston CHURCHILL (1874-1965), homme politique, par Cardo, statue en pied.
Initiative : Comité présidé par Pierre Messmer, ancien ministre.
Inscription : *« We shall never surrender ».*
Avenue Winston Churchill (8e) – 1998.
*André CITROËN (1878-1935), industriel, par de Charon, buste.
Initiative : démarche de Jacqueline Citroën, fille de l'industriel.
Parc André Citroën (15e) – 1992.

Léon CLADEL (1835-1892), écrivain, par Marius-Lévy Cladel, statue en pied.
Initiative : Comité présidé par le sénateur de Selves.
Fondu sous l'Occupation.
Jardin du Luxembourg (6e) – 1911.

*Georges CLEMENCEAU (1841-1929), homme politique, par Cogné, statue en pied.
Initiative : commande de la Ville de Paris.
Debout avec le cache-col et le chapeau légendaires.
Rond-point des Champs-Elysées (8e) – 1932.

*Amiral COLIGNY (1519-1572), amiral de France, par Crauk, statue en pied.
Initiative : Comité présidé par le marquis de Jaucourt.
L'amiral est entouré de la Patrie et de la Religion. La Patrie, coiffée d'un casque et tenant une épée, dépose aux pieds de Coligny une couronne d'immortelles avec l'inscription *« Saint Quentin 1557 »* ; la Religion dont le visage exprime la douleur tient une palme entourée d'une banderole avec la date du 24 août 1571. Entre les deux figures : la Bible.
Inscriptions : sur blason de Coligny, banderole portant : *« Je les épreuve tous ».*
En outre : *« J'oublierai bien volontiers toutes choses qui ne toucheront que*

mon particulier soit d'injures et d'outrages pourvu qu'en ce qui touche la gloire de Dieu et le repos public il puisse y avoir sûreté. Testament de Coligny ».
Rue de Rivoli (1er) – 1889.

Michel COLOMBE (1430-1512), sculpteur, par Boucher, statue en pied.
Initiative : commande de l'Etat.
Square du Carrousel (1er) – 1910. Transféré à Tours en 1933.

*Auguste COMTE (1798-1875), philosophe, par Injalbert, statue en pied.
Initiative : Société Positiviste de l'enseignement supérieur.
Entouré du Prolétariat s'éclairant au flambeau de la Science et de l'Humanité déposant des palmes.

Inscription : *« Vivre pour autrui : ordre et progrès. La Patrie, la Famille, l'Humanité ».*
Place de la Sorbonne (5e) – 1902.

*CONDORCET (1743-1794), homme politique, par Perrin, statue en pied.
Initiative : Concours ouvert par la Ville de Paris.
Fondu sous l'Occupation. Copie réinstallée en 1989.
Quai de Conti (6e) – 1894.

François COPPÉE (1842-1908), écrivain, par Chastenet, statue en pied.
Initiative : Comité présidé par Jean Richepin.
Fondu sous l'Occupation.
Place Saint-François-Xavier (7e) – 1910.

*François COPPÉE (1842-1908), écrivain, par Saupique, médaillon.
Initiative : Comité présidé par l'écrivain Léo Larguier.
Place Saint-François-Xavier (7e) – 1959.

Pierre CORNEILLE (1606-1684), écrivain, par Aubé, statue en pied.
Initiative : Comité présidé par l'écrivain Camille Le Senne.
Sur le socle : allégorie de la Tragédie et le Cid en Don Gormas.
Fondu sous l'Occupation.
Place du Panthéon (5e) – 1906.

*Pierre CORNEILLE (1606-1684), écrivain, par Rispal, statue en pied.
Initiative : commande de l'Etat.
Place du Panthéon (5e) – 1952.

Jean-Baptiste COROT (1796-1876), peintre, par Larche, statue en pied.
Initiative : commande de l'Etat.

Avec l'une des danseuses de « Plaisir du soir ». Une palette, des feuilles, des arbres évoquent le peintre paysagiste.
Cour Napoléon (Louvre) (1er) – 1909. Transféré à Ville d'Avray en 1933.

*Georges COURTELINE (1858-1929), écrivain, par Benneteau, buste.
Initiative : don de Mme Courteline.
Square Georges Courteline (12e) – 1935.

*Georges CUVIER (1769-1832), zoologiste, par Feuchère et Pomateau, fontaine.
Initiative : commande de la Ville de Paris.
La Science est assise entre un livre et un hibou ; elle tient une tablette sur laquelle est inscrite la fin d'un vers de Virgile : « *Rerum cognoscere causas* ». Aux pieds : un crocodile.
Rue Cuvier (5e) – 1841.

*DALIDA (1933-1987), artiste de variétés, par Aslan, buste.
Initiative : don du frère de la chanteuse.
Place Dalida (18e) – 1997.

*DANTE ALIGHIERI (1265-1321), écrivain, par Aubé, statue en pied.
Initiative : achat par la Ville de Paris.
Square Marcelin Berthelot (5e) – 1880.

*Georges DANTON (1759-1794), homme politique, par Paris, statue en pied.
Initiative : commande de la Ville de Paris.
Inscriptions : « *A Danton la Ville de Paris 1889. Pour vaincre les ennemis de la patrie il nous faut de l'audace encore de l'audace et toujours de l'audace. Assemblée Législative discours du 2 septembre 1792. Après le pain l'éducation est le premier besoin du peuple. Convention nationale discours du 13 août 1795* ».
Boulevard Saint-Germain (6e) – 1891.

*Ruben DARÍO (1867-1916), écrivain, par Mané, buste.
Initiative : Comité France-Amérique présidé par Gabriel Hanotaux, ancien ministre.
Square d'Amérique Latine (17e) – 1934.

*Louis DAUBENTON (1716-1800), naturaliste, par Godin, statue en pied.
Initiative : Société impériale d'acclimatation.
Un bélier est à côté du personnage.
Jardin d'Acclimatation (16e) – 1864.

*Alphonse DAUDET (1840-1897), écrivain, par Saint-Marceaux, statue en pied.
Initiative : Société des Gens de Lettres.
Jardin des Champs-Elysées (8e) – 1902.

*Claude DEBUSSY (1862-1918), compositeur, par Jean et Joël Martel, portique.
Initiative : Comité présidé par Paul Léon, membre de l'Institut.
Portique avec muses. Le compositeur est entouré de ses amis et de ses interprètes préférés.
Jardin Claude Debussy (16e) – 1932.

*François-Eugène DEJEAN (1821-1898), architecte, par Formigé (fontaine) et Marie (médaillon), fontaine.
Initiative : legs de Dejean.
Fontaine surmontée d'un cygne.
Inscription *: « François-Eugène Dejean architecte de la Ville de Paris a fait don à ses citoyens de douze fontaines alimentées d'eau de source ».*
Place Pasdeloup (11e) – 1907.

*Eugène DELACROIX (1798-1863), peintre, par Dalou, fontaine.
Initiative : Comité présidé par l'écrivain Auguste Vacquerie.
Le Temps (vieillard ailé avec faux) porte la Gloire (une femme) qui offre une palme et une couronne à l'artiste tandis que le Génie des arts applaudit.
Inscription : *« Ses admirateurs ».*
Jardin du Luxembourg (6e) – 1890.

*Maria DERAISMES (1828-1894), écrivain et femme politique, par Barrias, statue en pied.
Initiative : Société pour l'amélioration du sort de la femme et la revendication de ses droits.
Inscriptions : *« Philosophe, orateur éminent, femme de lettres. Première Présidente de la Société pour l'amélioration de la femme et la revendication de ses droits. Hommage public 1898 ».*
Enlevé sous l'Occupation et replacé en 1971.
Square des Epinettes (17e) – 1898.

*Paul DÉROULÈDE (1846-1914), écrivain et homme politique, par Landowski, statue en pied.
Initiative : Ligue des patriotes.
Avec bas-relief représentant des soldats qui partent au son de la musique tandis que des femmes offrent des fleurs.
Inscriptions : poèmes de Déroulède : *« Le soldat »* et *« En avant »* (extraits).
Square Laborde (8e) – 1927. Enlevé en 1942 et replacé en 1949.

Louis DESAIX (1768-1800), militaire, par Fortin, fontaine.
Initiative : commande impériale.
1803. Offert à la ville de Riom en 1904.

Camille DESMOULINS (1760-1794), homme politique, par Boverie, statue en pied.
Initiative : Comité présidé par le député Henry Maret.
Fondu sous l'Occupation.
Jardin du Palais-Royal (1er) – 1905.

*Denis DIDEROT (1713-1784), écrivain, par Gautherin, statue en pied.
Initiative : Comité présidé par André Lefèvre, ancien ministre.
Boulevard Saint-Germain (6e) – 1884.

Denis DIDEROT (1713-1784), écrivain, par Lecointe, statue en pied.
Initiative : achat par la Ville de Paris.
Fondu sous l'Occupation.
Square d'Anvers (9e) – 1885.

*Léon DIERX (1838-1912), écrivain, par Bony de Lavergne, buste.
Initiative : Comité présidé par les écrivains Leconte et Haraucourt.
Inscription : *« Poète français. Comité du monument Léon Dierx ».*
Square des Batignolles (17e) – 1930.

Etienne DOLET (1509-1546), humaniste, par Guibert, statue en pied.
Initiative : concours ouvert par la Ville de Paris.
Au bas du monument : la Ville de Paris relève la Libre Pensée. Bas reliefs : Dolet arrêté et Dolet suspendu à la potence au-dessus du bûcher.
Inscription : *« En l'honneur d'Estienne Dolet, imprimeur et philosophe, brûlé sur cette place le 5 août 1546 le conseil municipal a fait ériger ce monument. On Dolet Ipse Dolet Sed Piat Urba Dolet ».*
Fondu sous l'Occupation.
Place Maubert (5e) – 1889.

*Alfred DREYFUS (1859-1935), militaire, par Mittelberg dit Tim, statue en pied.
Initiative : commande de l'Etat.
Le héros tient un sabre brisé.
Inscription : *« Si tu veux que je vive, fais moi rendre mon honneur ».*
Place Pierre Lafue (6e) – 1994.

Emile DUBOIS (1853-1904), médecin, par Bloch, buste.
Initiative : Groupe d'intérêts locaux du quartier de la Santé.

Rue d'Alésia (14e) – 1905.
*Alexandre DUMAS (1802-1870), écrivain, par Doré, statue en pied.
Initiative : Comité présidé par l'écrivain Leuven.
Au bas du monument : d'un côté, d'Artagnan ; de l'autre, trois lecteurs d'un roman de Dumas : un ouvrier, une femme au foyer, un étudiant.
Inscriptions : titres des œuvres d'Alexandre Dumas.
Place Malesherbes (17e) – 1883.

*Alexandre DUMAS fils (1824-1895), écrivain, par Saint-Marceaux, statue en pied.
Initiative : Comité présidé par Victorien Sardou, auteur dramatique.
Autour du socle : nymphes et la Dame aux camélias.
Place Malesherbes (17e) – 1906.

Général DUMAS (1762-1806), militaire, par Moncel, statue en pied.
Initiative : Comité présidé par le général Février.
Avec bas-reliefs évoquant le combat du pont de Brixen, l'entrée à Alexandrie, le bastion d'où le héros sortit en faisant des moulinets avec son fusil contre les Autrichiens.
Fondu sous l'Occupation.
Place Malesherbes (17e) – 1913.

*Général DUMAS (1762-1806), militaire, par Arcidet, fers d'esclavage.
Initiative : commande de la Ville de Paris.
Fers géants.
Place Malesberbes (17e) – 2009.

*EDOUARD VII (1841-1910), roi de Grande-Bretagne, par Landowski, statue équestre.
Initiative : Société de la rue Edouard VII.
Place Edouard VII (9e) – 1914.

*Gustave EIFFEL (1832-1923), ingénieur, par Bourdelle, buste.
Initiative : Comité présidé par le général Ferrié.
Champ de Mars (7e) – 1929.

*Mihaïl EMINESCU (1850-1889), écrivain, par Vlad, statue en pied.
Initiative : don de deux Roumains d'Espagne (Ascension Maorta et Aurel Rauta).
Rue Jean de Beauvais (5e) – 1989.

*Honoré d'ESTIENNE D'ORVES (1901-1941), militaire, héros de la Résistance, par Spourdos, médaillon.
Initiative : Famille du héros.

Inscription : *« A la mémoire du capitaine de frégate d'Estienne d'Orves, né le 5 juin 1901. Français libre. Chef du réseau Nemrod. Fusillé au Mont Valérien le 19 août 1941 ».*
Square d'Estienne d'Orves (9e) – 1995.

*Ferdinand FABRE (1827-1895), écrivain, par Marqueste, buste.
Initiative : Comité présidé par Jules Claretie de l'Académie française.
Bergère assise auprès d'un chevreau. Bas-relief : montagnard sonnant de la corne.
Inscription : *« Ses amis, ses admirateurs ».*
Jardin du Luxembourg (6e) – 1903.

*Henri FARMAN (1874-1958), constructeur, par Landowski, stèle.
Initiative : don de Mlle Deutsch de la Meurthe, fille du fondateur de l'Aéro-club de France.
Le monument est aussi dédié aux ingénieurs Gabriel Voisin (1880-1973) et Charles Voisin (1882-1912) qui ont chacun un médaillon.
La stèle montre Farman aux commandes d'un avion ; au-dessus : aigle aux ailes déployées.
Inscription : *« Sous le contrôle de l'Aéro-club de France sur ce terrain le 13 janvier 1908 pour la première fois au monde un kilomètre en circuit fermé a été parcouru par Henri Farman sur biplan conçu et construit par Gabriel et Charles Voisin, moteur Antoinette créé par Levavasseur, gagnant ainsi le grand prix d'aviation Deutsch Archdeacon et portant les records mondiaux d'aviation à : distance 1000 m, durée 1m28s ».*
Porte de Sèvres (15e) – 1930.

*Emile FAYOLLE (1852-1928), militaire, par Boucher, statue en pied.
Initiative : Comité présidé par Philippe Pétain.
Derrière le héros : fût de canon entouré de lauriers ; piédestal flanqué de quatre poilus ; devant du piédestal : femme casquée appuyée sur le pommeau d'une épée pour symboliser la France armée.
Inscription : *« Merveilleux soldat qui depuis 1914 n'a cessé de prendre part à la bataille. En 1918 a saisi l'ennemi à la gorge et a pris une part prépondérante à la victoire. A dirigé les opérations de ses armées avec une sûreté de jugement. Il a la reconnaissance du pays (discours de Clemenceau du 21.10.1919) ».*
Place Vauban (7e) – 1935.

*François FÉNELON (1651-1715), prélat, par Lanno, statue en pied.
Initiative : décision royale.

Fontaine avec aussi Bossuet, Fléchier et Massillon.
Place Saint-Sulpice (6e) – 1847.

*Gustave FERRIÉ (1868-1932), militaire, par Sicard, buste.
Initiative : Comité présidé par Emile Picard, Secrétaire perpétuel de l'Académie des Sciences.
Inscriptions : *« Membre de l'Institut. Créateur de la radiotélégraphie militaire »* (suivent les inventions et notamment *« Matériel radioélectrique pour les armées pendant la guerre de 1914).*
Champ de Mars (7e) – 1933.

*Jules FERRY (1832-1893), homme politique, par Michel, statue en pied.
Initiative : Ligue Française de l'Enseignement.
Tandis que Ferry à la tribune dépose les lois sur l'enseignement, la République soulève un voile et conduit un enfant à l'école primaire.
Inscription : *« Ce monument a été élevé par souscription nationale ouverte par la Ligue Française de l'Enseignement. Deux mille enfants des écoles laïques ont contribué chacun pour un sou ».*
Jardin des Tuileries (1er) – 1910.

*Eugène FLACHAT (1802-1873), ingénieur, par Boucher, buste.
Initiative : Société des ingénieurs civils de France.
Avec bas-reliefs rappelant l'une des branches du génie civil en France où s'est exercée l'activité de Flachat.
Inscription : *« A E. Flachat 1802-1872. Ce monument a été érigé par souscription à la mémoire d'Eugène Flachat initiateur du génie civil en France par ses admirateurs ».*
Rue Brémontier (17e) – 1898.

*Paul FLATTERS (1832-1881), militaire, par Singery, stèle.
Initiative : proposition du conseiller municipal Cadet.
Inscriptions : *« Science. Civilisation. Honneur. Patrie »* (et aussi les noms des compagnons de Flatters).
Parc Montsouris (14e) – 1883.

*Gustave FLAUBERT (1821-1880), écrivain, par Escoula d'après Clésinger, buste.
Initiative : Société des Gens de Lettres.
Jardin du Luxembourg (6e) – 1921.

*Esprit FLÉCHIER (1632-1710), prédicateur, par Desprez, statue en pied.
Initiative : décision royale.
Fontaine avec aussi Bossuet, Fénelon et Massillon.
Place Saint-Sulpice (6e) – 1847.

Charles FLOQUET (1828-1896), homme politique, par Descomps, statue en pied.
Initiative : Parti républicain radical socialiste de la Folie Méricourt.
Le génie de l'Eloquence tend une palme. Une femme (la France) tend une petite fille (la jeune Démocratie) à l'éducateur Floquet. Coq gaulois et 3 écussons portant les dates 1830, 1848, 1870. Symboles maçonniques accompagnant la date 1789.
Fondu sous l'Occupation.
Boulevard Richard Lenoir (11e) – 1909.

*Ferdinand FOCH (1851-1929), militaire, par Wlerick et Martin, statue équestre.
Initiative : Comité présidé par le général Weygand.
Inscription : *« Foch 1851-1929 Maréchal de France de Grande- Bretagne et de Pologne ».* (avec les 7 étoiles de maréchal).
Place du Trocadéro (16e) – 1951.

*Raoul FOLLEREAU (1903-1977), bienfaiteur, par Kaeppelin, buste.
Initiative : don de la Fondation Raoul Follereau.
Inscription : *« L'Apôtre des Lépreux. Personne n'a le droit d'être heureux tout seul ».*
Place Raoul Follereau (10e) – 1984.

Charles FOURIER (1772-1837), philosophe, par Derré, statue en pied.
Initiative : Comité présidé par Ferdinand Buisson, co-fondateur de la Ligue des droits de l'homme.
Inscription : *« Capital. Travail. Talent. Révélateur des lois de l'harmonie universelle ».*
Fondu sous l'Occupation.
Boulevard de Clichy (9e) – 1899.

*César FRANCK (1822-1890), compositeur, par Lenoir, statue en pied.
Initiative : Comité présidé par le compositeur Vincent d'Indy.
La figure ailée d'un ange semble dicter son inspiration au compositeur.
Square Sainte-Clotilde (7e) – 1904.

*Benjamin FRANKLIN (1706-1790) homme politique, par Beyle, statue en pied.
Initiative : don de Harjès et Morgan, banquiers.
Avec bas-relief représentant la réception de Franklin à la cour de France (1776) et la signature du Traité de Paris en 1783.
Inscription : *« Ce génie qui affranchit l'Amérique et versa sur l'Europe des torrents de lumière ! Ce sage que deux mondes réclament (Mirabeau 11 juin 1790) ».*

Square Yorktown (16e) – 1906.

*Emmanuel FRÉMIET (1824-1910), sculpteur, par Greber, statue en pied.
Initiative : Comité présidé par Léon Bonnat, membre de l'Institut.
Frémiet sculpte une de ses œuvres.
Jardin des Plantes (5e) – 1924.

*Joseph GALLIENI (1849-1916), militaire, par Boucher, statue en pied.
Initiative : Ligue maritime et coloniale française et Ville de Paris.
Socle : la Ville de Paris tend une couronne de chêne et de laurier ; trois femmes : une Soudanaise, une Tonkinoise, une Malgache rappellent les conquêtes de Gallieni.
Place Vauban (7e) – 1926.

Léon GAMBETTA (1838-1882), homme politique, par Aubé, statue en pied.
Initiative : Comité présidé par le député Spuller et souscription nationale.
Au sommet du monument : la Démocratie triomphante coiffée du bonnet phrygien et portée par un lion ailé ; elle tient des foudres de la main gauche et de la main droite elle grave sur une tablette les mots *« Déclaration des Droits de l'homme et du citoyen ».* Au bas du monument : la Défense nationale (un soldat, un marin, un citoyen) est entraînée par Gambetta ; des enfants assis tiennent des boucliers au chiffre de la République, appuyés sur une guirlande de feuilles de chêne. Façades latérales : la Vérité tient un miroir et la Force, vêtue d'une peau de lion, tient un faisceau de baguettes. Parties en bronze fondues sous l'Occupation.
Place du Carrousel (1er) – 1888. Fragment du monument placé square Edouard Vaillant (20e).

*Giuseppe GARIBALDI (1807-1882), homme politique, par Cochi, statue en pied.
Initiative : Comité présidé par Colot, ancien adjoint au maire de Dijon.
Avec médaillon de Constant et Bruno Garibaldi.
Square Lowendal (7e) – 1907.
*André-Jacques GARNERIN (1769-1823), aéronaute, stèle.
Initiative : Comité.
Inscription : *« Le 22 octobre 1797 réalisa à partir d'un ballon libre la première descente en parachute de l'histoire au dessus du parc Monceau ».*
Parc Monceau (8e) – 1997.

*Charles GARNIER (1825-1898), architecte, par Carpeaux, buste.
Initiative : Comité présidé par Alfred Normand, membre de l'Institut ; bronze offert par l'Etat

Avec figures allégoriques du Travail et de l'Avenir ; sur le socle : plan du théâtre de l'Opéra.
Théâtre de l'Opéra côté rue Auber (9e) – 1903.
.

*Francis GARNIER (1839-1873), militaire, par Puech.
Initiative : Comité présidé par Le Myre de Villers, député de la Cochinchine.
Trois allégories : indigène symbolisant le Fleuve Rouge, femme symbolisant la navigation sur le Mékong, femme personnifiant la France colonisatrice en Indochine.
Inscription : *« Francis Garnier. Indo-Chine, Mékong, Fleuve Rouge ».*
Avenue de l'Observatoire (6e) – 1898.

*Joachim GASQUET (1873-1921), écrivain, par Guénot.
Initiative : Comité présidé par l'écrivain Xavier de Magallon.
Nymphe couchée.
Jardin des Poètes (16e) – 1928.

*Charles de GAULLE (1890-1970), homme politique, par Cardot, statue en pied.
Initiative : Fondation de la France Libre.
Inscriptions : *« Paris, Paris outragé ! Paris brisé ! Paris martyrisé ! mais Paris libéré ». « Il y a un pacte vingt fois séculaire entre la grandeur de la France et la liberté du monde ».*
Place Georges Clemenceau (8e) – 2000.

*Théophile GAUTIER (1811-1872), écrivain, par Dejean, buste.
Initiative : Société des Gens de Lettres.
Jardin des Poètes (16e) – 1933.

*Paul GAVARNI (1804-1866), dessinateur, par Puech (1904), buste.
Initiative : Société des peintres lithographes.
Autour du socle : personnages du dessinateur (Grisette, mendiants, ...). Le soubassement en forme de fontaine comporte 4 masques empruntés aux dessins de Gavarni.
Place Saint-Georges (9e) – 1904.

*Sainte GENEVIÈVE (422-502), héroïne, par Landowski (pylône par les frères Guidetti), statue en pied.
Initiative : Concours à l'initiative de l'Etat.
Sainte Geneviève a les mains posées sur la tête d'une fillette comme pour la protéger.
Pont de la Tournelle (4e) – 1928.

Jean-Louis GERÔME (1824-1904), sculpteur, par Morot, statue en pied.
Initiative : Comité présidé par Henry Roujon, Secrétaire perpétuel de l'Académie des Beaux-arts.
Le sculpteur modèle une de ses œuvres « Les Gladiateurs ». Enlevé en 1967.
Jardin de l'Infante (1er) – 1909.

*André GILL (1840-1885), dessinateur, par Revillère, buste.
Impasse André Gill (18e) – 1895.

*Benjamin GODARD (1849-1895), compositeur, par Champeil, buste.
Initiative : Comité comprenant notamment les compositeurs Saint- Saëns et Massenet.
Le buste est accompagné des deux héros de l'œuvre de Godard « Le Tasse » : Eléonore d'Este montre à Torquato Tasso la figure de leur créateur.
Square Lamartine (16e) – 1906.

*Carlo GOLDONI (1707-1793), écrivain, par Fortini, buste.
Initiative : Société Dante Alighieri pour la propagation de la langue italienne présidée par le duc de Lodi.
Inscription : *« Aussitôt que j'ai vu la France je l'ai admirée, je l'ai aimée ».*
Square Jean XXIII (4e) – 1907.

*Charles GOUNOD (1818-1893), compositeur, par Mercié, buste.
Initiative : Comité présidé par le compositeur Ambroise Thomas.
Buste entouré des personnages de Mireille, Juliette et Marguerite.
Parc Monceau (8e) – 1902.

*Henri GOURAUD (1867-1946), militaire, par Bourbon, buste.
Initiative : Association présidée par le général de Bénouville.
Square d'Ajaccio (7e) – 1989.

*Zenobe GRAMME (1826-1901), électricien, par Mathurin Moreau, statue en pied.
Réplique de la sculpture de la tombe du héros au Père Lachaise : Gramme tient d'une main l'anneau d'induction d'une dynamo, de l'autre un compas.
Conservatoire national des arts et métiers, square du Général Morin (3e) – 1901

*Amiral de GRASSE (1722-1788), militaire, par Landowski, statue en pied.
Initiative : don de Macomber, citoyen américain.
Bas-relief : de Grasse est debout en tenue d'amiral ; à l'arrière-plan des marins arment le canon d'un navire.
Inscriptions : *« A François-Joseph Paul comte de Grasse lieutenant-général des armées navales dont la victoire navale de Chesapeake, 5 septembre*

1781, rendit possible la chute de York-Town en 1781 et assura l'indépendance américaine ».
(figurent aussi une citation de Rochambeau et une citation de Washington).
Jardin du Trocadéro (16e) – 1931.

*Octave GRÉARD (1828-1904), pédagogue, par Chaplain, buste.
Initiative : Comité présidé par Liard, Vice-recteur de l'académie de Paris.
Le bas-relief représente la Science symbolisée par une institutrice.
Square Paul Painlevé (5e) – 1909.

*Lucien GUITRY (1860-1925), acteur, par Rothlisberger, buste.
Initiative : Union des artistes dramatiques-lyriques-cinématographiques.
Rue Elisée Reclus (7e) – 1931.

*Johannes GUTENBERG (1400-1468), savant, par David d'Angers, statue en pied.
Initiative : commande de l'Etat (réplique de la statue érigée à Strasbourg en 1840).
Avec bas-reliefs : personnages ayant combattu l'esclavage (Condorcet, abbé Grégoire,...) ; indépendance américaine (Franklin présente au Congrès la Charte d'émancipation) ; la typographie orientale distribue aux radjahs de l'Inde et aux chefs de tribus d'Afrique des traités imprimés dans leur langue.
Imprimerie Nationale, rue de la Convention (15e) – 1842.

*Georges GUYNEMER (1894-1917), militaire, par Leygue, médaillon.
Initiative : Association des Anciens As de l'aviation de la Première guerre mondiale.
Médaillon avec aile en métal.
Inscriptions : « *A Georges Guynemer et à tous les pilotes de chasse tombés pendant les guerres 14-18 et 39-45. Héros légendaire tombé en plein ciel de gloire après trois ans de lutte acharnée. Restera le plus pur symbole des qualités de la race. Ténacité indomptable. Energie farouche. Courage sublime* ».
Boulevard Victor (15e) – 1983.

*Baron HAUSSMANN (1809-1891), homme politique, par Cogné, statue en pied.
Initiative : Mairie du 8e arrondissement.
Inscription : « *Préfet de la Seine de 1853 à 1870* ».
Boulevard Haussmann/ rue Laborde (8e) – 1989.

*Valentin HAÜY (1745-1822), philanthrope, par Badiou de Latronchère, statue en pied.
Jeune aveugle aux pieds du héros.

Initiative : Comité.
Boulevard des Invalides (Institut des Jeunes aveugles) (7e) – 1861.

*Valentin HAÜY (1745-1822), philanthrope, par Lefebvre, médaillon.
Initiative : commande de la Ville de Paris.
Fontaine avec aussi Bonheur, Bouchut et Mulot.
Place Georges Mulot (15e) – 1907.

*HENRI IV (1553-1610), roi de France, par Lemot, statue équestre.
Initiative : Comité présidé par le marquis Barbé-Marbois, pair de France.
Bas-reliefs : Henri IV faisant passer des vivres aux Parisiens assiégés et entrée d'Henri IV à Paris.
Inscription : *« Henri magni paterno in populum animo notissimi principis sacram effigem civiles inter tumultus gallia indignante dilectam post optatum Ludovici XVIII reditum ex omnibus ordinibus cives aere collato restituerunt nec non et elogium cum effigie simul abolitum lapidi rusus inscribi die XXV curaverunt MDCCCXVIII ».*
Pont Neuf (1er) – 1818.

*José-Maria de HEREDIA (1842-1905), écrivain, par Ségoffin, buste.
Initiative : Comité présidé par l'écrivain Jean Richepin.
Jardin du Luxembourg (6e) – 1925.
*Myron Timothy HERRICK (1859-1929), homme politique, par Drivier, buste.
Initiative : Comité France-Amérique présidé par Gabriel Hanotaux, ancien ministre.
Place des Etats-Unis (16e) – 1937.

Miguel HIDALGO (1753-1811), héros de l'indépendance, œuvre collective, buste.
Initiative : offert par le gouvernement mexicain.
Place de Mexico (16e) – 1973. Enlevé en 1983.

Clara de HIRSCH (1833-1899), bienfaitrice. Voir Boucicaut.

Jean HOUDON (1741-1828), sculpteur, par Gasq, statue en pied.
Initiative : commande de l'Etat.
La Diane de Houdon lève les yeux vers le buste du sculpteur.
Cour Napoléon (Louvre) (1er) – 1909. Transféré à Lisieux en 1933.
Victor HUGO (1802-1885), écrivain, par Barrias, statue en pied.
Initiative : Comité présidé par l'écrivain Paul Meurice.
Autour de Hugo assis sur son rocher : les muses de la Satire, Epopée, Tragédie, Ode ; avec quatre bas-reliefs : Hugo orateur politique, Hugo poète,

Hugo historien, Hugo au Panthéon ; médaillons de Charles Victor Hugo, François Victor Hugo, Auguste Vacquerie, Paul Meurice.
Fondu sous l'Occupation.
Place Victor Hugo (16e) – 1902.

Victor HUGO (1802-1885), écrivain, par Rodin, statue en pied.
Initiative : commande de l'Etat.
Hugo est nu, comme un Dieu de l'Olympe, sur un rocher figurant Guernesey.
Jardin du Palais Royal (1er) – 1909. Transféré au musée Rodin.

*Victor HUGO (1802-1885), écrivain, par Rodin, buste.
Initiative : prêt du musée Rodin à la Ville de Paris.
Jardin des Poètes (16e) – 1956.

*Victor HUGO (1802-1885), écrivain, par Bareau, statue en pied.
Initiative : André Marie, ministre de l'Education nationale puis Comité.
Hugo est entouré de la muse Tragédie et de la muse des « Voies intérieures ».
Avenue Victor Hugo (16e) – 1964.

*Clovis HUGUES (1851-1907), écrivain, par Noël, buste.
Initiative : Comité présidé par le conseiller Armand Grébauval.
Monument enlevé sous l'Occupation et replacé en 1957.
Jardin des Buttes Chaumont (19e) – 1930.

*René JACQUEMAIRE-CLEMENCEAU (1894-1931), médecin, par Braze, buste.
Initiative : Comité.
Rue Jacquemaire-Clemenceau (15e) – 1936.

*JEANNE D'ARC (1412-1431), héroïne, par Frémiet, statue équestre.
Initiative : commande de l'Etat.
Place des Pyramides (1er) – 1874.

*JEANNE D'ARC (1412-1431), héroïne, par Chatrousse, statue en pied.
Initiative : achat par la Ville de Paris.
Boulevard Saint-Marcel (13e) – 1891.

*JEANNE D'ARC (1412-1431), héroïne, par Dubois, statue équestre.
Initiative : offert à la Ville de Paris par le ministre de l'Intérieur.
Inscription : « *A l'âge de 17 ans entreprend de chasser les ennemis hors de France, elle fait le siège d'Orléans, détruit l'armée anglaise à Patay, conduit Charles VII à Reims et le fait sacrer roi. Blessée en voulant délivrer*

Paris elle est prise devant Compiègne et brûlée vive par les Anglais à Rouen. Elle avait 19 ans » (figurent aussi des écrits de l'héroïne).
Place Saint-Augustin (8e) – 1900.

*JEANNE D'ARC (1412-1431), héroïne, par Wederkinch, statue équestre.
Initiative : don du sculpteur et de l'ambassade du Danemark.
Pont Bir Hakeim (15e) – 1958.

*Thomas JEFFERSON (1743-1826), homme politique, par Cardot, statue en pied.
Initiative: don de Florence Gould Foundation et des fils de Daniel Wildenstein, membre de l'Institut et artisan de l'amitié franco-américaine.
Inscription: *Hommage à Thomas Jefferson. Président des Etats-Unis (1801-1809). Ambassadeur à Paris (1785-1789).*
Quai Anatole France (7e) – 2005.

*Joseph JOFFRE (1852-1931), militaire, par Real del Sarte, statue équestre.
Initiative : Comité présidé par le colonel Jean Fabry (chef de cabinet de Joffre).
Inscriptions *: Ordre du 6 septembre 1914, rapport du 11 septembre 1914 sur la bataille de la Marne et différentes campagnes : Marne, Flandre, ...*
Avenue de la Motte-Picquet (Place Joffre) (7e) – 1939.

JOSÉPHINE (1763-1814), Impératrice des Français, par Vital Dubray, statue en pied.
Initiative : commande de l'Etat.
Avenue Foch (16e) – 1867. Installée à Rueil-Malmaison en 1932.

*Alphonse JUIN (1888-1967), militaire, par Greck, statue en pied.
Initiative : Comité présidé par le général Callies.
Place d'Italie (13e) – 1983.

*Marie KOENIG (1898-1970), militaire, par Feraud, médaillon.
Initiative : Comité présidé par le colonel Guillaumet.
Ensemble en acier intitulé « Dans le vent des batailles ».
Inscription : « *Général Koenig, sachez et dites à vos troupes que la France vous regarde et que vous êtes son orgueil. Charles de Gaulle 10 juin 1942* ».
Porte Maillot (16e) – 1984.

*KOMITAS (1869-1935), ecclésiastique, par Erevantzi, statue en pied.
Initiative : « Comité du 24 avril ».
Une tête d'enfant semble sortir du corps du héros pour symboliser la résurrection du peuple arménien.

Inscription : « *En hommage à Komitas compositeur musicologue et aux 1500000 victimes du génocide arménien de 1915 perpétré dans l'empire ottoman. A la mémoire des combattants arméniens volontaires et résistants morts pour la France* ».
Place du Canada (8e) – 2003.

Chevalier de LA BARRE (1747-1766), gentilhomme, par Bloch, statue en pied.
Initiative : Association « La Libre Pensée ».
Au pied du poteau : Hache et Dictionnaire philosophique.
Inscription : « *Au chevalier de La Barre supplicié à l'âge de 19 ans pour n'avoir pas salué une procession* ».
Fondu sous l'Occupation.
Square Nadar (18e) – 1906.

*Chevalier de LA BARRE (1747-1766), gentilhomme, par Ball, statue en pied.
Initiative : Association « Le Chevalier de La Barre ».
Le héro est debout, coiffé de son chapeau.
Inscription : « *Au chevalier de La Barre supplicié à l'âge de 19 ans pour n'avoir pas salué une procession* ».
Square Nadar (18e) – 2001.

*René LAËNNEC (1781-1826), médecin, par Quillevic, buste.
Initiative : Comité présidé par le professeur Chauffard.
Square Taras Chevtchenko (6e) – 1926.

*LA FAYETTE (1757-1834), homme politique, par Bartlett, statue équestre.
Initiative : don des enfants des Etats-Unis.
Inscriptions : « *Erigé par les élèves des écoles des Etats-Unis en souvenir reconnaissant de La Fayette, homme d'état, guerrier, patriote. Tribut de la Société Nationale des Villes de la Révolution américaine à l'illustre mémoire de La Fayette. Ami de l'Amérique. Compagnon d'armes de Washington. Soldat de deux patries* ».
Square de la Cour Napoléon, Palais du Louvre (1er) – 1900. Installé Cours la Reine (8e) en 1984.

*LA FAYETTE (1757-1834) et WASHINGTON (1732-1799), hommes politiques, par Bartholdi, statue en pied.
Initiative : don de Joseph Pulitzer, directeur du New York World.
Inscription : « *Hommage de la France en reconnaissance de son généreux concours dans la lutte du peuple des Etats-Unis pour l'indépendance et la liberté* ».
Place des Etats-Unis (16e) – 1895.

Jean de LA FONTAINE (1621-1695), écrivain, par Dumilatre, statue en pied.
Initiative : Comité présidé par Sully Prudhomme.
Génie de la Satire s'envolant ; animaux des Fables (corbeau, renard, deux pigeons, lion).
Fondu sous l'Occupation.
Jardin du Ranelagh (16e) – 1891.

*Jean de LA FONTAINE (1621-1695), écrivain, par Correia, statue en pied.
Initiative : Comité présidé par Georges Mesmin, député-maire du 16e arrondissement.
Avec le corbeau et le renard.
Jardin du Ranelagh (16e) – 1984.

*Jean-Baptiste LAMARCK (1744-1829), naturaliste, par Fagel, statue en pied.
Initiative : Comité formé par des professeurs du Museum d'histoire naturelle ; souscription internationale.
Le bas-relief illustre la réparation des injustices encourues par le savant.
Inscriptions : « *Au fondateur de la doctrine de l'évolution, souscription universelle 1908. La postérité vous admirera. Elle vous vengera mon père* » (phrase de la fille de Lamarck à son père aveugle).
Jardin des Plantes (5e) – 1909.

*Georges LAMARQUE (1914-1944), héros de la Résistance, stèle.
Initiative : Ancien réseau « Druides » des Forces Françaises Combattantes.
Inscriptions : « *Georges Lamarque héros de la Résistance. Chef aux Compagnons de France. Chef du réseau Druides-Alliance. Mort pour la France le 3 septembre 1944 avec Louis de Clercq et Clément Defer* ».
Square Georges Lamarque (14e) – 1983.

Alphonse de LAMARTINE (1790-1869), écrivain par Marquet de Vasselot, statue en pied.
Initiative : Comité présidé par Marmottan, maire du 16e arrondissement.
Fondu sous l'Occupation.
Square Lamartine (16e) – 1886.

*Alphonse de LAMARTINE (1790-1869), écrivain par Niclausse, statue en pied.
Initiative : commande de l'Etat.
Square Lamartine (16e) – 1951.

*Comte de LA PÉROUSE (1741-1788), navigateur, par Delamarre, buste.
Initiative : don du gouvernement australien.

Quai Branly (15e) – 1991.

*Dominique LARREY (1766-1842), médecin militaire, par David d'Angers, statue en pied.
Initiative : Comité présidé par le lieutenant-général Petit, commandant l'Hôtel des Invalides.
Larrey tient le testament de Napoléon Ier (qui a écrit : « *Larrey, l'homme le plus vertueux que j'ai connu* »).
Avec bas-reliefs commémorant les batailles auxquelles Larrey prit part.
Inscriptions : titres du héros.
Cour du Val-de-Grâce (5e) – 1850.

*Gustave LARROUMET (1852-1903), directeur des Beaux-arts, par Roussel, buste.
Initiative : Comité présidé par Georges Leygues, ministre des Colonies.
De chaque côté du buste : masque de la Tragédie qui grimace, masque de la Comédie qui sourit.
Place du Palais Royal (1er) – 1906.

*Maréchal de LATTRE de TASSIGNY (1889-1952), militaire, par Kaeppelin, buste.
Initiative : Comité présidé par le général Glavany.
Place du Maréchal de Lattre de Tassigny (16e) – 1981.

Antoine Laurent de LAVOISIER (1743-1794), chimiste, par Barrias, statue en pied.
Initiative : Comité présidé par Loewy, membre de l'Institut ; souscription internationale.
Fondu sous l'Occupation.
Place de la Madeleine (8e) – 1900.

*Jean LECLAIRE (1801-1872), chef d'entreprise, par Dalou, statue en pied.
Initiative : Comité de pétition du XVIIe arrondissement.
Le héros a une attitude protectrice à l'égard d'un ouvrier.
Inscriptions : « *Fonde sa maison en 1826 et substitue en 1844 le blanc de zinc au blanc de céruse pour préserver la santé des ouvriers peintres. Organise en 1838 la Société de prévoyance et de secours mutuel des ouvriers et employés qui lui élève ce monument. Crée en 1842 sa grande œuvre : la participation des ouvriers et employés dans les bénéfices* ».
Monument enlevé sous l'Occupation et replacé en 1971.
Square des Epinettes (17e) – 1896.

*Philippe Marie de Hauteclocque dit LECLERC (1902-1947), militaire, par Martin (statue) et Subes (ensemble en acier), statue en pied.

Initiative : Etat (Comité d'honneur avec le Président de la République).
Les deux montants en acier veulent symboliser l'armée blindée.
Inscriptions : Serment de Koufra et victoires de Leclerc. Liste des morts de la 2e DB.
Place du 24 août 1944 (14e) – 1969.

*Charles LECONTE DE LISLE (1818-1894), écrivain, par Puech, statue en pied.
Initiative : Comité présidé par l'écrivain José Maria de Heredia.
Une Muse aux ailes ouvertes enlace le buste.
Inscription : « *A Leconte de Lisle, ses admirateurs, ses amis* ».
Jardin du Luxembourg (6e) – 1898.

Alexandre LEDRU-ROLLIN (1807-1874), homme politique, par Steiner, statue en pied.
Initiative : Comité des citoyens du XIe arrondissement présidé par le conseiller Hattat (Victor Hugo est président d'honneur).
Inscriptions : « *A Ledru-Rollin membre du Gouvernement provisoire de 1848, Ministre de l'Intérieur, organisateur du suffrage universel. Hommage de ses concitoyens* ».
Fondu sous l'Occupation.
Place Léon Blum (11e) – 1885.

*Frédérick LEMAÎTRE (1800-1876), acteur, par Granet, buste.
Initiative : Comité présidé par l'écrivain François Coppée et l'acteur Mounet-Sully.
Inscriptions : « *A la mémoire de Frédérick Lemaître, comédien, ses admirateurs, ses amis* ».
Square Frédérick Lemaître (10e) – 1899.

*André LE NÔTRE (1613-1700), jardinier du Roi, par Coysevox, buste.
Initiative : Comité présidé par l'écrivain Maurice Barrès.
Inscription : « *André Le Nôtre, auteur de ce jardin, de ceux de Versailles, Saint-Cloud et Meudon et des plus beaux parcs de France* ».
Jardin des Tuileries (1er) – 1913. Déplacé en 1982 à l'occasion du réaménagement du jardin.

*Frédéric LE PLAY (1806-1882), économiste, par Allar, statue en pied.
Initiative : Société d'économie sociale présidée par Eugène Rostand.
Inscriptions : ses titres et ses œuvres.
Jardin du Luxembourg (6e) – 1906.

*Eustache LE SUEUR (1617-1655), peintre, par Husson, statue en pied.
Initiative : Société libre des Beaux –Arts.

Inscriptions : « *Martyr de Saint Laurent. Saint Paul à Ephèse. Vie de Saint Bruno* ».
Jardin du Luxembourg (6e) – 1858.

*Emile LEVASSOR (1844-1897), ingénieur, par Lefèvre d'après Dalou, haut-relief.
Initiative : Comité présidé par Pierre Giffard, directeur du journal « Le Vélo ».
Levassor conduit une automobile de type Panhard.
Porte Maillot (16e) – 1907.

*Urbain LE VERRIER (1811-1877), astronome, par Chapu, statue en pied.
Initiative : Comité présidé par Fizeau, président de l'Académie des Sciences.
La main gauche repose sur la planète Saturne portée par le dieu du même nom ; sur le socle : l'Astronomie et la Météorologie.
Cour de l'Observatoire (14e) – 1889.

*LOUIS IX (1214-1270) (SAINT-LOUIS), roi de France, par Etex, statue en pied.
Initiative : commande de la Ville de Paris.
Avenue du Trône (12e) – 1844.

*LOUIS XIII (1601-1643), roi de France, par Dupaty et Cortot, statue équestre.
Initiative : commande de l'Etat.
Inscription : « *a remplacé celle de 1639* ».
Place des Vosges (4e) – 1829.

*LOUIS XIV (1638-1715), roi de France, par Bosio, statue équestre.
Initiative : commande de l'Etat.
Louis XIV est représenté en Achille. Bas-reliefs : le passage du Rhin ; remise à Louis XIV par les magistrats de Paris d'une adresse lui donnant le titre de Grand.
Inscription : *« Ludovico magno Ludovicus XVIII atavo suo ».*
Place des Victoires (1er) – 1822.

*Louis LYAUTEY (1854-1934), militaire, par Cogné, statue en pied.
Initiative : Association nationale Maréchal Lyautey présidée par le lieutenant-colonel Geoffroy (le général Bigeard est président d'honneur).
Inscriptions : *« La joie de l'âme est dans l'action. Le patriotisme lorrain est inséparable du patriotisme français. A tous ceux, civils et militaires, qui sont morts outre-mer pour la France ».*
Place Denys Cochin (7e) – 1985.

Jean MACÉ (1815-1894), pédagogue, par Massoule, statue en pied.
Initiative : Ligue de l'Enseignement.
Femme, tenant haut levé un livre, symbolisant l'Instruction Publique et la Science. La République assise sur un canon désigne l'Instruction publique d'une main et de l'autre montre la voie à suivre à deux enfants.
Inscription : *« Créateur des bibliothèques municipales. Fondateur de la Ligue française de l'enseignement »*.
Fondu sous l'Occupation.
Place Armand Carrel (19e) – 1900.

*Jean MACÉ (1815-1894), pédagogue, par David, médaillon.
Initiative : Comité présidé par Edouard Devillers, maire du 19e arrondissement.
Place Armand Carrel (19e) – 1961.

Charles MANGIN (1866-1925), militaire, par Real del Sarte, statue en pied.
Initiative : Comité présidé par le maréchal Foch.
Détruit sous l'Occupation.
Place Denys Cochin (7e) – 1932.

*Charles MANGIN (1866-1925), militaire, par Martin, statue en pied.
Initiative : Comité présidé par le général de Larminat.
Inscriptions : *« Je suis lorrain de père et mère et de naissance et il n'est guère de jour où je n'ai songé à reprendre la terre où fut mon berceau et qui garde la tombe des miens. La France est une nation de cent millions d'habitants »*. (Aussi : les faits d'armes de Mangin.)
Place El Salvador (7e) – 1954.

Charles MANGIN (1866-1925), militaire, stèle.
Initiative : Comité présidé par le général de Larminat.
Stèle pour commémorer la destruction de l'ancien monument.
Enlevée pour permettre l'installation de la statue de Lyautey.
Place Denys Cochin (7e) - 1957.

Jules MANSART (1646-1708), architecte, par Dubois, statue en pied.
Initiative : commande de l'Etat.
Se penche sur un plan qui repose sur son genou.
Cour Napoléon (Louvre) (1er) – 1908. Transféré dans le jardin de l'Intendant (Invalides).

*Eugène MANUEL (1823-1901), universitaire, par Michel, buste.
Initiative : Comité présidé par Edouard Millaud, sénateur.
Au bas du monument : ouvrier qui s'instruit et jeune-fille qui tend des fleurs.
Avenue Georges Mandel (petit lycée Janson de Sailly) (16e) – 1908.

Jean-Paul MARAT (1743-1793), homme politique, par Baffier, statue en pied.
Initiative : achat par la Ville de Paris.
Inscriptions prévues mais refusées : *« Tu te laisseras donc toujours duper peuple babillard et stupide. Tu ne comprendras jamais qu'il faut te défier de ceux qui te flattent ».*
Fondu sous l'Occupation.
Parc Montsouris (14e), puis Buttes Chaumont (19e) – 1887.

*Etienne MARCEL (1315-1358), homme politique, par Idrac et Marqueste, statue équestre.
Initiative : concours ouvert par la Ville de Paris.
Inscription : *« La Ville de Paris à Etienne Marcel mort en 1358 ».*
Jardin de l'Hôtel de Ville (4e) – 1888.

*Jean-Baptiste MARCHAND (1863-1934), militaire, par Baudry, bas-relief et statue en pied.
Initiative : Comité présidé par Gabriel Hanotaux et le médecin général inspecteur Emily, puis par Paul Reynaud et le maréchal Juin.
Bas-relief : Marchand est debout en tenue coloniale ; à l'arrière-plan : soldats et indigènes.
Inscriptions : noms des compagnons de l'expédition Marchand.
Square Van Vollenhoven (12e) – 1949.

*José MARTÍ (1853-1895), écrivain, par Ferrer, buste.
Initiative : Comité France-Amérique présidé par Gabriel Hanotaux, ancien ministre.
Inscription : *« Ecrivain et soldat de la liberté (Cuba) ».*
Square d'Amérique Latine (17e) – 1939.

*Jules MASSENET (1842-1912), compositeur, par Gasq, stèle.
Initiative : Comité présidé par les compositeurs Gustave Charpentier et Henri Rabaud.
Devant la stèle : effigie de Manon.
Inscription : *« A Massenet ses élèves ses admirateurs ».*
Jardin du Luxembourg (6e) – 1926.

*Jean-Baptiste MASSILLON (1663-1742), prédicateur, par Fauginet, statue en pied.
Initiative : décision royale.
Fontaine avec aussi Bossuet, Fénelon et Fléchier.
Place Saint-Sulpice (6e) – 1847.

*Guy de MAUPASSANT (1850-1893), écrivain, par Verlet, statue en pied.
Initiative : Société des Gens de Lettres.
Parc Monceau (8e) – 1897.

*François MAURIAC (1885-1970), écrivain, par Kern, statue en pied.
Initiative : commande de l'Etat.
Place Alphonse Deville (6e) – 1990.

Ernest MEISSONIER (1815-1891), peintre, par Mercié, statue en pied.
Initiative : Comité présidé par Jules Simon, ancien ministre.
Autoportrait du peintre. Assis dans le fauteuil « Renaissance » qui se trouvait dans son bureau, tient une palette ; drapeau et couronne de lauriers, cuirasse trouée et sabre.
Jardin de l'Infante (1er) - 1895. Transféré à Poissy en 1966.

*Pierre MENDÈS FRANCE (1907-1981), homme politique, par Peignot, statue en pied.
Initiative : commande de l'Etat.
Jardin du Luxembourg (6e) – 1984.

Auguste MÉTIVIER (1827-1893), médecin, par Moreau, buste.
Initiative : Comité présidé par le maire du 20e arrondissement.
Inscription : *« Au docteur Métivier ses amis ses concitoyens ».*
Fondu sous l'Occupation.
Square Edouard Vaillant (20e) – 1904.

*Adam MICKIEWICZ (1798-1855), écrivain, par Bourdelle, statue en pied.
Initiative : Comité France-Pologne.
Le héros est debout appuyé sur son bâton d'exil (pèlerin de la cause polonaise). Autour de la colonne : Wallenrod, héros polonais ; vieux barde Halban ; trois femmes symbolisant les trois âmes de la Pologne réassemblées.
Inscription : *« A la Pologne. Captif tu peux par la pensée et par la foi faire crouler et relever les trônes ».*
Place de l'Alma (8e) – 1929.

*Francisco MIRANDA (1750-1816), patriote, par Aguileiras, statue en pied.
Initiative : offert par le gouvernement vénézuélien.
Inscriptions : *« Miranda est républicain et révolutionnaire en France parce qu'il croit qu'une France républicaine et révolutionnaire capable de propager l'incendie dans le monde entier deviendra l'alliée naturelle de quiconque pourra soulever les colonies espagnoles contre la mère patrie (texte de Parra Perez, ancien ambassadeur) ».* Aussi : texte de Miranda à Napoléon le IX Pluviose.

Square d'Amérique Latine (17e) – 1982.

*Frédéric MISTRAL (1830-1914), écrivain, par Remondot, statue en pied.
Initiative : Ville de Paris.
Jardin des Poètes (16e) – 1954.

*Jean-Baptiste Poquelin dit MOLIÈRE (1622-1673), écrivain, par Seurre et Pradier, statue en pied, fontaine.
Initiative : demande de Regnier, artiste de la Comédie-Française puis Comité présidé par Alexandre Duval, acteur dramatique.
Au pied du monument : la Comédie légère et la Comédie sérieuse.
Rue Molière (1er) – 1844.

*Jeannot de MONCEY (1754-1842), militaire, par Doublemard, statue en pied.
Initiative : concours ouvert par la Ville de Paris.
Moncey, debout, protège Paris. Deux femmes drapées symbolisent la Patrie en deuil et le patriotisme. Bas-relief représentant le combat de la barrière de Clichy (reproduction du tableau d'Horace Vernet). Sur le socle circulaire quatre figures symbolisent des défenseurs de Paris : invalides, gardes nationaux, hommes du peuple, polytechniciens.
Inscription : *« Sous le règne de Napoléon III en mémoire de la défense de Paris par le maréchal Moncey, major général de la Garde Nationale, le XXX mars MDCCCXIV, la Ville de Paris a érigé ce monument MDCLXIX ».*
Place Clichy (9e) – 1869.

*Gaston MONNERVILLE (1897-1991), homme politique, par Canonici, buste.
Initiative : Société des Amis du Président Gaston Monnerville, présidée par Roger Lise, ancien sénateur.
Inscription : *« Fais ce que dois ».*
Copie du buste installé à Cayenne.
Place André Honnorat (6e) – 2011.

*Michel de MONTAIGNE (1533-1592), écrivain, par Landowski, statue en pied.
Initiative : Comité présidé par Louis Barthou, ancien ministre.

Inscription : *« Paris a mon cœur dès mon enfance. Je suis français que par cette grande cité, grande surtout et incomparable en variété. La gloire de la France est l'un des plus nobles ornements du monde ».*
Rue des Ecoles (5e) – 1933.

*Juan MONTALVO (1833-1889), écrivain, par Mané, buste.

Initiative : Comité France-Amérique, présidé par Gabriel Hanotaux, ancien ministre.
Inscription : *« Essayiste et polémiste ».*
Square d'Amérique Latine (17e) – 1939.

*Charles de MONTESQUIEU (1689-1755), écrivain, d'après Lecomte, buste.
Initiative : demande de l'académicien Maurice Druon.
Square Honoré Champion (6e) – 1990.

*Jean MORÉAS (1865-1910), écrivain, par Malteso, buste.
Initiative : don de Georges Kounoupis, président des Amphictionies de Delphes.
Jardin des Poètes (16e) – 1968.

*Gabriel de MORTILLET (1821-1898), savant, par La Penne, buste.
Initiative : Comité présidé par le paléontologue André Bonnet.
Colonne couronnée d'un chapiteau orné de figures préhistoriques.
Parties en bronze fondues sous l'Occupation.
Square des Arènes de Lutèce (5e) – 1905.

*Jean MOULIN (1899-1943), héros de la Résistance, par Jeanclos, stèles.
Initiative : commande de l'Etat.
Effigie du héros (médaillon) avec plusieurs stèles : les larmes, le murmure de la résistance, l'emprisonnement muet, la disparition, la renaissance.
Jardin des Champs-Elysées (8e) – 1984.

*Georges MULOT (1792-1872), ingénieur, par Vaast, médaillon.
Initiative : commande de la Ville de Paris.
Fontaine avec aussi Bouchut, Bonheur et Haüy.
Place Georges Mulot (15e) – 1907.

*Henry MURGER (1822-1861), écrivain, par Bouillon, buste.
Initiative : Comité présidé par l'écrivain Arsène Houssaye.
Inscription : *« A Henry Murger, 1822-1861, la jeunesse, ses amis. 1895.*
Jardin du Luxembourg (6e) – 1895.

Alfred de MUSSET (1810-1857), écrivain, par Mercié, statue en pied.
Initiative : don d'un particulier.
La Muse invite le poète à prendre son luth.
Inscription : extrait de « La Nuit de mai ».
Place du Palais- Royal (1er) – 1906. Enlevé après 1964 pour travaux d'urbanisme. Installé parc Monceau (8e).

*Alfred de MUSSET (1810-1857), écrivain, par Moncel, bas-relief.
Initiative : achat de la Ville de Paris.
Bas-relief intitulé « Le rêve du poète » : Musset est assis entre la Nuit de Mai et la Nuit de Décembre.
Jardin du Cours la Reine (8e) – 1910.

NAPOLÉON Ier (1769-1821), empereur des Français, par Chaudet, statue en pied.
Initiative : commande de l'Etat.
Napoléon est en Empereur romain.
Place Vendôme (1er) – 1810. Statue déboulonnée en 1814.

NAPOLÉON Ier (1769-1821), empereur des Français, par Seurre, statue en pied.
Initiative : commande de l'Etat.
Napoléon est en « Petit Caporal ».
Place Vendôme (1er) – 1833. Statue retirée en 1864.

*NAPOLÉON Ier (1769-1821), empereur des Français, par Dumont, statue en pied.
Initiative : commande de l'Etat.
Napoléon est en Empereur romain.
Place Vendôme (1er) – 1863. Statue déboulonnée en 1871 puis replacée en 1875.

*Gérard de NERVAL (1808-1855), écrivain, par Jehan du Seigneur, médaillon.
Initiative : Comité présidé par Pascal Bonetti, président des « Poètes français ».
Inscription : *« Je suis le ténébreux, le veuf, l'inconsolé Le Prince d'Aquitaine à la tour abolie. Ma seule étoile est morte et mon luth constellé Porte le soleil noir de la mélancolie ».*
Square Saint-Jacques (4e) – 1959.

Alphonse de NEUVILLE (1836-1885), peintre, par Saint-Vidal, statue en pied.
Initiative : Comité présidé par le peintre Edouard Detaille.
Inscription : *« A Alphonse de Neuville, l'armée, ses admirateurs ».*
Fondu sous l'Occupation.
Boulevard Berthier (17e) – 1889.

*Michel NEY (1769-1815), militaire, par Rude, statue en pied.
Initiative : commande de l'Etat.

Inscription : *« A la mémoire du maréchal Ney duc d'Elchingen prince de la Moskowa ».*
Avenue de l'Observatoire (6e) – 1853.

*Edouard PAILLERON (1834-1899), écrivain, par Bernstamm, buste.
Initiative : Comité.
Parc Monceau (8e) – 1904.

*Thomas PAINE (1737-1809), homme politique, par Borglum, statue en pied.
Initiative : Comité international avec Edouard Herriot comme président d'honneur.
Inscriptions : *« Citoyen du monde 1737-1809. Englishman by birth. French citizen by decret. American by adoption ».*
Boulevard Jourdan (14e) – 1948.

*Bernard PALISSY (1510-1590), émailleur, par Barrias, statue en pied.
Initiative : achat par la Ville de Paris.
Réplique de l'œuvre exécutée pour la commune de Boulogne-sur-Seine.
Square Félix Desruelles (6e) – 1882.

*Ricardo PALMA (1833-1919), écrivain, par Campaoila, buste.
Initiative : offert par le gouvernement péruvien.
Inscription : *« Auteur des Tradiciones peruanas ».*
Square d'Amérique Latine (17e) – 1960.

*Antoine PARMENTIER (1737-1813), chimiste, par Hébert, statue en pied.
Initiative : Comité présidé par le sénateur Dumas.
La main droite du héros tient une pomme de terre, un épi de maïs et une grappe de raisin.
Avenue de l'Observatoire (Académie Nationale de Pharmacie) (6e) – 1866.

*Blaise PASCAL (1623-1662), savant, par Cavelier, statue en pied.
Initiative : commande du préfet de la Seine.
Aux côtés du héros : un thermomètre.
Square Saint-Jacques (4e) – 1857.

*Louis PASTEUR (1822-1895), savant, par Falguière, statue en pied.
Initiative : Comité présidé par Bertrand, secrétaire perpétuel de l'Académie des Sciences.
Autour du piédestal : l'Humanité, un enfant dans ses bras, implore le secours de Pasteur ; les paysans goûtent la paix grâce aux bienfaits des découvertes du savant ; la Mort vaincue s'éloigne drapée dans ses grands voiles.

Place de Breteuil (7e) – 1904.

Jules PÉAN (1830-1898), médecin, par Gauquié, statue en pied.
Initiative : Comité présidé par le sénateur Alfred Mézières.
Debout, le héros tient une pince hémostatique.
Fondu sous l'Occupation.
Boulevard de Port Royal (13e) – 1909.

Pierre PELLETIER (1788-1842), pharmacien, par Lormier, statue en pied.
Initiative : Comité présidé par Planchon, directeur de l'Ecole supérieure de Pharmacie de Paris.
Inscription : *« Aux pharmaciens Pelletier et Caventou pour leur découverte de la quinine ».*
Monument dédié aussi à Caventou.
Fondu sous l'Occupation.
Boulevard Saint-Michel (5e) – 1900.

*Pierre PELLETIER (1788-1842), pharmacien, par Poisson, médaillon.
Initiative : doyen de la Faculté de Pharmacie de Paris.
Monument intitulé « Fontaine de la Guérison ».
Inscription : *« Par leur précieuse découverte, par leur désintéressement, ils ont bien mérité le titre de bienfaiteurs de l'humanité ».*
Monument dédié aussi à Caventou.
Boulevard Saint-Michel (5e) – 1951.

*Charles PERRAULT (1628-1703), écrivain, par Pech, buste.
Initiative : commande de l'Etat.
Au bas du monument : Chat botté et ronde d'enfants.
Jardin des Tuileries (1er) – 1910.

*Jean PERRIN (1870-1942), physicien, par Hébert-Coeffin, médaillon.
Initiative : Comité présidé par Louis de Broglie, secrétaire perpétuel de l'Académie des Sciences.
Square Jean Perrin (8e) – 1980.

*PHILIPPE AGUSTE (1165-1223), roi de France, par Dumont, statue en pied.
Initiative : commande de la Ville de Paris.
Avenue du Trône (12e) – 1844.

*Edith PIAF (1915-1963), artiste, par Devilliers, stèle.
Initiative : Comité présidé par Marcel Blistène, réalisateur de films.
Place Edith Piaf (20e) – 1981.

*Edith PIAF (1915-1963), artiste, par Delisle, statue en pied.
Initiative : commande de la Ville de Paris.
Place Edith Piaf (20e) – 2003.

*Pablo PICASSO (1881-1973), peintre, par César, centaure avec le visage de Picasso.
Initiative : commande de l'Etat.
Carrefour Croix Rouge (6e) – 1985.

PIERRE de Montreuil (1200-1266), architecte, par Bouchard, statue en pied.
Initiative : commande de l'Etat.
Debout, avec la règle et le compas.
Cour Napoléon (Louvre) (1er) – 1909. Enlevé en 1933 et placé dans les jardins de la basilique de Saint-Denis.

*PIERRE Ier de Serbie (1844-1921). Voir Alexandre Ier de Yougoslavie.

*François PILÂTRE DE ROZIER (1754-1785), aéronaute, par Lalanne, stèles.
Initiative : Comité présidé par le Premier Ministre.
Inscriptions : *« Le 21 novembre 1783 de cet emplacement dans le parc de l'ancien château dit de la Muette partit la montgolfière conduite par Pilâtre de Rozier et le Marquis d'Arlandes. Elle devait se poser 26 minutes plus tard à la Butte aux Cailles achevant ainsi le premier vol humain de l'espace »* (1e stèle).
« Le 21 novembre 1783 à bord d'une montgolfière de papier alimentée par un feu de paille Pilâtre de Rozier et le marquis d'Arlandes s'envolèrent de la Muette pour atterrir içi sur la Butte aux Cailles qui n'était à l'époque qu'une colline campagnarde flanquée de moulins à vent. En moins d'une demi-heure ils avaient franchi neuf kilomètres » (2e stèle).
Place de Colombie (16e) ; Rue la Butte aux Cailles (13e) – 1983.

*Philippe PINEL (1745-1826), médecin, par Durand, statue en pied.
Initiative : Société médico-psychologique de Paris.
Pinel enlève les fers à une jeune aliénée ; de part et d'autre, la Bienfaisance et la Science.
Inscription : *« Au docteur Philippe Pinel, bienfaiteur des aliénés, la société médico-psychologique de Paris ».*
Boulevard de l'Hôpital (13e) – 1885.

*Georges POMPIDOU (1911-1974), Président de la République, par Derbré, statue en pied.

Initiative : commande de l'Etat.
Jardin des Champs-Elysées (8e) – 1984.

*Alexandre POUCHKINE (1799-1837), écrivain, par Orekhov, buste.
Initiative : don de la Ville de Moscou.
Inscription : « *Don de la Ville de Moscou à la Ville de Paris* » (figure aussi en russe).
Jardin des Poètes (16e)- 1999.

Nicolas POUSSIN (1594-1655), peintre, par Roux, statue en pied.
Initiative : commande de l'Etat.
Cour Napoléon (Louvre) (1er) – 1911. Transféré en 1934 aux Andelys.

*Laurent PRACHE (1856-1919), homme politique, par de Herain, médaillon.
Initiative : Comité présidé par Raymond-Laurent, conseiller municipal.
Inscriptions : « *Avocat à la Cour d'Appel. Conseiller municipal et député de Paris (6e arrondissement)* ».
Square Laurent Prache (6e) – 1935.

Pierre PUGET (1620-1694), sculpteur, par Sicard, buste.
Initiative : commande de l'Etat.
Avec un Hercule tenant une massue. Instruments du sculpteur, du peintre et de l'architecte, différents domaines de l'activité de Puget.
Cour Napoléon (Louvre) (1er) – 1910. Transféré en 1933 à Marseille.

*Pierre PUVIS DE CHAVANNES (1824-1898), peintre, par Desbois, buste.
Initiative : Comité présidé par le peintre Carolus-Duran.
Square Paul Painlevé (5e) – 1924.
120, 195.

Denis RAFFET (1804-1860), peintre, par Frémiet, buste.
Initiative : Comité présidé par le peintre-sculpteur Gérôme.
Au bas du monument : Tambour de la revue nocturne (celui du tableau « Le Réveil ») qui fait sortir les morts du tombeau. Aussi : pique républicaine, aigle impériale, drapeau royaliste.
Bronzes fondus sous l'Occupation et reste du monument enlevé en 1966.
Jardin du Louvre (1er) – 1893.

François Vincent RASPAIL (1794-1878), chimiste et homme politique, par Morice, statue en pied.
Initiative : Comité présidé par Martin Nadaud, député.

Bas-reliefs : Raspail soigne un pauvre dans une mansarde ; il proclame la République à l'Hôtel de Ville ; sa femme descend dans la tombe et frappe aux barreaux du cachot où son mari est enfermé (à ses côtés : sa fille Marie Raspail).
Inscriptions : *« Donnez-moi une vésicule animée de sa vitalité et je vous rendrai le monde organisé. Théorie cellulaire 1825-1836. A la science hors de laquelle tout n'est que folie. A la science, l'unique religion de l'avenir, son plus fervent et désintéressé croyant F.V. Raspail. Raspail promoteur du suffrage universel en 1834 (Journal le Réformateur). Le 25 février 1848 Raspail proclame la République sur la place de l'Hôtel de Ville ».*
Fondu sous l'Occupation.
Boulevard Raspail (14e) – 1889.

*Louis RATISBONNE (1827-1900), écrivain, par Soldi-Colbert, buste.
Initiative : Comité présidé par Emile Deschanel, professeur au Collège de France.
Sur le socle : scène de « La comédie enfantine ».
Jardin du Luxembourg (6e) – 1912.

*Frantz REICHEL (1871-1932), journaliste sportif, par Maspoli, buste.
Initiative : Syndicat de la presse sportive et touristique.
Autour du buste : athlètes personnifiant les différents sports.
Inscription : *« A Frantz Reichel, athlète et Journaliste. Le sport français ».*
Avenue de la Porte Molitor (16e) – 1934.

Théophraste RENAUDOT (1586-1653), gazetier et bienfaiteur, par Boucher, statue en pied.
Initiative : Comité présidé par Jules Claretie de l'Académie Française.
Inscriptions : *« Seulement feray-je une prière aux princes et aux Etats estrangers de ne perdre point inutilement leurs temps à vouloir fermer le passage à mes gazettes, vue que c'est une marchandise dont le commerce ne s'est jamais peu deffendue et qui tient cela de la nature des torrents qu'il se grossit par la résistance. Il faut que, en un Etat, les riches aydent aux pauvres, son harmonie cessant lorsqu'il y a partie d'enflée outre mesure, les autres demeurant atrophiées. Ici Théophraste Renaudot fonda la Gazette et les Consultations Charitables pour les pauvres malades ».*
Fondu sous l'Occupation.
Rue de Lutèce (4e) – 1893.

Philippe RICORD (1800-1889), médecin, par Barrias, statue en pied.
Initiative : Comité présidé par le docteur Horteloup.
Fondu sous l'Occupation.
Boulevard de Port - Royal (14e) – 1892

*Arthur RIMBAUD (1854-1891), écrivain, par Ipoustéguy, statue en pied.
Initiative : commande de l'Etat.
Boulevard Henri IV (4e) – 1985.

*Jean-Baptiste ROCHAMBEAU (1725-1807), militaire, par Hamar, statue en pied.
Initiative : Société amicale du Loir-et-Cher présidée par Edouard Martellière.
Inscriptions : *« Aux secours généreux de votre Nation et à la bravoure de ses troupes doit être attribuée, dans un grand degré, cette indépendance pour laquelle nous avons combattu et qu'après un conflit sévère de plus de sept années nous avons obtenue. Washington à Rochambeau, quartier général de Newburgh, 10 mai 1873. Commandant l'armée française à la prise de Yorktown 19 octobre 1781. Guerre de l'Indépendance américaine 1775-1782 ».*
Avenue Pierre Ier de Serbie (16e) – 1933.

*José RODÓ (1872-1917), écrivain, par Mané, buste.
Initiative : Comité France-Amérique présidé par Gabriel Hanotaux, ancien ministre.
Inscription : « *Prosateur* ».
Square d'Amérique Latine (17e) – 1934.

*Pierre de RONSARD (1524-1585), écrivain, par Lefèvre, buste.
Initiative : Comité présidé par de Nolhac de l'Académie Française.
Avec médaillons des poètes de la Pléiade.
Inscription : *« A Ronsard la Poésie française ».*
Aussi : les noms des poètes de la Pléiade.
Square du Collège de France (5e) – 1928.

Joseph ROSNY (1856-1940), écrivain, par Cladel, buste.
Initiative : Société des Gens de Lettres.
Square Rosny aîné (13e) – 1957.

Jean-Jacques ROUSSEAU (1712-1778), écrivain, par Berthet, statue en pied.
Initiative : Comité présidé par le député Steeg.
Inscriptions : *« Il sera élevé à l'auteur d'Emile et du Contrat Social une statue avec cette inscription : la Nation française libre à J.J. Rousseau. Assemblée Nationale. 30 décembre 1790. La statue de J.J. Rousseau sera élevée sur l'une de nos places publiques. Convention Nationale. 15 brumaire An II ».*
Fondu sous l'Occupation.

Place du Panthéon (5e) – 1889.

*Jean-Jacques ROUSSEAU (1712-1778), écrivain, par Bizette-Lindet, statue en pied.
Initiative : commande de l'Etat.
Place du Panthéon (5e) – 1952.

*Théophile ROUSSEL (1811-1903), homme politique, par Champeil, buste.
Initiative : Comité présidé par Dubost, Président du Sénat.
Devant le piédestal orné de lauriers : mère portant son enfant sur un bras et entourant de l'autre une petite fille toute nue qui l'implore mains jointes.
Inscriptions : *« Le sénateur républicain de 1896 s'honore de servir avec la même ardeur généreuse les idées que professait à l'Assemblée Législative le député républicain de 1849. (Barthou, jubilé du 20 décembre 1896). Le mot d'ordre de toute notre vie c'est bienfaisance et bonté. Protéger l'enfant c'est aimer deux fois les hommes (Tissié, jubilé du 20 décembre 1896) ».*
Avenue Denfert-Rochereau (14e) – 1907.

*Ernest ROUSSELLE (1836-1896), homme politique, par Beguine, buste.
Initiative : Comité de la Maison Blanche.
Au bas du monument : jeune garçon endormi la tête appuyée sur un ballot.
Inscriptions : *« A Ernest Rousselle Président du Conseil municipal de Paris, Président du Conseil général de la Seine, de la Commission des enfants assistés et moralement abandonnés ».*
Sous l'enfant : *« Abandonné !... ».*
Boulevard Auguste Blanqui (13e) – 1901.

*Henri ROUSSELLE (1866-1925), homme politique, par Saulo, buste.
Initiative : Comité d'habitants du XIIIe arrondissement présidé par le docteur Georges Vincant.
Square Henri Rousselle (13e) – 1937.

*Antoine de SAINT-EXUPÉRY (1900-1944), écrivain et aviateur, par Tezenas de Moncel, buste.
Initiative : Association présidée par Claude Winckler.
Inscriptions : *« Ecrivain et pilote de guerre. Mort pour la France en mission le 31 juillet 1944 » « On ne voit bien qu'avec le cœur ».*
Square Santiago du Chili (7e) – 1989.

*SAINT-JOHN PERSE (1887-1975), écrivain, par Alexandre, stèles.
Initiative : commande de l'Etat.
Jardin des Plantes (5e) – 1993.

*Charles SAINTE-BEUVE (1804-1869), écrivain, par Puech, buste.

Initiative : Comité présidé par l'écrivain François Coppée.
Inscription : *« Le Vrai le vrai seul »*.
Jardin du Luxembourg (6e) – 1898.

*George SAND (1804-1876), écrivain, par Sicard, statue en pied.
Initiative : Comité présidé par les académiciens Jules Claretie, Marcel Prévost et Georges Thoret.
Jardin du Luxembourg (6e) – 1904.

*José SAN MARTIN (1778-1850), militaire, par Daumas, statue équestre.
Initiative : offert par le gouvernement argentin.
Boulevard Jourdan (14e) – 1960.

*Francisco de Paula SANTANDER (1792-1840), homme politique, par Maldarado, statue en pied.
Initiative : offert par le gouvernement colombien.
Inscription : *« Organisateur des institutions de la République de Colombie »*.
Place de Colombie (16e) – 1990.

*Alberto SANTOS-DUMONT (1873-1932), ingénieur et aéronaute, stèle.
Initiative : Syndicat des directeurs de journaux sportifs.
Inscription : *« Ici le 21 novembre 1906 sous le contrôle de l'Aéro-club de France Santos Dumont a établi les premiers records d'aviation du monde. Durée 21s 1/5 Distance 200m »*.
Bois de Boulogne (16e) – 1924.

Victorien SARDOU (1831-1908), écrivain, par Bartholomé, statue en pied.
Initiative : Société des auteurs et des compositeurs dramatiques présidée par le compositeur André Messager.
Derrière le héros : allégories de la Comédie et du Drame.
Fondu sous l'Occupation.
Place de la Madeleine (8e) – 1924.

*Jean-Paul SARTRE (1905-1980), écrivain, par Granet, statue en pied.
Initiative : commande de l'Etat.
Bibliothèque Nationale, rue Vivienne (2e) – 1986.

*Auguste SCHEURER-KESTNER (1833-1899), homme politique, par Becker (d'après Dalou), médaillon.
Initiative : Comité présidé par Brisson, président de la Chambre des députés.
De part et d'autre : la Vérité nue tient un miroir à la main, la Justice tient des fers brisés.
Parties en bronze fondues sous l'Occupation.
Jardin du Luxembourg (6e) – 1908.

*Robert SCHUMAN (1886-1963), homme politique, par Hamelin, statue en pied.
Initiative : commande de l'Etat.
Square Victorien Sardou (16e) – 1985.

Vincent SCOTTO (1876-1952), compositeur, par Barteletty-Daillion, buste.
Initiative : Comité présidé par Théodore Valensi, ancien député, puis la SACEM.
Square Emile Chautemps (3e) – 1974. Enlevé au moment de travaux effectués dans le square.

Michel SEDAINE (1719-1797), écrivain, par Lecointe, statue en pied.
Initiative : achat par la Ville de Paris.
Fondu sous l'Occupation.
Square d'Anvers (9e) – 1885.

*Marc SEGUIN (1786-1875), ingénieur, par Guillaume, buste.
Initiative : Comité
Square Emile Chautemps (3e)- 1987.

*Comtesse de SÉGUR (1799-1874), écrivain, par Boucher, buste.
Initiative : Comité présidé par le sénateur Alfred Mézières.
Jardin du Luxembourg (6e) – 1910.

*Léon SERPOLLET (1858-1907), industriel, par Boucher (1911), statue en pied.
Initiative : Automobile club de France et Touring Club de France.
Le héros est au volant de son phaéton automobile entouré de spectateurs.
Place Saint-Ferdinand des Ternes (17e) – 1911.

*Michel SERVET (1511-1553), philosophe, par Baffier, statue en pied.
Initiative : Comité présidé par Henri Rochefort, ancien député.
Inscription : *« A Michel Servet brûlé vif MDLIII. A la garde du peuple ».*
Square Ferdinand Brunot (14e) – 1908.

William SHAKESPEARE (1564-1616), écrivain, par Fornier, statue en pied.
Initiative : don de Knighton, vice-président de l'Association littéraire internationale pour la défense des droits de la liberté d'écrire.
Fondu sous l'Occupation.
Avenue de Messine (8e) – 1888.

*Justo SIERRA (1814-1861), éducateur, par Rus, buste.
Initiative : offert par le gouvernement mexicain.

Inscription : *« Educateur et écrivain ».*
Square d'Amérique Latine (17e) – 1967.

*Armand SILVESTRE (1837-1901), écrivain, par Mercié, buste.
Initiative : Comité présidé par Jules Claretie de l'Académie Française.
Jardin du Cours la Reine (8e) – 1906.

*Jules SIMON (1814-1896), homme politique, par Puech, statue en pied.
Initiative : Comité présidé par Fallières, président du Sénat.
Bas-relief : assis à sa table de travail avec allégories (l'Ouvrière, l'Ecolière, l'Enfant abandonné).
Place de la Madeleine (8e) – 1903. Installé boulevard Malesherbes en raison de travaux d'urbanisation.

*Chaïm SOUTINE (1894-1943), peintre, par Blatas, statue en pied.
Initiative : don du sculpteur.
Square Gaston Blaty (14e) – 1987.

*Général STEFANIK (1879-1919), militaire, par Schiffer, stèle.
Initiative : Ambassade de la République Slovaque.
Place du Général Stefanik (16e) – 1996.

*Théophile STEINLEN (1859-1923), peintre, par Vannier, statue en pied.
Initiative : Comité présidé par le statuaire Lejeune.
Bas-reliefs : scène de rue et groupe de mineurs.
Inscription : *« La Ville de Paris, les Amis de Steinlen, à sa mémoire ».*
Square Constantin Pecqueur (18e) – 1936.

*Henri STENDHAL (1783-1842), écrivain, par Rodin (d'après David d'Angers), buste.
Initiative : Comité présidé par l'éditeur Edouard Champion.
Inscriptions : œuvres de l'écrivain.
Jardin du Luxembourg (6e) – 1920.

*Johann STRAUSS (1825-1899), compositeur, par Tilgner, buste.
Initiative : Association Johann Strauss.
Boulevard Saint-Martin (10e) – 1980.

*Igor STRAVINSKI (1882 -1971), compositeur, par Tinguely et de Saint-Phalle, bassin.
Initiative : commande conjointe Etat-Ville de Paris.
Bassin en acier inoxydable avec sculptures animées.
Place Igor Stravinski (4e) – 1983.

*Rabindranath TAGORE (1861-1941), écrivain, par Pal, buste.
Initiative : don de la République de l'Inde.
Square Jean Miro (13e) – 1998.

*Hippolyte TAINE (1828-1893), écrivain, par Roty, médaillon.
Initiative : Comité présidé par les écrivains René Doumic et Paul Bourget.
Inscription : *« Causas rerum altissimas candido et 276onstant animo in philosophia historia literis perscrutatus veritatem unice dilexit »*.
Square d'Ajaccio (7e) – 1931.

*Joseph TARNIER (1828-1897), médecin, par Puech, haut-relief.
Initiative : Comité présidé par le professeur Brouardel.
Le héros est au chevet d'une mère récemment délivrée ; elle embrasse l'enfant qu'elle tient dans ses bras et dont Tarnier soutient la nuque.
Inscription : *« Au maître qui consacra sa vie aux mères et aux enfants, ses collègues, ses élèves, ses amis, ses admirateurs »*.
Rue d'Assas (6e) – 1905.

*Baron TAYLOR (1789-1879), philanthrope, par Noël, buste.
Initiative : Association de secours mutuels entre les artistes dramatiques.
Au bas de la stèle : attributs de diverses professions (masque de théâtre, palette, livres, lyre, objets d'orfèvrerie, tour et outils d'artisan).
Inscription : *« Il faut secourir avant d'être secouru. C'est ainsi que le secours honore et celui qui le reçoit et ceux qui le donnent. Baron Taylor »*.
Boulevard Saint-Martin (10e) – 1907.

*Ambroise THOMAS (1811-1896), compositeur, par Falguière, statue en pied.
Initiative : Comité sur l'initiative du directeur de l'Académie de Musique.
Au bas de la statue : Ophélie, héroïne du compositeur.
Parc Monceau (8e) – 1900.

*Léon TOLSTOÏ (1828-1910), écrivain, par Gurdjan, buste.
Initiative : don de la comtesse Zénaïde de Tolstoï.
Square Léon Tolstoï (16e) – 1955.

*Ludovic TRARIEUX (1840-1904), homme politique, par Boucher, buste.
Initiative : Ligue française pour la défense des Droits de l'Homme.
Autour du socle : un forgeron en tablier figure le travail, fort de ses droits reconnus ; un préteur romain en toge évoque la justice tourmentée par le doute (affaire Dreyfus) ; une femme en deuil pauvrement vêtue guide une orpheline les bras chargée de fleurs, vers le monument (reconnaissance populaire envers le défenseur des justes causes).

Parties en bronze fondues sous l'Occupation.
Square Denfert-Rochereau (14e) – 1907.

*Edgar de TRENTINIAN (1851-1942), militaire, d'après Baudry, buste.
Initiative : famille du général.
Inscription : *« Organisateur du Soudan Français ».*
Place du Paraguay (16e) – 1994.

*TURENNE enfant (1611-1675), militaire, par Hercule, statue en pied.
Initiative : Mairie du 3e arrondissement.
Rue de Turenne (3e) – 1993.
*Paul VALÉRY (1871-1945), écrivain, par Vautier, buste.
Initiative : don de Mme Rouart-Valéry, fille du poète.
Jardin du Trocadéro (16e) – 1975.

*Sébastien le Prestre de VAUBAN (1633-1707), militaire, par Bouchard, statue en pied.
Initiative : Comité présidé par Georges Lecomte, Secrétaire perpétuel de l'Académie Française.
Place Santiago du Chili (7e) – 1962.

*Nicolas VAUQUELIN (1763-1829), chimiste, par Hébert, statue en pied.
Initiative : Comité présidé par le sénateur Dumas.
Avec divers instruments de laboratoire.
Avenue de l'Observatoire (Académie Nationale de Pharmacie) (6e) – 1867.

*Clotilde de VAUX (1815-1846), philosophe, par Decio Villares, buste.
Initiative : Adeptes brésiliens de la doctrine positiviste.
Inscription : *« Inspiratrice et collaboratrice d'Auguste Comte dans la fondation de la religion de l'Humanité ».*
Rue Clotilde de Vaux (11e) – 1990.

Diego VÉLASQUEZ (1599-1660), peintre, par Frémiet, statue équestre.
Initiative : commande de l'Etat.
Jardin du Palais du Louvre (1er) – 1893. Offert à l'Espagne en 1933.

*Emile VERHAEREN (1855-1916), écrivain, par Scrouvens, buste.
Initiative : Comité franco-belge présidé par le sénateur belge Carpentier.
Square Saint-Séverin (5e) – 1927.

*Paul VERLAINE (1844-1896), écrivain, par Rodo de Niederhausern, buste.
Initiative : Comité présidé par l'écrivain Léon Dierx.
Jardin du Luxembourg (6e) – 1911.

*Gabriel VICAIRE (1848-1900), écrivain, par Injalbert, buste.
Initiative : Comité présidé par Francisque Allombert, ancien député de l'Ain.
Jardin du Luxembourg (6e) – 1902.

*Benjamin VICUNA-MACKENNA (1831-1886), écrivain, par Colvin, buste.
Initiative : Institut culturel franco-chilien.
Inscription : *« Historien du Chili et apôtre de l'unité américaine ».*
Square d'Amérique Latine (17e) – 1955.
François VILLON (1431-1463), écrivain, par Etcheto, statue en pied.
Initiative : achat par la Ville de Paris.
En costume d'étudiant pauvre, des feuillets pliés dans une main. Une viole d'amour symbolise sa carrière de ménestrier. A ses pieds : chaîne et fers rompus qui rappellent sa fréquentation des mauvais garçons et les malheurs qui en découlèrent.
Fondu sous l'Occupation.
Square Monge (5e) – 1883.

*François VILLON (1431-1463), écrivain, par Collamarini, statue en pied.
Initiative : commande de l'Etat.
Square Monge (5e) – 1950.

*Saint VINCENT DE PAUL (1576-1660), bienfaiteur, par Coeffin Corbin, médaillon.
Initiative : Comité présidé par Augustin Chapelle, aumônier de l'hôpital Saint-Lazare (Comité d'honneur présidé par le cardinal Feltin).
Inscription : *« Que j'ai peine de votre peine ».*
Square Alban Satragne (10e) – 1974.

Charles VOISIN (1882-1912). Voir Farman.

Gabriel VOISIN (1880-1973). Voir Farman.

François VOLTAIRE (1694-1778), écrivain, par Houdon, statue en pied.
Initiative : initiative du journal *Le Siècle*.
Reproduction de la statue du Théâtre Français.
Fondu sous l'Occupation.
Square Monge (5e) (auparavant : place Léon Blum, ex-place Voltaire) – 1872.

François VOLTAIRE (1694-1778), écrivain, par Caillé, statue en pied.
Initiative : Comité du centenaire de Voltaire.
Fondu sous l'Occupation.
Quai Malaquais (6e) – 1885.

* François VOLTAIRE (1694-1778), écrivain, par Drivier, statue en pied.
Initiative : offert par l'Etat.
Square Honoré Champion (6e) – 1960.

*Alfred VULPIAN (1826-1887), médecin, par Richer, statue en pied.
Initiative : Comité formé d'anciens élèves.
Inscriptions : titres et travaux du héros.
Rue André Dubois (6e) – 1928.

Pierre WALDECK-ROUSSEAU (1846-1904), homme politique, par Marqueste, buste.
Initiative : Alliance République Démocratique présidée par Adolphe Carnot, président du Conseil général de Charente.
Portique de style corinthien. Deux forgerons, un jeune et un vieux, se serrent fraternellement la main sous l'égide de la République qui les protège (ils symbolisent l'union syndicale et professionnelle). La Renommée déploie ses ailes autour du buste.
Parties en bronze fondues sous l'Occupation.
Jardin des Tuileries (1er) – 1910.

*George WASHINGTON (1732-1799), homme politique, par French et Potter, statue équestre.
Initiative : Association de femmes américaines présidée par Sue Virginia Field (Mme Mac Kinley, femme du Président des Etats Unis, est présidente d'honneur).
Inscription : *« Offert par les femmes des Etats-Unis d'Amérique en mémoire de l'amitié et de l'aide fraternelles données par la France à leurs pères pendant leur lutte pour l'indépendance ».*
Place d'Iéna (16e) – 1900.

George WASHINGTON (1732-1799). Voir LA FAYETTE.

*Antoine WATTEAU (1684-1721), peintre, par Gauquié, buste.
Initiative : Comité présidé par le peintre Carolus-Duran.
Femme assise symbolisant la Jeunesse pour rappeler les créations du peintre.
Jardin du Luxembourg (6e) – 1896.

Antoine WATTEAU (1684-1721), peintre, par Lombard, buste.
Initiative : commande de l'Etat.
Une bergère tend des lauriers vers le peintre enveloppé d'une draperie.
Square du Carrousel (1er) -1908. Transféré à Valenciennes en 1933.

*Horace WELLS (1815-1848), dentiste, par Boutée (1910), buste.
Initiative : Comité des docteurs et des chirurgiens dentistes des facultés de Paris et de New York présidé par Quincerot.
Inscription : *« Au dentiste américain Horace Wells novateur de l'anesthésie chirurgicale 1844-1848 »*.
Le monument est dédié également au physiologiste Paul Bert.
Place des Etats-Unis (16e) – 1910.

*Louis-Guillaume Bocquillon dit WILHEM (1781-1842), compositeur, par Richon, buste.
Initiative : Comité présidé par Paul Vidal, chef d'orchestre de l'Opéra.
Inscriptions : *« A B.Wilhem, fondateur. L'Orphéon français. A Eugène Delaporte, propagateur »*.
Le monument est dédié également à Eugène Delaporte (médaillon).
Mairie du 3e arrondissement, rue Perrée – 1924.

*Jean-Pierre WIMILLE (1908-1949), coureur automobile, par Buisseret, médaillon.
Initiative : Association française des coureurs automobiles présidée par Mestivier.
Place du Maréchal de Lattre de Tassigny (16e) – 1956.

Emile ZOLA (1840-1902), écrivain, par Meunier, statue en pied.
Initiative : Comité présidé par l'écrivain Mathias Morhardt.
Le héros est en vêtements de travail entouré de deux figures symbolisant le Travail et la Fécondité.
Inscription : *« Il n'est de justice que dans la vérité. Il n'est de bonheur que dans la justice. Jeunesse, souviens-toi des souffrances que tes pères ont endurées, des terribles batailles où ils ont dû vaincre pour conquérir la liberté dont tu jouis à cette heure »*.
Fondu sous l'Occupation.
Avenue Emile Zola (15e) – 1924.

*Emile ZOLA (1840-1902), écrivain, par Costas Spourdos, médaillon.
Initiative : Comité présidé par M. Paraf.
Inscriptions : *« La vérité est en marche et rien ne l'arrêtera. Qui souffre pour la vérité et la justice devient auguste et sacré. Il n'est de justice que dans la vérité, il n'est de bonheur que dans la justice »*.
Avenue Emile Zola (15e) – 1985.

*Stefan ZWEIG (1881-1942), écrivain, par Schivo, buste.
Initiative : commande du Sénat.
Jardin du Luxembourg (6e) – 2003.

PERSONNAGES STATUFIÉS PAR ANNÉE

1803	DESAIX
1810	NAPOLÉON Ier
1818	HENRI IV
1822	LOUIS XIV
1829	LOUIS XIII
1833	NAPOLÉON Ier
1841	CUVIER
1842	GUTENBERG
1844	LOUIS IX
	MOLIÈRE
	PHILIPPE AUGUSTE
1847	BOSSUET
	FÉNELON
	FLÉCHIER
	MASSILLON
1850	LARREY
1853	NEY
1857	BICHAT
	PASCAL
1858	LE SUEUR
1861	HAÜY
1863	BEAUHARNAIS (E. de)
	NAPOLÉON Ier
1864	DAUBENTON
1866	PARMENTIER
1867	BEAUHARNAIS (J. de)
	VAUQUELIN
1869	MONCEY
1872	VOLTAIRE
1874	JEANNE D'ARC
1880	DANTE
1882	BUDÉ
	CHARLEMAGNE
	PALISSY
1883	BAILLY
	DUMAS père
	FLATTERS
	VILLON
1884	DIDEROT
1885	BÉRANGER
	DIDEROT
	LEDRU-ROLLIN
	PINEL
	SEDAINE
	VOLTAIRE
1886	BERLIOZ
	BERNARD C.
	LAMARTINE
1887	BLANC
	BROCA
	MARAT
1888	BOBILLOT
	GAMBETTA
	MARCEL E.
	SHAKESPEARE
1889	COLIGNY
	DOLET
	LE VERRIER
	NEUVILLE
	RASPAIL
	ROUSSEAU
1890	DELACROIX
1891	DANTON
	JEANNE D'ARC
	LA FONTAINE
1892	BANVILLE
	RICORD
1893	ARAGO
	CHAPPE
	RAFFET
	RENAUDOT
	VÉLASQUEZ

1894 BARYE
BOUCHER
CHARTIER
CONDORCET
1895 AUGIER
BOUSSINGAULT
GILL
LA FAYETTE
MEISSONIER
MURGER
WASHINGTON
1896 LECLAIRE
WATTEAU
1897 BEAUMARCHAIS
CHARLET
MAUPASSANT
1898 CHARCOT
DERAISMES
FLACHAT
GARNIER F.
LECONTE DE LISLE
SAINTE-BEUVE
1899 ALPHAND
FOURIER
LEMAÎTRE
1900 CAVENTOU
CHOPIN
JEANNE D'ARC
LA FAYETTE
LAVOISIER
MACÉ
PELLETIER
THOMAS
WASHINGTON
1901 BAUDIN
CHEVREUL
GRAMME
ROUSSELLE E.
1902 BALZAC
COMTE
DAUDET
GOUNOD
HUGO
VICAIRE
1903 FABRE
GARNIER C.
SIMON
1904 FRANCK
GAVARNI
MÉTIVIER
PAILLERON
PASTEUR
SAND
1905 DESMOULINS
DUBOIS
MORTILLET
TARNIER
1906 CHOPIN
CORNEILLE
DUMAS Fils
FRANKLIN
GODARD
LA BARRE
LARROUMET
LE PLAY
MUSSET
SILVESTRE
1907 BERNARDIN de SAINT-PIERRE
BONHEUR
BOUCHUT
HAÜY
MULOT
CHAMPOLLION
DEJEAN
GARIBALDI
GOLDONI
LEVASSOR
ROUSSEL
TAYLOR

TRARIEUX
1908 BECQUE
MANSART
MANUEL
SCHEURER-KESTNER
SERVET
WATTEAU
1909 BUFFON
COROT
FLOQUET
GÉRÔME
GRÉARD
HOUDON
HUGO
LAMARCK
PÉAN
PIERRE de MONTREUIL
1910 BERT
COLOMBE
COPPÉE
FERRY
MUSSET
PERRAULT
PUGET
SÉGUR
WALDECK-ROUSSEAU
WELLS
1911 CLADEL
POUSSIN
SERPOLLET
VERLAINE
1912 CAMOENS
RATISBONNE
1913 DUMAS gal
LE NÔTRE
1914 BOUCICAUT
HIRSCH (de)
EDOUARD VII
1917 BERTHELOT
1919 CAVELL
1920 STENDHAL
1921 FLAUBERT
1924 FRÉMIET
PUVIS de CHAVANNES
SANTOS DUMONT
SARDOU
WILHEM
ZOLA
1925 HEREDIA
1926 BERNHARDT
GALLIENI
LAËNNEC
MASSENET
1927 CÉZANNE
DÉROULÈDE
VERHAEREN
1928 GASQUET
GENEVIÈVE (ste)
RONSARD
VULPIAN
1929 CARPEAUX
EIFFEL
MICKIEWICZ
1930 CAPITAN
DIERX
FARMAN
HUGUES
VOISIN
1931 ADAM
GRASSE (de)
GUITRY
TAINE
1932 CLEMENCEAU
DEBUSSY
MANGIN
1933 BOLIVAR
FERRIÉ
GAUTIER
MONTAIGNE
ROCHAMBEAU

1934	CARTIER
	DARÍO
	REICHEL
	RODÓ
1935	COURTELINE
	FAYOLLE
	PRACHE
1936	ALEXANDRE Ier
	CARRIÈRE
	JACQUEMAIRE-CLEMENCEAU
	PIERRE Ier
	STEINLEN
1937	BRIAND
	HERRICK
	ROUSSELLE H.
1938	ALBERT Ier
	CHAUTEMPS
1939	BALZAC
	JOFFRE
	MARTÍ
	MONTALVO
1941	BAUDELAIRE
1946	BERLIOZ
	BERNARD C.
1948	PAINE
1949	CHATEAUBRIAND
	MARCHAND
1950	VILLON
1951	CAVENTOU
	FOCH
	LAMARTINE
	PELLETIER
1952	CORNEILLE
	ROUSSEAU
1953	BÉRANGER
1954	MANGIN
	MISTRAL
1955	BROSSET
	TOLSTOÏ
	VICUNA-MACKENNA
1956	HUGO
	WIMILLE
1957	HUGUES (replacé)
	MANGIN
	ROSNY aîné
1958	JEANNE D'ARC
1959	APOLLINAIRE
	BOBILLOT
	CARRIÈRE
	COPPÉE
	NERVAL
1960	BRANLY
	PALMA
	SAN MARTIN
	VOLTAIRE
1961	CABALLERO
	MACÉ
1962	ARTIGAS
	VAUBAN
1964	HUGO
1967	BESNARD
	SIERRA
1968	BELLO
	MORÉAS
1969	LECLERC
1971	BASTIÉ
	DERAISMES (replacé)
	LECLAIRE (replacé)
1972	BERNARD T.
1973	HIDALGO
1974	SCOTTO
	VINCENT DE PAUL (st)
1975	VALÉRY
1978	BEETHOVEN
	CHEVTCHENKO
1980	PERRIN
	STRAUSS
1981	LATTRE de TASSIGNY (de)
	PIAF

1982	BARTÓK
	MIRANDA
1983	ARLANDES (d')
	GUYNEMER
	JUIN
	LAMARQUE
	PILÂTRE DE ROZIER
	STRAVINSKI
1984	FOLLEREAU
	KOENIG
	LA FONTAINE
	MENDÈS FRANCE
	MOULIN
	POMPIDOU
1985	LYAUTEY
	PICASSO
	RIMBAUD
	SCHUMAN
	ZOLA
1986	BRETON
	SARTRE
1987	CAMUS
	CAMOENS
	SEGUIN
	SOUTINE
1988	ALBRECHT
	CARPEAUX
1989	AYMÉ
	BRASSENS
	EMINESCU
	GOURAUD
	HAUSSMANN
	SAINT-EXUPÉRY
1990	BERNANOS
	MAURIAC
	MONTESQUIEU
	SANTANDER
	VAUX (de)
1991	BLUM
	LA PÉROUSE
1992	CITROËN
1993	SAINT- JOHN PERSE
	TURENNE
1994	DREYFUS
	TRENTINIAN (de)
1995	ESTIENNE D'ORVES (d')
1996	STEFANIK
1997	DALIDA
	GARNERIN
1998	CHURCHILL
	TAGORE
1999	POUCHKINE
2000	GAULLE (de)
2001	LA BARRE
2003	KOMITAS
	PIAF
	ZWEIG
2004	CHAMPLAIN
2005	JEFFERSON
2009	DUMAS gal
2011	MONNERVILLE
2013	BOURGUIBA

LISTE DES SCULPTEURS

AGUILEIRAS
Miranda

ALEXANDRE
Saint-John Perse

ALLAR
Le Play

ARCIDET
Dumas [gal]

ASLAN
Dalida

AUBÉ
Bailly
Boucher
Corneille
Dante
Gambetta

BADIOU DE LA TRONCHÈRE
Haüy

BAFFIER
Marat
Servet

BALL
La Barre

BAREAU
Hugo

BARRIAS
Augier
Deraismes
Hugo
Lavoisier
Palissy
Ricord

BARTHELETTY-DAILLION
Scotto

BARTHOLDI
Champollion
La Fayette
Washington

BARTHOLOMÉ
Sardou

BARTLETT
La Fayette

BAUDRY
Marchand
Trentinian (de)

BECKER
Scheurer- Kestner

BÉGUINE
Ernest Rousselle

BENNETEAU
Courteline

BERNSTAMM
Pailleron

BERTHET
Rousseau

BESNARD Ph.
Albert Besnard

BETTI
Camoens

BEYLE
Franklin

BIZETTE-LINDET
Rousseau

BLATAS
Soutine

BLOCH
Dubois

La Barre

BONY de LAVERGNE
Dierx

BORGLUM
Paine

BOSIO
Louis XIV

BOUCHARD
Pierre de Montreuil
Vauban

BOUCHER
Colombe
Fayolle
Flachat
Gallieni
Renaudot
Ségur
Serpollet
Trarieux

BOUILLON
Murger

BOURBON
Gouraud

BOURDELLE
Beethoven
Carpeaux
Eiffel
Mickiewicz

BOURGEOIS
Budé

BOUTÉE
Wells
Bert

BOVERIE
Baudin
Desmoulins

BRAZE
Jacquemaire - Clemenceau

BUISSERET
Wimille

CAILLÉ
Voltaire

CAMPAIOLA
Palma

CARDOT
Churchill
Gaulle (de)
Jefferson

CARLUS
Buffon

CARPEAUX
Charles Garnier

CARRIÈE J.R.
Eugène Carrière

CAVELIER
Pascal

CERIBELLI
Ratisbonne

CÉSAR
Picasso

CHAMPEIL
Godard
Roussel

CHAPLAIN
Gréard

CHAPU
Le Verrier

CHARON
Citroën

CHARPENTIER
Charlet

CHASTENET
Coppée

CHATROUSSE
Jeanne d'Arc

DORÉ
Alexandre Dumas

DOUBLEMARD
Béranger
Moncey

DRIVIER
Cartier
Herrick
Voltaire

DUBOIS
Chopin
Jeanne d'Arc
Mansart

DUMILÂTRE
La Fontaine

DUMONT
Eugène de Beauharnais
Napoléon Ier
Philippe-Auguste

DUPATY
Louis XIII

DURAND
Pinel

ESCOULA
Flaubert

ETCHETO
Villon

EREVANTZI
Komitas

ETEX
Louis IX

FAGEL
Carpeaux
Chevreul
Lamarck

FALGUIÈRE
Balzac
Charcot
Pasteur
Thomas

FAUGINET
Massillon

FÉRAUD
Koenig

FERRER
Martí

FEUCHÈRE
Bossuet
Cuvier

FIX-MASSEAU
Baudelaire

FORGEOIS
Albrecht

FORMIGÉ
Dejean

FORTIN
Desaix

FORTINI
Goldoni

FOURNIER
Shakespeare

FRÉMIET
Bolivar
Jeanne d'Arc
Raffet
Vélasquez
FRENCH
Washington

FROMENT-MEURICE
Chopin

FUHES
Bello

GAMBIER
Chateaubriand

GAREL
Blum

Grasse (de)
Montaigne
Ste Geneviève
Voisin

LANNO
Fénelon

LA PENNE
Mortillet

LARCHE
Corot

LECOINTE
Diderot
Sedaine

LECOMTE
Montesquieu

LEFEBVRE
Haüy

LEFÈVRE
Ronsard

LEMOT
Henri IV

LENOIR
Berlioz
Franck

LEYGUE
Guynemer

LISSENKO
Chevtchenko

LOISEAU-BAILLY
Bonheur

LOMBARD
Watteau

LORMIER
Pelletier
Caventou

MAILLOL
Cézanne

MALDARADO
Santander

MALTESO
Moréas

MAÑÉ
Darío
Montalvo
Rodó

MARAIS
Aymé

MARIE
Dejean

MARQUESTE
Barye
Fabre
Etienne Marcel
Waldeck-Rousseau

MARQUET DE VASSELOT
Lamartine

MARTEL Jean et Joël
Debussy

MARTIAL
Albert Ier

MARTIN
Foch
Leclerc
Mangin

MASPOLI
Reichel

MASSOULE
Macé

MENÈRES
Camoens

MERCIÉ
Gounod
Meissonier
Musset
Silvestre

MEUNIER

Zola

MICHEL
Caballero
Ferry
Manuel

MICHELIN
Bouchut

MITTELBERG
Dreyfus

MONCEL
Chartier
Dumas gal.
Musset

MOREAU
Gramme
Métivier

MOREAU-VAUTIER
Boucicaut
Hirsch (de)

MORICE
Raspail

MOROT
Gérôme

NICLAUSSE
Lamartine

NIEDERHAUSERN
Verlaine

NOËL
Hugues
Taylor

OLIVA
Arago

OREKHOV
Pouchkine

PAL
Tagore

PARIS
Bobillot
Danton

PECH
Cavell
Perrault

PEIGNOT
Mendès France

PERRIN
Condorcet

PICASSO
Apollinaire

POISSON
Pelletier
Caventou

POIX
Camus

POMATEAU
Cuvier

PUECH
Garnier
Gavarni
Leconte de Lisle
Sainte-Beuve
Simon
Tarnier

QUILLEVIC
Laënnec

REAL DEL SARTE
Alexandre Ier
Pierre Ier
Joffre
Mangin

REMONDOT
Mistral

REVILLÈRE
Gill

RICHER
Vulpian

RICHON
Wilhem

RISPAL
Corneille

ROCHET
Charlemagne

RODIN
Balzac
Becque
Hugo
Stendhal

ROTHLISBERGER
Guitry

ROTY
Taine

ROULLEAU
Banville

ROUSSEL
Larroumet

ROUX
Poussin

RUDE
Ney

RUS
Sierra

SAINT-MARCEAUX
Berthelot
Daudet
Dumas Fils

SAINT-VIDAL
Neuville (de)

SARRABEZOLLES
Branly

SAULO
Henri Rousselle

SAUPIQUE
Berlioz
Coppée

SCHIFFER
Stefanik

SCHIVO
Zweig

SCROUVENS
Verhaeren

SEGOFFIN
Heredia

SEIGNEUR
Nerval (de)

SEURRE
Molière
Napoléon Ier

SICARD
Bernhardt
Ferrié
Puget
Sand

SINGERY
Flatters

SOLDI-COLBERT
Ratisbonne

SPOURDOS
Estienne d'Orves (d')
Zola

STEINER
Ledru-Rollin

TEZENAS DE MONTCEL
Saint – Exupéry

TILGNER
Strauss

TINGUELY
Stravinski

RÉGIMES POLITIQUES AU COURS DESQUELS ONT ÉTÉ ÉRIGÉS LES MONUMENTS

1789-1815	Révolution et Ier Empire	2
1815-1830	Restauration	3
1830-1848	Monarchie de Juillet	10
1848-1870	IIe République et Second Empire	13
1870-1914	IIIe République	155
1914-1940	IIIe République	63
1940-1944	Occupation	1
1944-1958	IVe République	23
1958-2013	Ve République	94

EPOQUES AUXQUELLES APPARTIENNENT LES PERSONNAGES STATUFIÉS

avant le XVe siècle	7
XVe siècle	5
XVIe siècle	11
XVIIe siècle	20
XVIIIe siècle	46
XIXe siècle	161
XXe - XXIe siècles	82

RÉPARTITION PAR SEXE H = 316 F = 16

Liste des femmes

ALBRECHT Bertie

BASTIÉ Maryse

BERHNARDT Sarah

BONHEUR Rosa

BOUCICAUT Marguerite

CAVELL Edith

DALIDA

DERAISMES Maria

Ste GENEVIÈVE

HIRSCH Clara (de)

Jeanne d'ARC

JOSÉPHINE (impératrice)

PIAF Edith

SAND George

SÉGUR (comtesse de)

VAUX Clotilde (de)

RÉPARTITION PAR NATIONALITÉ : 54 Étrangers

Allemands
Beethoven
Gutenberg

Américains
Franklin
Herrick
Jefferson
Paine
Washington
Wells

Argentin
San Martin

Arménien
Komitas

Autrichiens
Strauss
Zweig

Belges
Albert 1er
Gramme
Verhaeren

Brésilien
Santos- Dumont

Britanniques
Cavell
Churchill
Edouard VII
Shakespeare

Chilien
Vicuna-Mackenna

Colombien
Santander

Cubain
Martí

Equatorien
Montalvo

Espagnols
Picasso
Servet
Vélasquez

Hongrois
Bartók

Indien
Tagore

Italiens
Dante
Garibaldi
Goldoni

Mexicains
Hidalgo
Sierra

Nicaraguayen
Darío

Paraguayen
Caballero

Péruvien
Palma

Polonais
Chopin
Mickiewicz

Portugais
Camoens

Roumain
Eminescu

Russes
Stravinski
Pouchkine
Tolstoï

Slovaque
Stefanik

Tunisien
Bourguiba

Ukrainien
Chevtchenko

Uruguayens
Artigas
Rodó

Vénézuéliens
Bello
Bolivar
Miranda

Yougoslaves
Alexandre 1er
Pierre 1er

STATUES ENCORE VISIBLES

1er arrondissement

Coligny (r. de Rivoli)
Henri IV (Pont-Neuf)
Jeanne d'Arc (pl. des Pyramides)
Larroumet (pl. du Palais-Royal-Comédie Française)
Louis XIV (pl. des Victoires)
Molière (r. Molière)
Napoléon Ier (pl. Vendôme)

Jardin des Tuileries

Cézanne
Ferry
Le Nôtre
Perrault
Waldeck-Rousseau (fragment)

2e arrondissement

Sartre (r. Vivienne – Bibliothèque Nationale)

3e arrondissement

Béranger (sq. du Temple)
Gramme (sq. du Général Morin)
Seguin (sq. Emile Chautemps)
Turenne (r. de Turenne)
Wilhem (r. Perrée- mairie)

4e arrondissement

Barye (sq. Barye)
Beaumarchais (r. St. Antoine)
Charlemagne (sq. Charlemagne)
Geneviève (pont de la Tournelle)
Goldoni (sq. Jean XXIII)
Louis XIII (pl. des Vosges)
Etienne Marcel (Jardin l'Hôtel de Ville)
Nerval (sq. St. Jacques)
Pascal (Tour St. Jacques)
Rimbaud (bd. Henri IV)
Stravinski (pl. Eugène Stravinski)

5e arrondissement

Bernanos (bd. St.Michel)
Claude Bernard (Sq. Marcelin Berthelot)
Budé (r. St. Jacques- Collège de France)
Capitan (sq. Capitan)
Champollion (r. des Ecoles)
Comte (pl. de la Sorbonne)
Corneille (pl. du Panthéon)
Cuvier (r. Cuvier)
Dante (sq. Marcelin Berthelot)
Eminescu (r. Jean de Beauvais)
Gréard (sq. Paul Painlevé)
Larrey (cour du Val-de-Grâce)
Montaigne (r. des Ecoles)
Mortillet (sq. Arènes de Lutèce)
Pelletier et Caventou (bd St Michel)
Puvis de Chavannes (sq. P. Painlevé)
Ronsard (sq. Collège de France)
Rousseau (pl. du Panthéon)
Verhaeren (sq. St.Séverin)
Villon (sq. Monge)

Jardin des Plantes

Bernardin de Saint-Pierre
Buffon
Chevreul
Frémiet
Lamarck
Saint-John Perse

6e arrondissement

Apollinaire (sq. Laurent Prache)
Balzac (bd. Raspail)
Bichat (cour de l'Ecole de Médecine)
Chevtchenko (sq. Taras Chevtchenko)
Condorcet (quai de Conti)
Danton (bd. St. Germain)
Diderot (bd. St. Germain)
Dreyfus (pl. Pierre Lafue)
Francis Garnier (av. de l'Observatoire)
Laennec (sq. Taras Chevtchenko)
Mauriac (pl. Alphonse Deville)
Monnerville (pl. André Honnorat)
Montesquieu (sq. Honoré Champion)
Ney (av. de l'Observatoire)
Palissy (sq. Félix Desruelles)
Parmentier (av. de l'Observatoire)
Picasso (carrefour Croix-Rouge)
Prache (sq. Laurent Prache)
Tarnier (r. d'Assas)
Vauquelin (av. de l'Observatoire)
Voltaire (sq. Honoré Champion)
Vulpian (r. André Dubois)

Jardin du Luxembourg

Banville
Baudelaire
Beethoven
Branly
Chopin
Delacroix
Fabre
Flaubert
Heredia
Leconte de Lisle
Le Play
Le Sueur
Massenet
Mendès France

Murger
Ratisbonne
Sainte-Beuve
Sand
Scheurer-Kestner
Ségur
Stendhal
Verlaine
Vicaire
Watteau
Zweig

Place Saint-Sulpice

Bossuet
Fénelon
Fléchier
Massillon

7e arrondissement

Boucicaut et Hirsch (sq. Boucicaut)
Bourguiba (espl. Habib Bourguiba)
Briand (quai d'Orsay)
Brosset (quai Branly)
Chateaubriand (sq. Missions Etrangères)
Coppée (pl. St François Xavier)
Eiffel (Champ de Mars)
Fayolle (pl. Vauban)
Ferrié (Champ de Mars)
Franck (sq. Ste Clotilde)
Gallieni (pl. Vauban)
Garibaldi (sq. Lowendal)
Gouraud (sq. d'Ajaccio)
Guitry (r. Elisée Reclus)
Haüy (bd. des Invalides)
Jefferson (quai Anatole France)
Joffre (pl. Joffre)
Lyautey (pl. Denys Cochin)
Mangin (pl. El Salvador)
Pasteur (pl. de Breteuil)
Saint-Exupéry (sq. Santiago du Chili)
Taine (sq. d'Ajaccio)
Vauban (pl. Santiago du Chili)

8e arrondissement

Adam (jardin du Trocadéro)
Balzac (av. de Friedland)
Clemenceau (Champs-Elysées)
Déroulède (sq. Laborde)
de Gaulle (pl. G. Clemenceau)
Haussmann (bd. Haussmann)
Jeanne d'Arc (pl. St. Augustin)
Mickiewicz (pl. de l'Alma)
Moulin (Champs-Elysées)
Perrin (sq. Jean Perrin)
Pompidou (Champs-Elysées)
Simon (bd. Malesherbes)

Cours la Reine

Albert 1er
Bolivar
Cartier (pl. du Canada)
Champlain
Churchill (sq. Winston Churchill)
Komitas (pl. du Canada)

La Fayette
Musset

Silvestre

Parc Monceau

Chopin
Garnerin
Gounod

Maupassant
Pailleron
Thomas

9e arrondissement

Berlioz (sq. Hector Berlioz)
Edouard VII (pl. Edouard VII)
Estienne d'Orves (sq. d'E. d'Orves)

Charles Garnier (Opéra, r. Auber)
Gavarni (pl. St. Georges)
Moncey (pl. Clichy)

10e arrondissement

Camus (pl. Albert Camus)
Follereau (pl. Raoul Follereau)
Lemaître (sq. Frédérick Lemaître)

Strauss (bd. St. Martin)
Taylor (bd. St. Martin)
Vincent de Paul (sq. A. Satragne)

11e arrondissement

Blum (pl. Léon Blum)
Dejean (pl. Pasdeloup)

Vaux (de) (r. Clotilde de Vaux)

12e arrondissement

Albrecht (pl. Bataillon du Pacifique)
Courteline (sq. G. Courteline)
Louis IX (av. du Trône)

Marchand (sq. Van Vollenhoven)
Philippe Auguste (av. du Trône)

13e arrondissement

Jeanne d'Arc (bd. St. Marcel)
Bobillot (sq. Paul Verlaine)
Juin (pl. d'Italie)
Pilâtre de Rozier et marquis d'Arlandes (r. de la Butte aux Cailles)
Pinel (bd. de l'Hôpital)
Ernest Rousselle (bd. Auguste Blanqui)

Henri Rousselle (sq. Henri Rousselle)
Tagore (sq. Jean Miro)

14e arrondissement

Lamarque (sq. G. Lamarque)
Leclerc (pl. du 24 août 1944)
Le Verrier (cour de l'Observatoire)
Roussel (av. Denfert-Rochereau)
Servet (sq. Ferdinand Brunot)
Soutine (sq. Gaston Blaty)
Trarieux (sq. Denfert-Rochereau)

Parc Montsouris

Flatters
Paine
San Martin

15e arrondissement

Bartók (sq. Bela Bartók)
Bastié (sq. Victor)
Brassens (sq. Georges Brassens)
Carpeaux (pl. Adolphe Chérioux)
Citroën (parc André Ciroën)
Farman avec Ch.et G. Voisin (porte de Sèvres)
Gutenberg (r. de la Convention)
Guynemer (bd. Victor)
Jacquemaire-Clemenceau (Jacquemaire-Clemenceau)
Jeanne d'Arc (pont Bir Hakeim)
La Pérouse (quai Branly)
Zola (av. Emile Zola)

16e arrondissement

Adam (jardin du Tocadéro)
Caballero (pl. du Paraguay)
Camoens (bd. Delessert)
Daubenton (jardin d'Acclimatation)
Debussy (jardin Claude Debusy)
Foch (pl. du Trocadéro)
Franklin (sq. Yorktown)
Godard (sq. Lamartine)
de Grasse (Jardin du Trocadéro)
Hugo (av. Victor Hugo)
Koenig (porte Maillot)
La Fontaine (jardin du Ranelagh)
Lamartine (sq. Lamartine)
Lattre de Tassigny (de) (pl. Mal de Lattre de Tassigny)

Levassor (porte Maillot)
Manuel (av. Georges Mandel)
Pilâtre de Rozier et marquis d'Arlandes (pl. de Colombie)
Reichel (av. de la Porte Molitor)
Rochambeau
(av. Pierre Ier de Serbie)
Santander (pl. de Colombie)
Santos-Dumont (bois de Boulogne)
Schuman (sq. Victorien Sardou)
Stefanik (pl. du Gal Stefanik)
Tolstoï (sq. Tolstoï)
Trentinian (pl. du Paraguay)
Valéry (jardin du Trocadéro)
Washington (pl. d'Iéna)
Wimille
(pl. Mal de Lattre de Tassigny)

Jardin des Poètes

Gasquet
Gautier
Hugo
Mistral
Moréas
Pouchkine

Place des Etats-Unis

Bert
Herrick
La Fayette et Washington

17e arrondissement

T.Bernard (pl. Tristan Bernard)
Besnard (sq. Albert Besnard)
Deraismes (sq. des Epinettes)
Dierx (sq. des Batignolles)
Flachat (r. Brémontier)
Leclaire (sq. des Epinettes)
Serpollet (pl. St. Ferdinand des Ternes)

Place Malesherbes

A. Dumas
A. Dumas fils
Gal Dumas
Sarah Bernhardt

Square d'Amérique Latine

Bello
Darío
Martí
Miranda
Montalvo
Palma
Rodo
Sierra
Vicuna Mac Kenna

18e arrondissement

Aymé (sq. Marcel Aymé)
Carpeaux (sq. Carpeaux)
Carrière (pl. Constantin Pecqueur)
Dalida (pl. Dalida)
Gill (impasse André Gill)
La Barre (sq. Nadar)
Steinlen (sq. Constantin Pecqueur)

19e arrondissement

Cl.Hugues (jardin des Buttes Chaumont)
Macé (pl. Armand Carrel)
Marat (jardin des Buttes Chaumont)

20e arrondissement

Gambetta (sq. Edouard Vaillant)
Piaf (pl. Edith Piaf)

SOURCES

Procès-verbaux du Conseil municipal de Paris.

Bulletin Municipal Officiel.

Bibliothèque historique de la Ville de Paris (série « Actualités »).

Mairie de Paris. Conservation des œuvres d'art religieuses et civiles (dossiers divers).

Archives départementales de Paris (projets de statues).

Archives Nationales (dossiers divers).

Bibliothèque Nationale (Journal Officiel).

Musée d'Orsay (dossiers de sculpteurs).

BIBLIOGRAPHIE SÉLECTIVE

AGULHON Maurice, « Imagerie civique et décor urbain », *Ethnologie française*, 1975, p. 33-56.

AGULHON Maurice, *Marianne au combat*, Paris, Flammarion, 1979.

AGULHON Maurice, *Marianne au pouvoir*, Paris, Flammarion, 1989.

AGULHON Maurice, *Les Métamorphoses de Marianne*, Paris, Flammarion, 2001.

AGULHON Maurice, « La statuomanie et l'histoire », *Ethnologie française*, 1978, p. 145-172.

BENOIST Luc, *La sculpture romantique*, Paris, Gallimard, 1964.

BIZARDEL Yvon, *Souvenirs d'un conservateur de musée*, Paris, Calmann-Lévy, 1964.

BIZARDEL Yvon, « Les statues parisiennes fondues sous l'Occupation », *Gazette des Beaux-arts*, 1974, p. 130-148.

BOURNON Fernand, *La Voie publique et son décor*, Paris, Laurens, 1909.

BRESC-BAUTIER Geneviève, PINGEOT Anne, Sculptures du jardin du Louvre, du Carrousel et des Tuileries, *Notes et documents des Musées de France*, n° 12, 2 vol., 1986.

BRESC-BAUTIER Geneviève, DECTOT Xavier, *Art ou politique ? Arcs, statues et colonnes de Paris*, Paris, Action artistique de la Ville de Paris, 1999.

FRANCASTEL Pierre, *Art et technique*, Paris, Gonthier, 1956.

HUYGHE René, RUDEL Jean, *L'Art et le monde moderne*, Paris, Larousse, 1969-1970.

JAHAN Pierre, *La Mort et les statues*, Paris, Seghers, 1977.

LAURENT Jeanne, *La République et les Beaux-arts*, Paris, Julliard, 1955.

MARMOTTAN Paul, *Les Statues de Paris*, Paris, H. Laurens, 1886.

MOUSSET Albert, *Petite histoire des grands monuments, rues et statues de Paris*, Paris, Amiot-Dumont, 1949.

PESSARD Gustave, *Statuomanie parisienne, Etude critique sur l'abus des statues*, Paris, Daragon, 1911.

POISSON Georges, *Guide des statues de Paris*, Paris, Hazan, 1990.

POISSON Georges, *Le sort des statues sous l'Occupation allemande 1940-1944*, Paris, Fédération des sociétés historiques et archéologiques de Paris et de l'Ile-de-France, 1996.

POISSON Georges, La statuaire commémorative parisienne dans le Second Empire, *Gazette des Beaux-arts*, 1988, p. 93-102.

RÉAU Louis, *Histoire du vandalisme. Les monuments détruits de l'art français*, Paris, Laffont, 1994.

La Sculpture Française au XIXe siècle. Catalogue de l'exposition du Grand- Palais, Paris, Réunion des Musées Nationaux, 1986.

Les statues de Paris, *L'Illustration*, 29 novembre 1913, p. 414-418.

S'agissant d'ouvrages généraux, on pourra se référer à :

Nouvelle histoire de la France contemporaine, Paris, Editions du Seuil, 1972-1994, vol. 1 à 20.

GALERIE D'ILLUSTRATIONS

François Arago

Emile Augier

Alphonse Baudin

Louis Blanc

Sergent Bobillot

Claude Chappe

Nicolas Charlet

François Coppée

Camille Desmoulins

Etienne Dolet

Charles Floquet

Charles Fourier

Victor Hugo

Chevalier de La Barre

Antoine de Lavoisier

Alexandre Ledru-Rollin

Jean Macé

François-Vincent Raspail

William Shakespeare

Pierre Waldeck-Rousseau

1582, Tout PARIS (XVe) — Statue d'Emile Zola, Avenue Emile Zola
EMILE ZOLA

Emile Zola

TABLE

LES STATUES ET LA POLITIQUE

STATUES, STATUAIRES, STATUOMANIE

ANNEXES

L'HARMATTAN, ITALIA
Via Degli Artisti 15; 10124 Torino

L'HARMATTAN HONGRIE
Könyvesbolt ; Kossuth L. u. 14-16
1053 Budapest

ESPACE L'HARMATTAN KINSHASA
Faculté des Sciences sociales,
politiques et administratives
BP243, KIN XI
Université de Kinshasa

L'HARMATTAN CONGO
67, av. E. P. Lumumba
Bât. – Congo Pharmacie (Bib. Nat.)
BP2874 Brazzaville
harmattan.congo@yahoo.fr

L'HARMATTAN GUINÉE
Almamya Rue KA 028, en face du restaurant Le Cèdre
OKB agency BP 3470 Conakry
(00224) 60 20 85 08
harmattanguinee@yahoo.fr

L'HARMATTAN CAMEROUN
BP 11486
Face à la SNI, immeuble Don Bosco
Yaoundé
(00237) 99 76 61 66
harmattancam@yahoo.fr

L'HARMATTAN CÔTE D'IVOIRE
Résidence Karl / cité des arts
Abidjan-Cocody 03 BP 1588 Abidjan 03
(00225) 05 77 87 31
etien_nda@yahoo.fr

L'HARMATTAN MAURITANIE
Espace El Kettab du livre francophone
N° 472 avenue du Palais des Congrès
BP 316 Nouakchott
(00222) 63 25 980

L'HARMATTAN SÉNÉGAL
« Villa Rose », rue de Diourbel X G, Point E
BP 45034 Dakar FANN
(00221) 33 825 98 58 / 77 242 25 08
senharmattan@gmail.com

L'HARMATTAN TOGO
1771, Bd du 13 janvier
BP 414 Lomé
Tél : 00 228 2201792
gerry@taama.net

625178 - Octobre 2015
Achevé d'imprimer par

1livre.com
du rêve à la réalité !

www.ingramcontent.com/pod-product-compliance
Lightning Source LLC
LaVergne TN
LVHW011440061026
849535LV00004BA/889